LA MATERNELLE

Histoire, fondements, pratiques

Jocelyne Morin

LA MATERNELLE

Histoire, fondements, pratiques

gaëtan morin
éditeur

Données de catalogage avant publication (Canada)

Morin, Jocelyne, 1948-

La maternelle : histoire, fondements, pratiques

Comprend des réf. bibliogr. et des index.

ISBN 2-89105-799-6

1. Écoles maternelles. 2. Écoles maternelles – Québec (Province) – Histoire. 3. Éducation préscolaire. 4. Enfants d'âge préscolaire – Éducation. 5. Famille et école. 6. Classes (Éducation) – Conduite. I. Titre.

LB1140.2.M67 2002 372.21'6 C2002-940079-1

Tableau de la couverture : ***Mon école***
Œuvre de **Jenny Hellers**

Autodidacte, Jenny Hellers se spécialise dans les émaux sur cuivre depuis 28 ans. Grâce à sa maîtrise des techniques propres à cet art, qu'elle a contribué à améliorer, elle sait tirer de la poudre de verre des couleurs d'une intense luminosité.

On trouve ses œuvres dans plusieurs collections de musées et d'entreprises ainsi qu'à la Galerie Jenny Hellers à Québec.

Consultez notre site,
www.groupemorin.com
Vous y trouverez du matériel complémentaire pour plusieurs de nos ouvrages.

Gaëtan Morin Éditeur ltée
171, boul. de Mortagne, Boucherville (Québec), Canada J4B 6G4
Tél. : (450) 449-2369

Nous reconnaissons l'aide financière du gouvernement du Canada par l'entremise du Programme d'aide au développement de l'industrie de l'édition (PADIÉ) pour nos activités d'édition.

Gouvernement du Québec – Programme de crédit d'impôt pour l'édition de livres – Gestion SODEC.

Révision linguistique : Jocelyne Dorion

Imprimé au Canada 1 2 3 4 5 6 7 8 9 0 11 10 09 08 07 06 05 04 03 02

Dépôt légal 1er trimestre 2002 – Bibliothèque nationale du Québec – Bibliothèque nationale du Canada

À tous les éducateurs et à toutes les éducatrices dans le cœur et dans l'âme, aux pionnières qui ont marqué l'éducation préscolaire au Québec français et à toutes celles qui nous ont apporté des informations complémentaires concernant l'histoire de l'éducation préscolaire.

Remerciements

Mes remerciements s'adressent d'abord aux pionnières de l'éducation préscolaire au Québec français, et plus particulièrement à Thérèse Léveillé-Bourget, Thérèse Champagne, Jeannette Dalpé-Colleret, Laure Tétreault-Martel, Hélène Thibodeau et Candide Pineault, qui ont enrichi cet ouvrage de leur expérience.

D'autres personnes, telles Denise Grégoire, Suzanne Tremblay et Monique Vermette, m'ont fait partager leur expérience des débuts de la maternelle publique et je les en remercie.

Je tiens aussi à remercier de façon particulière certains membres du Groupe de réflexion en éducation préscolaire (GREP) de l'Université du Québec à Montréal grâce à qui la réalisation de ce livre a été rendue possible :

— Monique Régnier, dont la détermination à vaincre les difficultés et à atteindre les buts fixés a été pour moi une source d'énergie. Sa recherche (*L'enfant et la maternelle : représentations du corps enseignant au Québec*, 1995) m'a fourni les balises nécessaires à la compréhension de l'histoire de l'éducation préscolaire et à la réflexion sur la contribution de la maternelle au développement de l'enfant. Son conjoint, Marc Fluet, a également fait montre d'un grand dévouement ;

— Angéline Pelletier, pour sa contribution exceptionnelle sur la question des intervenants œuvrant à la maternelle ;

— Micheline Charest, qui nous a quittés après une lutte livrée contre le cancer et à qui l'on doit des pistes de réflexion sur l'acquisition du langage et l'émergence de la lecture et de l'écriture.

Je suis aussi redevable à d'autres membres du GREP qui, par leur présence, m'ont encouragée à produire cet ouvrage : Ginette Beauséjour, Yolande Brouillette, Louise Camaraire, Kathleen Dunnigan, Rima Elkhatib, Nicole Girard, Valérie Lanot, Pauline Proulx et Lisy Rasoanirina.

Je veux également exprimer ma reconnaissance à des collègues de travail de l'Université du Québec à Montréal qui ont, d'une façon ou d'une autre, facilité la réalisation de ce livre, et plus spécialement à Jean-Claude Brief, professeur et ami, qui, par ses critiques encourageantes, m'a amenée à m'interroger et à analyser plus en profondeur les divers concepts liés à l'éducation préscolaire, ainsi qu'à Jan Palkiewicz, professeur retraité et ami, qui, par ses recherches sur les processus d'acquisition des connaissances, m'a fourni des pistes fructueuses d'investigation.

Je désire souligner l'aide précieuse de Stéphane Lavoie, éditeur, qui a assuré une mise en forme appropriée de l'ouvrage, de Michelle LeBot, collaboratrice indispensable sur le plan technique et informatique, de Salomée Guy, qui a effectué une première lecture des textes, de Jocelyne Dorion, qui a revu minutieusement le manuscrit, et de Monique Gaucher, bibliothécaire, qui a su dénicher les informations historiques pertinentes.

Enfin, je ne peux passer sous silence l'apport considérable de quatre éducateurs qui ont le feu sacré. Il s'agit de mon mari, Serge Roy, qui demeure un père exceptionnel et qui sera sûrement un grand-papa exemplaire ; de nos deux filles, Emmanuelle et Magali, dont l'une, future psychologue, est soucieuse d'apporter des solutions aux problèmes que vivent les jeunes et les parents, et l'autre, enseignante au primaire, centrée sur la réussite de chacun de ses élèves, cherche sans cesse de nouvelles approches pour les faire cheminer ; de notre fils, Jasmin, qui, depuis l'âge de seize ans, se dévoue comme instructeur dans le baseball mineur et qui enseigne actuellement au secondaire dans un programme sports-études.

Préface

Je ne peux que louer le travail de synthèse que réalise la professeure Jocelyne Morin avec La maternelle. Histoire, fondements, pratiques. *Ce livre dote la littérature pédagogique québécoise d'un ouvrage qui servira avantageusement aux personnes intéressées à l'éducation des jeunes enfants, et plus spécialement aux enseignantes.*

Il m'est apparu judicieux que l'auteure évoque les intuitions et les préoccupations concrètes qui ont engendré l'éducation préscolaire au Québec. Il était également important de rappeler les réalisations qui ont jalonné son existence ainsi que les sphères spécifiques de ses interventions.

La société québécoise a longtemps hésité à se convaincre du bien-fondé des principes d'éducation collective pour les enfants d'âge préscolaire. Les mères qui avaient de jeunes enfants se sentaient coupables de les confier à d'autres éducatrices. Elles trouvaient que leurs petits étaient trop jeunes pour affronter un groupe d'enfants étrangers et qu'ils avaient bien le temps d'aller à l'école et de se plier aux exigences et aux règlements scolaires. Mais l'évolution de la société, la présence de la femme dans le monde du travail, le développement des services de garde et des maternelles tant au Québec que dans d'autres pays occidentaux ont graduellement convaincu la famille de la nécessité et des bienfaits de l'éducation préscolaire.

Ce n'est pourtant pas d'hier que la valeur de l'éducation préscolaire est reconnue. Platon, qui vécut de 427 à 347 avant Jésus-Christ, fut le premier philosophe à revendiquer la création de jardins d'enfants et d'écoles communales. Il déclarait à son disciple Adimante : « Ignores-tu que le commencement est en toute œuvre ce qui importe le plus, et surtout quand celle-ci s'applique à quelque chose de neuf et de tendre ? » Cet intérêt pour l'éducation de l'enfant s'est continué au fil des siècles. Comme le mentionne l'auteure, philanthropes, pédagogues, psychologues et médecins, de Comenius au XVIIe *siècle jusqu'à Erikson, en 1994, tant en Europe qu'aux États-Unis, ont travaillé sur la conception qu'ils se faisaient de l'enfant et sur le concept de développement qui l'accompagnait.*

Un artiste-animateur américain résume avec humour les témoignages en faveur de cette éducation précoce : « Tout ce que j'ai eu besoin de connaître dans la vie, je l'ai appris à la maternelle. »

La biologie reconnaît aujourd'hui à la petite enfance un développement neurologique exponentiel. Les premières années de vie offrent des plages uniques pour le développement de l'intelligence, de la personnalité et du comportement social. On reconnaît également qu'une forte dose de stimulations provenant de l'environnement est requise pour que s'installent des structures conceptuelles sécuritaires et des relations sociales harmonieuses.

Alors qu'autrefois on croyait que le développement du cerveau était lié à des facteurs génétiques, des recherches récentes tendent à montrer une interrelation entre l'héridité et les expériences vécues.

Les expériences vécues avant l'âge de trois ans avaient peu d'effet, disait-on, sur le développement ultérieur, alors qu'on affirme maintenant que les interactions précoces ont un effet décisif sur l'architecture du cerveau et sur la nature et l'extension des habiletés à l'âge adulte.

Une relation de sécurité entre la personne qui donne les soins et l'enfant qui les reçoit suffirait, selon les anciens, pour le développement et l'apprentissage. Aujourd'hui, on soutient que les interactions précoces, en plus de créer un contexte favorable aux apprentissages, influent directement sur la manière dont le cerveau fonctionne, c'est-à-dire que ce sont les stimulations précoces qui contribuent à la multiplication des réseaux neuronaux et, donc, à l'élargissement du champ de compréhension.

On pensait que le développement du cerveau était linéaire et que la capacité à apprendre et à changer croissait de façon stable à mesure que l'enfant grandissait. Les chercheurs modernes ont démontré que le développement du cerveau n'est pas linéaire et qu'il existe des moments privilégiés pour l'acquisition de connaissances et d'habiletés diverses. C'est comme si une seule stimulation ne produisait qu'un chemin de neurones à sens unique, alors que de nombreuses stimulations créeraient des chemins et des autoroutes en forme d'étoiles.

On a affirmé que le cerveau d'un bambin est moins actif que celui d'un collégien, alors qu'on sait aujourd'hui que le cerveau d'un enfant de trois ans est deux fois plus actif que celui d'un adulte et que le niveau d'activité décroît pendant l'adolescence.

Ce développement physiologique étonnant commande des compétences diverses au profit de l'enfant dont le dynamisme, prisonnier du jeune âge, n'attend pour s'épanouir que le dévouement des adultes.

Ces compétences diverses à développer chez les jeunes enfants et les habiletés professionnelles des éducatrices pour ce faire ont été consignées dans le programme et les guides pédagogiques préparés par le ministère de l'Éducation du Québec. La maternelle. Histoire, fondements, pratiques *les explique de façon admirable tout en faisant les liens nécessaires avec les fondements de l'éducation préscolaire, les assises théoriques et les pratiques en maternelle.*

L'auteure souligne que ce qui fait la gloire d'un programme, c'est l'enthousiasme et l'habileté des enseignantes à l'appliquer. Sur ce point, il faut féliciter le personnel enseignant qui le met en pratique avec tant d'intelligence et d'amour.

Un programme, et cela est d'autant plus vrai aujourd'hui qu'hier, n'est jamais quelque chose de figé. On peut prévoir que l'apport des sciences de l'homme amènera à le transformer, à le simplifier, à le parfaire en confirmité avec les impératifs du temps. Mais, dès maintenant, le programme actuel permet aux enseignantes d'exercer leur art de façon vraiment professionnelle et aux enfants qui en bénéficieront, de s'épanouir à la mesure de leurs talents.

Je qualifierais volontiers ce livre de somme pédagogique sur l'éducation préscolaire *et je me réjouis de savoir que les professionnels de la petite enfance profiteront de toutes les connaissances pédagogiques qu'il recèle et des travaux pratiques qu'il présente pour assurer leur savoir.*

Faire connaître l'histoire et l'évolution de l'éducation préscolaire québécoise, la faire aimer, conduire à une pratique intelligente, tel est le mérite de l'auteure.

Candide Pineault

Avertissement

Étant donné que les personnes qui travaillent en éducation préscolaire sont pour la plupart des femmes, nous emploierons le genre féminin pour les désigner dans ce livre. Dans les autres cas, le masculin est utilisé comme représentant des deux sexes dans le but d'alléger le texte.

Table des matières

Chapitre 3

Les étapes de la progression des classes maternelles publiques depuis 1960

Deuxième partie

LES FONDEMENTS DE L'ÉDUCATION PRÉSCOLAIRE

Chapitre 4

Les assises théoriques

Chapitre 5

L'enfant

Troisième partie

LES PRATIQUES EN ÉDUCATION PRÉSCOLAIRE

Chapitre 6

L'enfant et la relation pédagogique

Chapitre 7

Le programme d'éducation préscolaire et le jeu

Chapitre 8

L'enseignante, les parents, les spécialistes et les autres intervenants

Chapitre 9

L'organisation de la classe

Chapitre 10

La gestion de la classe maternelle en relation avec les domaines d'apprentissage

Chapitre 11

Famille, garderie, maternelle et première année

Introduction

Une certaine confusion apparaît quand vient le temps de définir l'éducation préscolaire. On l'associe parfois à l'*éducation préélémentaire*, parfois à l'*éducation en garderie*, tantôt à l'*éducation à la prématernelle*, tantôt à l'*éducation à la maternelle* ou, plus récemment, aux *centres de la petite enfance* (CPE).

Dans les faits, au Québec, avant les années 70, l'expression *éducation préscolaire* s'appliquait d'abord à l'éducation des enfants qui fréquentaient la maternelle ou la prématernelle. Elle désignait généralement des services éducatifs fournis par le système scolaire et évoquait l'idée d'un cheminement éducatif précédant la scolarisation et caractérisé par des apprentissages en lecture, en écriture et en mathématiques sous forme de jeux. De là probablement la perception courante selon laquelle la maternelle est une zone intermédiaire entre la famille et l'école, une période préparatoire à la première année ou une classe transitoire avant l'entrée à la *vraie* école. Pour réduire au minimum les effets de rupture entre l'enfant et sa famille, les interventions et stratégies d'enseignement à la maternelle prennent la forme d'explorations. Elles visent à éveiller la curiosité des enfants, à stimuler leur développement, mais aussi à dépister les tout petits en difficulté.

En 1996, pour répondre aux besoins de la société en général et des familles en particulier, le gouvernement du Québec annonçait de nouvelles dispositions à la politique familiale, qui ont entraîné la création des *centres de la petite enfance* (CPE) et la prolongation de l'horaire de la maternelle. Jusque-là d'une durée de deux heures trente étalées sur une demi-journée, l'enseignement maternel est passé d'un coup à une durée de cinq heures par jour. La réforme, que l'on peut qualifier de majeure, a eu pour effet d'affirmer le caractère éducatif de l'éducation préscolaire en introduisant deux nouveaux programmes : un pour les enfants inscrits dans les CPE (Ministère de la Sécurité du revenu, 1997) et un autre pour les enfants des classes maternelles (Ministère de l'Éducation du Québec, 1997b). Ce dernier constitue en fait une réactualisation du *Programme d'éducation préscolaire* publié en 1981.

Mentionnons ici que les CPE et la maternelle ne relèvent pas du même ministère. En effet, les CPE sont assujettis à la Loi sur les centres de la petite enfance et autres services de garde à l'enfance, régie par le ministère de la Famille et de l'Enfance, tandis que la maternelle se conforme aux objectifs du ministère de l'Éducation du Québec (MEQ).

Malgré tout, l'intention ultime est évidemment de favoriser la continuité éducationnelle entre les deux niveaux.

Ces distinctions étant faites, nous désirons préciser que le sujet du présent ouvrage est la classe maternelle, l'enfant de cinq ans et les différents éléments qui leur sont rattachés.

Au Québec, à Montréal plus précisément, les maternelles publiques sont apparues en 1892 dans le réseau scolaire protestant anglophone. Il faudra attendre une vingtaine d'années de plus avant que soient posés quelques jalons pour la création des maternelles francophones.

PREMIÈRE PARTIE

LA PETITE HISTOIRE DE L'ÉDUCATION PRÉSCOLAIRE

Chapitre 1

La création des maternelles

OBJECTIFS

Au terme de ce chapitre, le lecteur devrait pouvoir :

- décrire les premiers moments de l'éducation préscolaire au Québec ;
- indiquer les principes et les grandes orientations de l'éducation préscolaire au Québec ;
- rendre compte du témoignage de pionnières ;
- identifier les périodes stratégiques qui ont influé sur l'ouverture des classes maternelles au Québec.

INTRODUCTION

Au Québec, comme ailleurs en Amérique du Nord, les services offerts aux jeunes enfants se divisent en plusieurs réseaux parallèles qui ne sont pas nécessairement complémentaires, d'où la difficulté à bien circonscrire le milieu préscolaire. Certains réseaux sont associés à la famille, d'autres à des institutions scolaires, d'autres enfin à des centres de la petite enfance (CPE) qui, depuis 1997, accueillent les jeunes enfants avant leur entrée à la maternelle. Précisons que les CPE regroupent les garderies et la garde en milieu familial. Même si l'orientation générale des milieux préscolaires quant au respect du développement intégral et harmonieux de l'enfant recueille un certain consensus, des difficultés subsistent en ce qui concerne la définition et la distinction des rôles des différents intervenants.

Nous nous attacherons dans ce chapitre à évoquer quelques événements historiques qui ont marqué l'évolution de la maternelle au Québec français. Nous aborderons l'histoire de la création des maternelles en nous inspirant de témoignages de personnes qui y ont contribué tant par leur participation dans la classe que par leur engagement dans la formation des éducatrices. Il s'agit de Mmes Thérèse Léveillé-Bourget, Hélène Thibodeau, Laure Tétreault-Martel, Jeannette Dalpé-Colleret, Thérèse Champagne et Candide Pineault. Les entrevues uniques réalisées auprès de ces grandes dames, ainsi que les écrits spécialisés dans le domaine, nous ont permis d'esquisser un portrait de la situation de la maternelle à ses débuts.

1.1 L'ÉVOLUTION DE L'ÉDUCATION PRÉSCOLAIRE

Au cours de la seconde moitié du XXe siècle, la reconnaissance du droit à l'éducation, le pluralisme culturel, la conception dynamique du rôle de l'élève et l'importance de l'éducation sur le plan social ont été des facteurs déterminants des modifications apportées à l'éducation en général et à l'éducation préscolaire en particulier. Désormais, en plus de sortir plus vieux de l'école, les enfants commencent à la fréquenter plus jeunes. Ces choix non seulement s'enracinent dans une conscience de plus en plus vive des exigences de formation qui découlent de la révolution scientifique et technologique, mais aussi, plus globalement, sont le fruit de l'évolution naturelle des conditions de vie. Cette évolution a notamment entraîné l'émergence d'un mouvement social en faveur de l'égalité des sexes et amené les femmes sur le marché du travail.

Bien que, historiquement, les années 60 se soient révélées les plus marquantes dans l'évolution des maternelles, par leur multiplication dans toute la province, déjà au siècle précédent la société avait démontré son souci des jeunes enfants. En effet, des salles d'asile et des orphelinats avaient été créés, souvent sous la gouverne de communautés religieuses, en vue de procurer des lieux d'hébergement et de protection aux enfants démunis et en détresse. Ces établissements sont à l'origine des garderies qui ont précédé les maternelles.

1.2 L'INTÉRÊT POUR LES MATERNELLES[1]

Du côté francophone, l'intérêt pour les maternelles se manifeste concrètement à compter de 1910, alors que la Commission des écoles catholiques de Montréal (CECM) projette d'instaurer des écoles maternelles sur son territoire. En effet, au cours de la réunion des commissaires du mois de décembre 1910, le juge Eugène Lafontaine propose que la CECM obtienne du département de l'Instruction publique la permission d'ouvrir des écoles maternelles. Cette permission sera accordée au début de 1911.

Cette requête de la CECM a sensibilisé les autorités provinciales à l'existence de ce niveau d'enseignement.

C'est ainsi qu'en 1911 le Comité catholique du Conseil de l'instruction publique proposait à l'Assemblée législative l'adoption d'une modification à la Loi sur l'instruction publique, de sorte que soit légalement reconnu l'établissement de classes maternelles dans les écoles publiques. Cette modification à la loi fut votée par la législature et sanctionnée par le lieutenant-gouverneur en conseil le 3 avril 1912.

Le Comité catholique du Conseil de l'instruction publique procéda ensuite à l'élaboration d'un programme à l'intention des classes maternelles. Ce programme compose l'appendice F (voir en annexe) des *Règlements du comité catholique du Conseil de l'instruction publique de la province de Québec (refondus en 1915)*. Ce dernier document reconnaissait aux commissions scolaires le droit d'ouvrir des écoles maternelles et donnait un aperçu des buts, de l'organisation matérielle et pédagogique de ces établissements. Il déterminait aussi le genre de formation que devait recevoir le personnel.

Sur le plan scolaire, le programme de maternelle comprenait notamment des dispositions relatives à l'enseignement religieux et moral, à la gymnastique, aux exercices de pensée, au langage, à la récitation, au dessin et aux travaux manuels. Sur le plan développemental, le

---

1. Cette section s'inspire en grande partie de l'ouvrage de Thérèse Léveillé-Bourget (1973), *Le préscolaire au Québec français*.

programme précisait qu'il fallait respecter le rythme des enfants, assurer l'éducation du cœur et de la volonté dans un esprit de jeu libre et spontané, instruire en amusant. Ce programme correspondait donc bien à la pensée de Magnan (1916, p. 130) lorsqu'il disait : « L'enfant que l'on empêche de jouer cesse d'être un enfant. »

Le texte de l'appendice F adopté en 1915 n'a pas été modifié par la suite et apparaissait encore dans l'édition de 1959 des *Lois et règlements scolaires de la province de Québec*.

Comme nous l'avons mentionné plus haut, c'est la CECM qui a sensibilisé les autorités provinciales de l'époque aux bienfaits de l'école maternelle. Toutefois, au sein de la CECM, deux prêtres ont plus particulièrement animé ce mouvement. Il s'agit de M. l'abbé Philippe Perrier, visiteur d'écoles[2] à la CECM, et du révérend père R. Georges Daly, père rédemptoriste, curé de la paroisse Sainte-Anne, à Montréal.

L'action de l'abbé Philippe Perrier en faveur des maternelles s'est formellement manifestée pour la première fois en 1911, à l'occasion d'une conférence devant les commissaires de la CECM. Dans cette conférence intitulée « Les écoles maternelles », l'abbé Perrier exposait sa conception des écoles maternelles qui « sont créées pour y donner l'éducation physique, intellectuelle aux enfants de 2 à 7 ans » et qui « ont un programme d'études bien précis où l'on exclut les exercices de lecture et d'écriture » (Léveillé-Bourget, 1973, p. 61). Précisons que l'intérêt de l'abbé Perrier pour l'école maternelle remontait à 1900. Il se trouvait alors à Paris où, dans le cadre de l'Exposition universelle, il fut marqué par les résultats d'une enquête faite aux États-Unis auprès d'institutrices de première année et qui témoignaient des bienfaits de l'école maternelle. L'abbé Perrier fut également impressionné par l'importance que les États-Unis avaient accordée à l'école maternelle tout au long de cet événement.

Quant au révérend père R. Georges Daly, il s'est d'abord manifesté en 1912 en réclamant une école maternelle pour les 250 enfants de sa paroisse. Par la suite, en 1914, le père Daly s'est prononcé de nouveau en faveur de l'école maternelle dans un article qui a paru dans le numéro de juin de *L'école sociale populaire*. Dans cet article, il faisait un plaidoyer en faveur de l'école maternelle, dans le but d'attirer l'attention de la population sur « la valeur pédagogique de ce nouvel élément de notre enseignement primaire » (Léveillé-Bourget, 1973, p. 61).

2. Visiteur d'écoles : « Les fonctions du visiteur d'écoles consistent, notamment, à visiter quotidiennement les écoles pour vérifier l'application du programme d'études et des règlements. » (Gagnon, 1996, p. 95.)

Ainsi, au début des années 1900, deux prêtres ont vanté les mérites de l'éducation préscolaire et ont traité avec beaucoup d'à-propos de sujets aussi variés que l'organisation matérielle, les standards pédagogiques, les qualifications du personnel, l'inspection et la supervision.

Après la période 1911-1915, au cours de laquelle on sent une véritable préoccupation pour l'éducation préscolaire, il faudra attendre le début des années 60 pour voir apparaître un nouvel intérêt pour les classes maternelles publiques.

1.3 LES PREMIÈRES MATERNELLES FRANCOPHONES

Même si l'on reconnaissait le bien-fondé de l'éducation préscolaire, plusieurs années se sont écoulées avant l'ouverture officielle de la première école maternelle francophone privée. Celle-ci a vu le jour dans la ville de Québec en 1931. Nommée Le Kindergarten, cette école fut fondée par les sœurs Josée et Mariette Boivin, qui allèrent par la suite suivre une formation en éducation préscolaire à l'Université d'Ottawa (en 1933 et 1934). Appuyées par leur mère et s'inspirant d'auteurs reconnus dans le domaine, tels Montessori et Fröbel, les dames Boivin élaborèrent un programme d'activités et du matériel s'adressant spécifiquement aux jeunes enfants. En 1936, le mariage de Mariette Boivin mena celle-ci à Rimouski, où elle fonda une école maternelle. Baptisée l'École nouvelle, cet établissement fermera ses portes après neuf ans d'existence.

Pendant ce temps, à Québec, Le Kindergarten, qui deviendra plus tard l'École nouvelle, puis l'École moderne, étend l'enseignement qu'il donne et ajoute le cours élémentaire à son programme (Léveillé-Bourget, 1973, p. 12).

Toujours à Québec, l'école Le Jardin bleu était fondée en 1937, sous la direction des sœurs Colombe et Germaine Darveau (Léveillé-Bourget, 1973).

À Montréal, c'est en 1938 que voit le jour la première école maternelle française, la Maternelle Vallerand, du nom de sa fondatrice Claudine Vallerand. Elle fermera ses portes huit ans plus tard. Il s'agissait d'une classe que Mme Vallerand avait aménagée dans le sous-sol de sa maison, où elle avait réuni ses trois enfants, les petits voisins et les enfants de ses amis. Très consciente de sa responsabilité et soucieuse d'offrir aux enfants des services de qualité, elle avait engagé, pour la seconder, deux « institutrices » titulaires d'un brevet spécialisé en « enseignement aux arriérés mentaux » obtenu à l'Institut pédagogique de Montréal. Il faut dire qu'à cette époque aucune formation particulière en éducation préscolaire ne se donnait au Québec. À la suite de l'initiative de Mme Vallerand, on commença à s'interroger sur la qualité de la formation dans le domaine préscolaire. C'est ainsi que l'Institut pédagogique, qui s'occupait déjà de former des institutrices pour l'enseignement aux arriérés mentaux, fut amené à s'intéresser à la formation de spécialistes en éducation préscolaire. Après l'ouverture de la Maternelle Vallerand, le cours de pédagogie spécialisée axé sur des cas spéciaux que dispensait l'Institut pédagogique fut dévié de son objectif et consacré à la formation à l'éducation préscolaire.

C'est dans ce contexte que Mme Vallerand, femme très dynamique et préoccupée du développement des tout-petits, entreprit d'organiser des rencontres de parents pour discuter de l'évolution de leurs enfants. On lui doit d'ailleurs la fondation, en 1939, de L'École des parents du Québec. Cette corporation, reconnue officiellement par le gouvernement, avait pour objectifs de « contribuer à la restauration de la famille en complétant l'éducation des parents ; mettre à leur disposition les techniques d'enseignement les plus modernes, la compétence des meilleurs spécialistes, etc. » (Léveillé-Bourget, 1973, p. 14). Aussi, non seulement Mme Claudine Vallerand a été une des premières à reconnaître l'importance de discussions avec les parents, de même que l'importance d'une formation adéquate pour travailler auprès des tout-petits, elle a également été la première à concevoir et animer une émission télévisée axée sur le développement de l'enfant. Cette émission, qui visait à divertir, à stimuler et à éveiller les enfants, s'intitulait *Fon Fon*, ce qui valut à sa conceptrice et animatrice le surnom familier de Maman Fonfon[3].

Bref, de manière sporadique, informelle et selon le bon vouloir des personnes, des écoles maternelles s'ouvraient dans les grands centres urbains. On assiste ainsi à la naissance de l'école Aux Buissonnets, fondée par Marcelle Turcotte à Québec en 1940, et de la maternelle Saint-Viateur, mise sur pied par Mmes Paul Fontaine et Jeannine Beaudry à Montréal en 1941.

Au cours des années suivantes, le mouvement d'ouverture d'écoles maternelles s'est poursuivi ici et là, souvent sous l'égide de communautés religieuses. En 1942, l'abbé Léandre Lacombe, directeur de la

---

3. « "*Fon Fon*" était une émission destinée aux enfants, une espècce de *one-man-show* dont Claudine Vallerand était à la fois le scripteur, l'animatrice et la vedette (avec Miki). L'unique répétition avait lieu le jeudi, sous la direction du réalisateur Adlin Bouchard [...] L'émission était diffusée le samedi, de onze heures à midi [...] Chaque émission comprenait un sketch, une petite discussion à une seule voix et se terminait généralement par un cours de bricolage » (Léveillé-Bourget, 1973, p. 15). Claudine Vallerand est née à Montréal en octobre 1908 et est décédée en septembre 2001.

Société d'adoption et de protection de l'enfance, s'interrogea sur les conditions de vie des enfants des crèches. Soucieux de leur développement et en vue de favoriser leur adoption, il fit des pressions sur le gouvernement afin d'obtenir les sommes nécessaires à la création d'une école qui veillerait à la socialisation de ces enfants et qui répondrait à leurs besoins. Aidé par la Chambre de commerce de Montréal, il lança une campagne qui lui permit, en 1943, de recueillir les fonds nécessaires pour ouvrir 16 classes maternelles, regroupant 225 enfants de 5 et 6 ans. Il confia ce projet à Mme Thérèse Léveillé-Bourget. C'est ainsi que s'amorça le mouvement des garderies et maternelles privées à travers toute la province. Le tableau 1.1 donne une liste partielle des maternelles ouvertes durant la période 1944-1956.

TABLEAU 1.1 Quelques maternelles ouvertes entre 1940 et 1956

Année	Maternelles
1940	• L'école Aux Buissonnets (Marcelle Turcotte), Québec
1944	• La maternelle et garderie des franciscaines missionnaires de Marie, Montréal • La maternelle Jones (Marguerite Jones), Notre-Dame-de-Grâce • La maternelle Pagnuelo (Madeleine Pagnuelo), Westmount
1946	• La maternelle Saint-Germain (Jeannette Dalpé-Colleret), Outremont
1954	• La maternelle d'été à Val-David (Thérèse Léveillé-Bourget)
1956	• La maternelle de Rimouski (Jacqueline Thériault-Pitre)

Source: T. Léveillé-Bourget, *Le préscolaire au Québec français,* Montréal, Collection Thérèse Bourget, 1973, p. 33-55.

À cette époque, deux événements ont plus particulièrement influencé l'enseignement préscolaire : d'abord, en 1948, la création de l'Organisation mondiale pour l'éducation préscolaire (OMEP) puis, en 1953, la fondation de l'Association canadienne des jardinières d'enfants (ACJE), dont Thérèse Léveillé-Bourget, Jeannette Dalpé-Colleret et Madeleine Pagnuelo étaient membres actifs.

Dans un mémoire présenté en juin 1962 à la Commission royale d'enquête sur l'enseignement dans la province de Québec, l'ACJE rappelle les buts qui sous-tendent sa création :

a) Promouvoir l'éducation préscolaire ;

b) Permettre des rencontres entre les professeurs ;

c) Faciliter les visites aux écoles existantes ;

d) Protéger parents et enfants contre les écoles qui ne répondent pas aux critères exigés ;

e) Prendre contact avec les organismes existants pouvant servir la cause de l'éducation préscolaire ;

f) Renseigner le public sur ce qui se fait ici ou ailleurs dans le domaine de l'éducation préscolaire. (Pelletier et coll., 1962, p. 3-4.)

Précisons tout de suite que l'ACJE deviendra, en 1968, l'Association d'éducation préscolaire du Québec (AEPQ).

Entre 1931 et 1962, on dénombrait plus de 60 écoles maternelles privées au Québec (Léveillé-Bourget, 1973, p. 59). À cette époque, la responsabilité de l'enfant est du domaine privé et relève surtout des femmes. Un seul homme se distingue parmi elles : il s'agit de M. André Cailloux, né en France en 1920 et établi au Québec depuis 1951 (Communication-Jeunesse, 1975). M. Cailloux est le fondateur et le directeur des cours Au jardin de grand-père Cailloux, conçus pour développer la personnalité des enfants de trois à cinq ans.

Au fil des années, les classes deviennent de mieux en mieux organisées. On y trouve des meubles et des jeux adaptés aux jeunes enfants ; parfois aussi s'ajoutent des services tels la cantine, le transport ou un parc récréatif dans la cour d'école. Tout cela indique une préoccupation certaine pour le bien-être physique et l'éducation des enfants. Les éducatrices se munissent de grilles de comportement auxquelles elles se réfèrent pour observer les enfants sous différents angles, telles les relations avec les pairs (socialisation), l'exécution du travail (autonomie) et les attitudes personnelles (confiance en soi et esprit d'initiative). Très rapidement, on constate que les enfants ayant fréquenté la classe maternelle éprouvent moins de difficultés à s'intégrer à l'école primaire dès leur première année. On note aussi des effets positifs en ce qui concerne la motivation à la réussite et l'adoption de comportements favorables à l'apprentissage.

Parallèlement à toutes ces initiatives, on met les gens en garde contre les *fausses maternelles* qui préparent les enfants à entrer en première année en forçant l'apprentissage de la lecture et de l'écriture.

1.4 L'EXPÉRIENCE DES PERSONNES QUI ONT INFLUENCÉ L'ÉDUCATION PRÉSCOLAIRE AU QUÉBEC FRANÇAIS

Dans cette section, nous nous attarderons sur le témoignage de quelques-unes des personnes qui ont joué un rôle de premier plan dans le domaine de l'éducation préscolaire au Québec français. Ces personnes, que nous avons eu l'honneur de rencontrer à l'université, nous ont permis de découvrir de manière vivante l'histoire de la maternelle au Québec en répondant à toutes les questions que nous avions préparées à leur intention. Véritables pionnières de l'éducation, chacune d'entre elles mériterait de faire l'objet d'un livre. Toutefois, aux fins de cet ouvrage, nous avons dû nous limiter au témoignage de chacune et retenir ce qui résonnait avec le plus d'intensité. Voici donc, en résumé, les témoignages de ces personnalités influentes de l'éducation préscolaire au Québec.

1.4.1 Thérèse Léveillé-Bourget

Thérèse Léveillé-Bourget a participé à la mise sur pied des premières maternelles dans la région de Montréal. En 1942, elle collabore à la fondation de l'école maternelle de la Nativité, qu'elle dirige ensuite jusqu'en 1946. Cette école, idée de l'abbé Léandre Lacombe, directeur de la Société d'adoption et de protection de l'enfance, accueille des enfants orphelins de trois à six ans, traumatisés mentalement et physiquement par un long séjour en institution. Pendant cette période, elle se perfectionne en allant suivre des cours d'été à la Columbia University, dans l'État de New York. D'ailleurs, durant sa carrière, elle fera plusieurs voyages d'études et stages d'observation dans les écoles maternelles de la région de New York.

En 1946, elle ouvre la maternelle Notre-Dame-de-Fatima, à Saint-Vincent-de-Paul, qui reçoit des enfants de trois à six ans. Puis, de 1950 à 1954, elle acquiert deux autres maternelles, les maternelles Léveillé, situées dans le quartier Notre-Dame-de-Grâce. Ces trois maternelles fermeront leurs portes en 1958.

En 1953, elle participe avec d'autres à la création de l'Association canadienne des jardinières d'enfants (ACJE). Elle y occupera successivement les postes de trésorière (1953-1959), de présidente (1959-1965 et 1966-1968) et de vice-présidente (1965-1966), en plus de collaborer à la rédaction d'un mémoire pour la Commission royale d'enquête sur l'enseignement dans la province de Québec. En 1961, elle siège à la Sous-commission des écoles maternelles, créée par le département de l'Instruction publique. Elle publie, en 1973, un ouvrage intitulé *Le préscolaire au Québec français*.

Même si l'école maternelle, explique Mme Léveillé-Bourget, s'est définie plus clairement en 1947 en prenant la place qu'elle méritait au sein de l'école primaire, le grand virage a réellement eu lieu en 1962 avec l'ouverture de 14 maternelles publiques pour les enfants de 5 ans. Avant cette date, les classes préscolaires relevaient principalement d'initiatives personnelles et privées et n'étaient accessibles qu'aux enfants des milieux favorisés.

En 1946, une trentaine de parents d'Outremont fondent la Société des amis de l'enfance, dont l'un des buts est de s'occuper de l'éducation préscolaire, ce qui donne lieu à l'ouverture de la maternelle Saint-Germain d'Outremont, sous la direction de Jeannette Dalpé-Colleret. Cette initiative enclenche le processus d'ouverture d'autres écoles maternelles dans la métropole.

L'ouverture des maternelles a engendré chez les éducatrices le besoin d'échanger leurs idées et leurs expériences, ce qui a entraîné la création, en 1953, de l'Association canadienne des jardinières d'enfants (ACJE), connue depuis 1968 sous le nom d'Association d'éducation préscolaire du Québec (AEPQ). Dès ses débuts, les objectifs déclarés de l'ACJE consistaient à promouvoir l'éducation préscolaire et à en assurer la qualité. Précisons qu'il n'existait alors aucune règle et que les maternelles voyaient le jour dans la mesure où quelqu'un voulait s'en occuper ou en défendre les mérites. Dans le même ordre d'idée, aucun établissement québécois ne donnait à l'époque de formation en éducation préscolaire.

1.4.2 Hélène Thibodeau

Sœur Hélène Thibodeau, membre de la Congrégation Notre-Dame de Montréal, fut une des pionnières de la formation en éducation préscolaire.

En 1937, elle se spécialise, à l'Institut pédagogique de Montréal, dans l'éducation des enfants présentant des retards importants sur le plan du développement intellectuel.

Après quelques années de travail auprès de cette clientèle d'enfants en difficulté, à Pointe-Saint-Charles, elle s'occupe, de 1947 à 1951, de la formation des maîtres à l'Institut pédagogique de Montréal.

En 1953, après une année d'enseignement à l'école normale de Saint-Pascal-de-Kamouraska, elle retourne aux études et complète, à New York, une maîtrise ès arts en *early childhood education*.

De retour à Montréal, elle sera responsable, de 1954 à 1961, de la formation en éducation préscolaire à l'Institut pédagogique, où elle met sur pied la « maternelle d'observation ».

De 1961 à 1964, elle étudie à Fribourg, où elle obtient un doctorat ès lettres, option pédagogie et orthopédagogie. Sa thèse porte sur le développement du langage à la maternelle.

Avant 1931, se rappelle Hélène Thibodeau, on ne trouvait que très peu de garderies et de maternelles. Lorsque c'était nécessaire, les parents confiaient leurs enfants à des familles connues qu'ils rémunéraient. Les premières écoles maternelles étaient privées et dirigées par des personnes qui tiraient leur information de lectures ou de voyages aux États-Unis et en Europe.

Ce n'est qu'à partir de 1940 que s'instaure une formation spéciale destinée aux personnes travaillant en éducation préscolaire, alors que l'Institut pédagogique de Montréal, dirigé par les religieuses de la Congrégation Notre-Dame, transforme son programme de pédagogie spécialisée pour en faire un programme axé sur la préparation des spécialistes en éducation préscolaire. Ce faisant, l'Institut pédagogique de Montréal répondait à une demande de plus en plus grande du milieu. Rappelons que la fondatrice de la première maternelle à Montréal, Mme Claudine Vallerand, a contribué à cette demande en faisant appel à des diplômées de ce cours pour son école. Finalement, en 1954, l'Institut pédagogique de Montréal a restructuré son programme de manière à le consacrer uniquement à l'éducation préscolaire.

Au cours des années 60, dans la foulée de la multiplication des maternelles et étant donné le besoin urgent de personnel, certaines écoles normales de même que des instituts familiaux furent autorisés à former des éducatrices. Des spécialistes dans divers domaines furent mis à contribution pour élaborer des programmes de formation, que ce soit en psychologie, en puériculture, en littérature enfantine, en art de raconter, en initiation musicale, en rythmique ou en arts plastiques. Comme la pédagogie reliée à la maternelle était très différente de la pédagogie appliquée à l'école primaire, on s'intéressa rapidement à l'éducation spécialisée, ce qui entraîna l'adoption de méthodes dites actives, proposées par des pédagogues tels Montessori, Fröbel, Decroly et Dewey, qui ont fortement influencé l'éducation préscolaire. Ainsi, l'évolution de l'action pédagogique a fait en sorte que, progressivement, les activités de groupe ont été en partie délaissées au profit des activités individuelles, et la méthode des thèmes de vie, plus adaptée aux tout-petits, a remplacé celle des centres d'intérêt.

Au début des années 60, l'enseignante de maternelle portait le titre de *jardinière d'enfants*. Selon les milieux, l'enfant appelait la jardinière tantôt maîtresse, tantôt madame, mademoiselle, tante ou, quand il s'agissait de religieuses, sœur ou mère. La jardinière devait être une auxiliaire de la famille et aider ainsi l'enfant à se développer à tous les points de vue. Elle assumait son rôle dans une atmosphère de joie, de confiance, de liberté, et dans le respect de sa personnalité et de ses besoins.

Il n'y avait pas de règles établies concernant l'inscription des enfants. Cependant, on acceptait rarement les enfants de moins de quatre ans et, quand on le faisait, c'était pour des demi-journées seulement. Il faut préciser que, selon le nombre d'enfants inscrits et selon les régions, la classe pouvait durer une journée complète. Au chapitre de l'organisation du temps, si le nombre d'enfants était assez grand pour que soient créés deux groupes, l'avant-midi, en principe, était réservé aux plus jeunes et l'après-midi, aux plus vieux. Tout comme les règles d'inscription, la durée des classes pouvait différer selon les écoles, variant de deux heures et demie à trois heures. Le nombre d'enfants par groupe-classe était également variable, soit de 20 à 30 en fonction de l'âge et selon les régions. Rien n'était absolu et les règles se construisaient au fur et à mesure des besoins du milieu et en fonction des priorités des politiciens en place.

Même si l'enseignement systématique de la lecture, de l'écriture et du calcul n'était pas privilégié en soi, on organisait dans les classes des activités de prélecture, de préécriture et de précalcul. On observait et on évaluait les enfants au moyen d'exercices de psychomotricité, de latéralisation, d'observation, de vocabulaire, de langue et d'arts. On faisait même passer des tests d'aptitudes pour dépister les enfants en difficulté.

À l'école publique, la présence d'enfants d'âge préscolaire n'était pas toujours bien acceptée par les autres enseignants, et ce pour plusieurs raisons, notamment l'incompréhension du bien-fondé de l'éducation préscolaire et les conditions dont bénéficiaient les tout-petits : locaux plus spacieux et bien éclairés, ameublement adapté à leur taille, matériel éducatif varié, etc. Il a fallu du temps et de la patience pour que soient créés des liens avec les autres enseignants du premier cycle du primaire.

1.4.3 Laure Tétreault-Martel

Laure Tétreault-Martel a participé, tant à titre de fondatrice qu'à titre de directrice, à la mise sur pied du réseau des classes maternelles à la CECM.

De 1954 à 1956, elle fait des études en psychoéducation à l'Université de Montréal. En 1957, elle est déléguée pour représenter le Canada francophone à un camp sur les préjugés, organisé par le Children International Summer Village à Dayton, en Ohio. La même année, elle travaille comme directrice par interim au centre Allan-Crost, à Beaconsfield, qui reçoit des enfants de plus de cinq ans qui attendent d'être placés en foyer d'accueil.

Puis, de 1957 à 1962, elle fait un baccalauréat en pédagogie préscolaire et entreprend une licence dans le même domaine à l'Université Laval, où elle assume également des charges de cours. Pendant cette période, elle ouvre une classe maternelle privée à Sainte-Foy, à la demande d'un comité de parents.

En 1962, elle est nommée au poste de directrice des maternelles à la CECM, où elle met sur pied, à l'automne, 14 classes maternelles. Elle collabore à la rédaction du *Guide des écoles maternelles* publié en 1963 par le Comité catholique du Conseil de l'instruction publique. En 1964, elle donne des cours de formation au personnel du préscolaire inscrit à l'Université de Montréal et à l'Université de Sherbrooke.

Mme Tétreault-Martel rappelle qu'à ses débuts, la maternelle s'est inspirée d'auteurs tels Decroly, Freinet, Fröbel, Montessori et Piaget pour qui l'enfant est un être normal plutôt qu'un être en difficulté ou une personne en devenir.

Selon elle, le jeune enfant a besoin d'une attention individuelle et personnalisée pour être capable de se reconnaître comme personne unique, équilibrée, et pour évoluer adéquatement dans un univers plus large que la famille.

Jouer, accomplir de petites choses, s'éveiller à tout ce qui l'entoure sont des éléments primordiaux qui aident l'enfant à s'organiser, à prendre des décisions et à persister malgré les obstacles. Cela le conduit à s'estimer, à aimer les autres et à devenir autonome. L'autonomie est un concept charnière en ce qu'elle débouche sur l'estime de soi et sur la capacité de tenir compte des autres. Mais encore faut-il que l'enfant puisse manipuler du matériel pour se développer.

Au début, il existait peu de mobilier adapté aux besoins des maternelles. Par exemple, on consultait des catalogues de pays étrangers pour trouver ce dont on avait besoin ; il fallait commander le mobilier à l'extérieur de la province ou bien le faire fabriquer par des artisans. Le matériel didactique était le plus souvent inventé et créé par les éducatrices engagées dans le milieu.

La multiplication des maternelles et l'économie en expansion ont contribué à la production de matériel varié, coloré et divertissant pour le jeune enfant. Ce qui ne manquait pas de faire l'envie des enseignantes de première année. Il n'était pas rare d'entendre des commentaires du genre : « Cela n'a pas de sens tout le matériel acheté… Elle est tombée sur la tête… La directrice des bébelles. » L'envie des uns faisait perdre de vue l'idée qu'un enfant ne réussit pas d'emblée à se représenter mentalement les choses, mais qu'il apprend et se développe d'abord en jouant, en manipulant et en explorant.

D'ailleurs, parce que l'enfant adore jouer à l'extérieur, il est préférable d'éviter les cours d'école recouvertes d'asphalte. Il faut privilégier un aménagement comprenant des glissoires et des balançoires. De même, l'utilisation de bacs à sable ou à eau en tant que matériel de manipulation et de jeu est tout à fait appropriée pour le développement des enfants. Les activités présentées doivent mettre à contribution le corps entier. Tout en s'inspirant des disciplines scolaires, les éducatrices offraient à l'enfant du matériel concret afin qu'il puisse bouger, toucher et manipuler. Aux premières heures, on trouvait dans les classes maternelles essentiellement des cahiers à deux lignes, des crayons et des gommes à effacer. Tout était à construire et les éducatrices de l'époque s'y engagèrent, faisant œuvre de pionnières. Entre autres, elles s'inspirèrent de Montessori et créèrent des coins d'activités où l'on trouvait du matériel varié, adapté et solide, pouvant servir à divers usages. Il fallait des arguments convaincants pour rallier les directions d'école et les commissaires à la cause des maternelles.

En ce qui a trait à l'évaluation, aucun bulletin officiel n'existait, si ce n'était des feuilles de comportement dûment remplies par l'éducatrice pour rendre compte aux parents des progrès réalisés par leur enfant et pour répondre aussi de leur classement en fin d'année. Les enseignantes de première année se disaient satisfaites des apprentissages que l'enfant faisait en maternelle. Habituellement, à son arrivée à la « grande école », ce dernier connaissait son adresse et son numéro de téléphone ; il pouvait faire des boucles, s'habiller seul et respecter les règles de vie du groupe.

1.4.4 Jeannette Dalpé-Colleret

Après avoir obtenu, en 1939, son brevet d'enseignement à l'école normale de Mont-Laurier, Jeannette Dalpé-Colleret vit ses premières expériences en enseignement à la Société d'adoption de Montréal tout en poursuivant son perfectionnement en éducation préscolaire à l'Institut pédagogique de Montréal.

Elle fonde, en 1946, l'école maternelle Saint-Germain, à Outremont, école qu'elle dirigera pendant 15 ans.

En 1950, elle va visiter des classes maternelles en France, en Belgique et en Hollande, où elle entend de la bouche même de responsables pédagogiques de ces pays que ce qui est en train de se mettre en place au Québec est tout aussi valable, sinon plus, que ce qui existe chez eux.

Mme Dalpé-Colleret préconise des approches pédagogiques qui visent à stimuler constamment tout le potentiel de l'enfant en le rendant actif. Sa renommée dépasse le cadre de sa classe et elle écrit dans divers journaux et revues afin de sensibiliser le public et les parents au rôle de la maternelle.

Mme Dalpé-Colleret a participé à la fondation de l'ACJE, en 1953. Elle a aussi été responsable, pendant quatre ans, de la revue *Préscolaire,* qui est toujours publiée.

Pour Mme Dalpé-Colleret, le jeu est le premier maître de l'enfant. Par son intermédiaire, il apprend à mesurer ses gestes et à les contrôler. Un enfant qui sait jouer jeune deviendra un adulte qui pourra faire face à la vie. Les coins de poupées et de construction étaient très populaires, car le matériel qui s'y trouvait, construit à la mesure des tout-petits, répondait à leurs besoins en leur permettant de s'approprier des rôles, comme celui de papa ou de maman. Les jeux d'attention et d'observation, tel le loto, occupaient une place importante. Ils faisaient partie des *jeux de table* et on les intégrait souvent aux jeux libres. Beaucoup d'exercices manuels ou corporels étaient également proposés afin de rendre l'enfant plus habile et de lui donner confiance dans ses capacités.

Tout cela faisait que l'ouverture et la bonne marche d'une maternelle exigeaient une grande disponibilité de la part de la jardinière. Il fallait voir à tout.

Dans son article « École maternelle… oui et non ? », publié dans *La Revue des parents – mes enfants,* en mars 1995, Mme Dalpé-Colleret nous livre ses perceptions concernant la maternelle, en ce qui a trait notamment à la méthode, au programme et à la répartition des groupes. Nous les reproduisons ici telles quelles.

À propos de la maternelle

Ce qu'elle est ? C'est d'abord une école, une vraie, mais pas comme les autres. « Vraie », parce que chargée de l'éducation de ceux qui la fréquentent. « Pas comme les autres », parce qu'à la taille de son petit monde, conçue, organisée, orientée vers ses besoins, ses tendances, ses goûts, ses possibilités… L'école maternelle, établissement d'éducation, est ouverte à tous les enfants, même à ceux dont la maman a le temps de s'occuper. Elle offre à ces derniers ce que la famille n'a que rarement la possibilité de leur assurer — surtout dans les grandes villes — un espace où ils peuvent courir en toute sécurité ; des compagnons de jeu de leur âge ; des installations et du matériel spécialement adaptés à leur taille, à leurs besoins et à leurs goûts ; des éducatrices spécialement préparées à cette fin.

À propos de la méthode

Retenons cependant que la seule vraie, la seule efficace, est celle qui repose sur la psychologie du petit enfant et qui fait appel à son activité créatrice. L'enfant est un être essentiellement actif ; il a besoin de mouvement, comme il a besoin de se rendre compte par lui-même ; voir, palper, essayer, comparer, agir ; « Apprendre en agissant », quelle belle formule... Mille et un moyens s'offrent à l'école maternelle pour permettre à l'enfant cette activité bienfaisante qui l'amène à un meilleur épanouissement de sa personnalité. Encore faut-il que la maternelle n'apporte pas plus de contraintes ni de défenses que la maison... C'est par le jeu tantôt libre, dirigé, suggéré ou choisi en commun que l'enfant affine ses sens, développe ses facultés, acquiert de l'habileté... C'est en jouant avec les autres qu'il apprend à s'exprimer correctement.

À propos du programme

Une grande place est faite aux jeux, à l'éducation manuelle, à la culture de l'imagination et de la sensibilité par les contes, le chant, la danse, les exercices rythmiques, le dessin, la peinture, le modelage, le jeu dramatique et les marionnettes. Tous les moyens d'expression sont utilisés. L'éducation intellectuelle est basée sur l'observation des choses que précisent les exercices de langue. À partir de cinq ans, commence l'initiation à l'écriture, à la lecture et au calcul. L'éducation morale se fait par la pratique des bonnes habitudes : la propreté, l'ordre, l'entraide, l'audace, le respect de la vie, etc. L'éducation religieuse se fait à l'occasion d'événements qui s'y prêtent.

À propos de la répartition des groupes

Les enfants sont généralement répartis en trois groupes : la classe des petits (3 à 4 ans), la classe des moyens (4 à 5 ans) et la classe des grands.

Le passage suivant, tiré du rapport 1946-1947 rédigé par Jeannette Dalpé alors directrice de la maternelle Saint-Germain, à Outremont, nous montre les difficiles débuts de l'ouverture des maternelles :

Ce matin du premier mardi de septembre mil neuf cent quarante-six, l'école présentait un bien piètre aspect puisqu'il n'y avait ici que le petit bureau blanc et les deux chaises... Cette première année fut une période d'installation, d'organisation. Il a fallu tout penser, tout prévoir, tout chercher, car il existe bien peu de choses pour les maternelles dans les magasins. Grâce à des initiatives privées, nous avons réussi à faire construire un mobilier, tout à fait dans l'esprit de la maternelle : un mobilier pratique, solide, adapté à la taille, à l'attrait des tout-petits, pouvant donner à chaque chose sa place et à chacun un petit coin bien à lui. Quant au matériel scolaire, aux jeux éducatifs, nous devons à bon nombre de parents une immense collaboration. Nous avons reçu d'un magasin un assortiment complet de blocs de toutes formes, un chevalet, un trapèze. Et que dire de cette part active des parents dans la fabrication du matériel scolaire. De plus, chaque premier mercredi du mois se réunissent à l'école les mamans des enfants ; elles peuvent ainsi assister aux leçons et connaître le vrai comportement des enfants. Voici en détail le nombre des élèves inscrits à la maternelle.

Trimestres	**Avant-midi**	**Après-midi**
1er	23 enfants de 3 à 5 ans	15 enfants de 5 à 7 ans
2e	22 enfants de 3 à 5 ans	16 enfants de 5 à 7 ans
3e	22 enfants de 3 à 5 ans	18 enfants de 5 à 7 ans

Dans un autre ordre d'idées, disons que l'année scolaire comptait 161 jours de classe allant du 17 septembre au 31 mai. Il est à noter que les centres d'intérêt proprement dits portèrent sur les grands événements de l'année comme Noël, Pâques, la Première Communion et la fête de fin d'année. À la Première Communion, nous avons préparé sept enfants, dont cinq garçons et deux filles. Ils furent confirmés avec les enfants des écoles environnantes. Un mois plus tard, ils communièrent dans l'intimité des seuls compagnons de la maternelle.

1.4.5 Thérèse Champagne

En septembre 1950, la Commission scolaire de la Cité de Lachine ouvrait la première classe maternelle sur son territoire, qui fut également la première classe maternelle publique de la province de Québec. Pour s'occuper de cette classe, elle choisit Thérèse Champagne, titulaire d'un diplôme supérieur de pédagogie, obtenu en 1949 à l'Institut pédagogique de Montréal.

Pour se perfectionner dans le domaine préscolaire, Mme Champagne assiste aux rencontres et aux journées de formation organisées par l'ACJE, dont elle devient membre actif en 1955, et ce même si elle ne remplit pas les conditions requises, soit avoir une formation spécialisée en éducation préscolaire. C'est que des déléguées de l'ACJE, après une inspection de sa classe et une évaluation de son enseignement, avaient remis un rapport favorable à la reconnaissance de Mme Champagne comme membre de l'organisme.

À compter de 1964, et pendant trois ans, elle suit des cours en pédagogie préscolaire à l'Université de Sherbrooke, études qui lui permettent de se qualifier légalement pour enseigner au préscolaire.

Sa carrière se déroulera sous le signe de la continuité puisqu'elle occupera le poste d'éducatrice au préscolaire à l'école Mgr Boileau, à Lachine, de 1952 à 1984.

Mme Champagne a contribué fortement à la formation du personnel enseignant au préscolaire, plus particulièrement au cours de la période 1954-1964, où sa classe a été utilisée, chaque année, comme classe d'observation d'enseignement pratique pour les étudiants de l'Institut pédagogique de Montréal. Elle a aussi reçu des étudiants d'Amqui et de l'Islet et a été sollicitée par plusieurs commissions scolaires du Québec pour donner des conférences ou pour les guider dans l'ouverture de classes maternelles.

L'ouverture de nouvelles maternelles n'était pas en soi très compliquée, mais elle impliquait un grand investissement de la part des éducatrices. Avant tout, il fallait recevoir l'assentiment des commissaires. Une fois l'accord obtenu, il fallait visiter des classes maternelles déjà établies, afin de prendre connaissance du matériel et d'observer le déroulement d'une journée. Ainsi, la formation se faisait sur place, souvent par imitation au cours de stages sporadiques organisés par les personnes intéressées. En fait, la formation des aspirantes éducatrices se limitait, à l'époque, à une participation aux activités de classe pendant environ deux semaines. De plus, les futures éducatrices devaient dresser l'inventaire du matériel existant, prendre les mesures et dessiner elles-mêmes les meubles, puis les faire fabriquer pour leur propre classe.

La nouveauté du domaine donna parfois lieu à des incohérences, telle celle qu'évoque Mme Champagne : « Quand le Ministère m'a obligée à faire une spécialisation dans le domaine préscolaire, j'enseignais déjà depuis 15 ans à la maternelle. De plus, je recevais des stagiaires chaque année et ma classe servait de modèle pour ouvrir de nouvelles maternelles. »

À cette époque, il existait peu de matériel, et les éducatrices le fabriquaient au fur et à mesure des besoins. Par exemple, si l'on voulait aborder le thème des fruits, on découpait des fruits dans des revues, puis on les collait sur un carton et on en faisait un casse-tête. Par ailleurs, plusieurs classes maternelles possédaient un piano pour accompagner les enfants lorsqu'ils chantaient.

À l'ouverture de la première maternelle publique à Lachine, 60 élèves étaient inscrits, répartis en 2 groupes, soit 26 l'avant-midi et 34 l'après-midi. « Nous étions deux jardinières à nous distribuer les tâches, explique Mme Champagne, et nous travaillions en étroite collaboration. » Même s'il existait une limite d'âge, elle n'était pas toujours respectée, car on cherchait à accommoder les parents, surtout s'il s'agissait d'un commissaire d'école. Par conséquent, dès la deuxième année de l'existence de la maternelle de Lachine, plusieurs enfants de quatre ans, et même des plus jeunes, se trouvèrent inscrits. En fait, aucune règle officielle n'existait, si ce n'est que les parents devaient débourser cinq dollars par mois et se partager les frais du transport, assuré habituellement par un chauffeur de taxi.

> Dans ma classe maternelle, je ne dispensais pas d'enseignement proprement dit, car je voulais bien démarquer la maternelle de la première année. Par contre, j'ai toujours travaillé en collaboration avec l'enseignante de première année. J'utilisais des illustrations pour présenter aux enfants les mots qu'elle enseignait dans sa classe, à cette différence que je m'attachais à la prononciation et à l'acquisition de vocabulaire, tandis qu'elle se concentrait davantage sur des activités d'écriture. Évidemment, quand ils étaient prêts, j'apprenais aux enfants à écrire leur prénom. En général, la journée commençait par des activités libres, pour *prendre le temps* avec les enfants. Les activités se déroulaient souvent en grand groupe. On faisait aussi des sorties à l'extérieur.
>
> On essayait de prendre en considération le plus possible la réalité des enfants. Pour la majorité d'entre eux, la maternelle était la première coupure avec le milieu familial. L'entrée à la maternelle provoquait souvent des pleurs et des déchirements, tant de la part de l'enfant que de la part de la mère, d'où la nécessité d'une entrée progressive. Deux semaines étaient parfois nécessaires à certains enfants pour s'adapter à leur nouveau milieu. À la maison, c'était en règle générale la mère qui veillait à l'éducation des enfants. La famille traditionnelle obéissait à plusieurs règles, parmi lesquelles figuraient les rôles respectifs des parents et des enfants. L'influence de la religion était omniprésente et les institutions scolaires étaient fortement respectées. L'enfant d'âge préscolaire était très chouchouté dans son milieu familial où,

toutefois, l'on faisait peu de cas de son développement cognitif. En outre, comme la majorité des enfants qui arrivaient à la maternelle étaient peu éveillés aux réalités environnementales, je peux dire qu'il n'y avait que peu d'enfants en difficulté, sur le plan du comportement ou de l'apprentissage, dans les classes.

Au début des maternelles, aucune évaluation formelle n'existait comme telle. Cependant, si un enfant présentait des problèmes, on rencontrait les parents immédiatement.

J'enseignais beaucoup par instinct, c'est-à-dire que je sentais le moment opportun pour réaliser telle activité. Par exemple, pour adoucir le passage en première année, j'emmenais les enfants dans la classe de première année lors d'un congé pédagogique. Nous prenions alors connaissance du milieu, du matériel et de l'aménagement. De même, au début de l'année scolaire, je m'assurais moi-même d'aller reconduire les enfants de mon groupe de l'année précédente à leur nouvelle enseignante.

1.4.6 Candide Pineault

Mme Candide Pineault a été responsable des programmes d'éducation préscolaire au MEQ de 1967 à 1969 et de 1972 à 1993. Elle a en outre collaboré à la conception de l'émission pour enfants *Passe-Partout*. Mme Pineault, qui a enseigné aux niveaux secondaire et collégial, a aussi été vice-doyenne du département des sciences de l'éducation à l'Université du Québec à Chicoutimi, de 1969 à 1972.

Titulaire d'un baccalauréat en pédagogie familiale, obtenu en 1950 à l'Université de Montréal, Mme Pineault étudie ensuite en éducation à la Cornell University, à Ithaca, dans l'État de New York, où elle obtient, en 1964, un diplôme de maîtrise et, en 1967, un doctorat.

De 1992 à 1998, elle assume la présidence de l'Organisation mondiale pour l'éducation préscolaire (OMEP), qui regroupe 67 pays répartis sur 5 continents.

En 1967, les éducatrices de maternelle faisaient des réserves sur l'implantation d'un programme d'études au préscolaire comme dans l'enseignement primaire. Elles ne voulaient pas que les activités soient orientées vers des apprentissages formels de matières scolaires. Leur position incita le MEQ à publier la série de brochures intitulée *Les activités à la maternelle*. Chacun de ces fascicules correspondait à un principe directeur, à un thème ou à une discipline scolaire, comme l'indiquent leurs titres: *Éducation sociale*; *Le langage à la maternelle*;

Sciences; *Éveil musical*; *Arts plastiques*; *Éveil religieux des tout-petits* (remplacé en 1976 par *Vers l'éveil spirituel et l'éducation de la foi des tout-petits [4-5 ans]*). Plus tard, on ajouta à cette série *Éveil mathématique* (1975). L'objectif visé était la sensibilisation de l'enfant au monde qui l'entoure, mais aussi le développement d'un être équilibré.

En 1981, tout en faisant référence à ces documents existants, le MEQ publie son *Programme d'éducation préscolaire*, qui met l'accent sur le développement harmonieux de l'enfant. Cette orientation cherche à assurer une continuité avec le passé de chacun des enfants eu égard à son être intégral, c'est-à-dire en respectant les dimensions affective, sociale, cognitive et psychomotrice de chacun.

De toute évidence, le MEQ accepte que l'enfant du préscolaire ait sa place aux côtés de l'élève de l'école primaire. Néanmoins, on demeure conscient du fait que la maternelle et la première année procèdent de démarches distinctes. En l'occurrence, la première est centrée sur la socialisation et le développement de l'enfant par des activités; la seconde est axée sur les apprentissages des matières scolaires, particulièrement le français parlé, écrit et lu. Vu la complexité du passage entre ces deux ordres de programmes, le ministère a jugé bon de publier, en 1985, un document traitant de cet aspect. Le guide, intitulé *L'enfant de la maternelle au moment du passage à l'école primaire : propositions d'éléments pédagogiques*, donne quelques conseils pour faciliter la transition.

L'appellation *éducateur*, à laquelle fait référence le programme de 1981, revêt une signification beaucoup plus riche et profonde que celle d'*enseignant*. En effet, alors que l'enseignant s'attache à faire acquérir des connaissances à l'enfant, l'éducateur, lui, veille au développement global de l'enfant, qui tient compte de tout son être, tout en se préoccupant, comme l'enseignant, de lui transmettre des connaissances. Le rôle premier de l'éducatrice est de respecter l'enfant dans ses possibilités (ce qu'il peut faire) et dans ses potentialités (ce qu'il pourrait faire). Il faut accepter que chacun soit différent de l'autre, ce qui, dans les faits, implique ni plus ni moins un programme pour chaque enfant.

Le *Programme d'éducation préscolaire*, loin de s'attacher à la scolarisation, propose des objectifs qui touchent à la vie en général. Ces objectifs sont : *apprendre à se connaître soi-même* ; *apprendre à entrer en relation avec les autres* ; *apprendre à interagir avec l'environnement*. Ils correspondent aux dimensions reliées aux connaissances (le *savoir*), aux attitudes (le *savoir-être*) et aux habiletés (le *savoir-faire*).

Le programme se qualifie d'*existentiel*, car il se soucie de la réalité quotidienne en tant qu'expérience immédiate et actuelle, ainsi que de l'ici et du maintenant, en relation avec le concept d'espace-temps. Il fait appel aux habiletés et aux talents de chacun des enfants, de même qu'à ceux de l'éducatrice, afin de créer des activités intéressantes et enrichissantes dans la classe. À cet égard, rien n'est exclu, pas même l'apprentissage de la lecture et de l'écriture. La seule condition est le respect de l'enfant, l'erreur inexcusable étant de pousser tous les enfants dans une voie unique d'apprentissage d'un concept programmé. En observatrice avisée, l'éducatrice juge du moment approprié pour enseigner certaines notions, et ce pas nécessairement à tout le groupe.

Ce qu'il nous faut retenir de ces témoignages c'est que le démarrage des écoles maternelles s'est fait très lentement et que des personnes convaincues du bien-fondé de l'éducation préscolaire y ont joué un rôle important. On peut d'ores et déjà conclure que, dans ses grandes lignes, l'évolution des services d'éducation préscolaire a suivi, malgré un retard par rapport à l'Europe, les tendances observées dans le monde. D'abord le fait d'initiatives privées, l'éducation préscolaire devient graduellement l'affaire des pouvoirs publics.

RÉSUMÉ

Jusqu'en 1910, les services gouvernementaux à la petite enfance consistaient essentiellement en des *salles d'asile* et des *orphelinats*, lieux d'hébergement et de protection à l'intention des enfants les plus démunis.

À partir de 1910, des documents officiels rendent compte d'un intérêt pour l'ouverture de classes maternelles. Toutefois, cet intérêt ne s'est concrétisé que grâce aux actions soutenues de femmes très engagées dans le milieu, en général sous l'égide de l'Église. L'apparition des premières maternelles soulève de nombreuses questions quant aux méthodes pédagogiques à privilégier. En l'absence d'une tradition bien établie comme en Europe, les pionnières ont dû faire preuve de détermination et de courage pour créer leurs propres maternelles privées. S'inspirant des maternelles ou des jardins d'enfants existant dans d'autres pays, elles ont élaboré des programmes, fabriqué du matériel, planifié l'organisation de la classe et travaillé au développement des enfants. Cependant, étant donné leur caractère privé et les frais d'inscription élevés, ces premières maternelles profitaient seulement aux enfants des familles nanties.

Sur le plan international, l'année 1948 voit la création de l'Organisation mondiale pour l'éducation préscolaire (OMEP), qui œuvre aujourd'hui encore sous le même nom.

Au Québec, on assiste, en 1953, à la naissance de l'Association canadienne des jardinières d'enfants (ACJE), qui devient en 1968 l'Association d'éducation préscolaire du Québec (AEPQ), dont l'objectif premier est de promouvoir l'éducation préscolaire et d'en assurer la qualité.

QUESTIONS

1. Quels événements ont contribué à l'ouverture des maternelles ?
2. Décrivez les difficultés éprouvées pour rendre la maternelle accessible aux enfants d'âge préscolaire.
3. Que retenez-vous des témoignages des personnes qui ont marqué l'éducation préscolaire au Québec, en ce qui a trait au développement du jeune enfant ?
4. Comment se faisait la formation des aspirantes éducatrices au début de l'histoire des maternelles au Québec ?
5. Que retenez-vous de l'évaluation des enfants dans le contexte des premières maternelles au Québec ?

MISE EN SITUATION

Éducatrice en classe maternelle

Pour cette mise en situation, vous devez vous reporter dans les années 50. Vous êtes une des premières éducatrices à être engagées pour travailler auprès des jeunes enfants en maternelle.

Pistes d'exploration

— Que signifie être éducatrice à cette époque ?

— Quelles sont les actions que vous entreprendrez : 1) sur le plan personnel ? 2) sur le plan de l'organisation de l'environnement ? 3) sur le plan de la programmation ? 4) sur le plan de la planification pédagogique ?

— Décrivez des stratégies que vous adopterez tout en étant consciente du fait que la socialisation demeure une priorité en classe maternelle ?

Présentation

Vous avez à présenter votre façon de voir, de comprendre le rôle d'éducatrice tel qu'il était défini dans les années 50. Vous devez adopter des attitudes qui soulignent les difficultés auxquelles faisaient face les pionnières de l'éducation préscolaire. Les moyens que vous pouvez utiliser sont le jeu de rôle, la conférence ou tout autre moyen qui vous semble pertinent.

LECTURES SUGGÉRÉES

ABBADIE, M., et coll. (1973). *Pédagogie de l'école maternelle, principes et pratique,* Paris, Bibliothèque pédagogique Fernand Nathan, t. 1 et 2.

BEAUPIN, E. (1914). *Les jardins d'enfants et le problème de l'éducation,* Paris, Bloud et Gay.

DUBY, M. (1973). *La maternelle,* Paris, Éditions Jean-Pierre Taillandier.

LÉVEILLÉ-BOURGET, T. (1973). *Le préscolaire au Québec français*, Montréal, Collection Thérèse Bourget.

NAUD-ITHURBIDE, J.-R. (1964). *Les écoles maternelles*, Paris, PUF.

Chapitre 2

L’évolution de la maternelle

OBJECTIFS

Au terme de ce chapitre, le lecteur devrait pouvoir :

- brosser un portrait de l’organisation matérielle et pédagogique de la maternelle au Québec avant 1960 ;
- faire état des principales lacunes du réseau des maternelles au début des années 60 ;
- établir la distinction entre *éducation préscolaire* et *maternelle*.

INTRODUCTION

Toute entreprise connaît, à ses débuts, une période de tâtonnements et d'incertitude, et la maternelle n'échappe pas à ce phénomène. Malgré le bon vouloir et la détermination des éducatrices, toutes ont eu à faire la preuve du bien-fondé de la classe maternelle en ce qui regarde le développement du jeune enfant, et ce en dépit de l'absence de matériel et de programmes adaptés et de l'inexistence de la formation professionnelle dans le domaine.

Dans ce chapitre, nous nous pencherons sur les débuts de la maternelle et sur son évolution dans le temps.

2.1 LA MATERNELLE AVANT LES ANNÉES 60

Les premières maternelles ont joué un rôle déterminant dans l'orientation de l'éducation préscolaire au Québec, qui met l'accent sur le développement de l'enfant à l'intérieur d'un réseau éducatif accessible à tous les enfants de cinq ans. C'est d'ailleurs de cette réalité que rendait compte le rapport de la Commission royale d'enquête sur l'enseignement dans la province de Québec (1964). Comme nous l'avons vu dans le premier chapitre, il a fallu attendre quelques années avant d'en arriver à un système qui rejoigne l'ensemble des enfants. Rappelons qu'avant les années 60 les enfants qui avaient la possibilité de fréquenter la maternelle étaient en général issus de milieux favorisés, leurs parents devant supporter les coûts d'un système privé. Dans l'ensemble, donc, la famille demeurait le milieu où l'enfant faisait ses premiers apprentissages.

L'objectif principal de la maternelle était de rassembler les tout-petits pour qu'ils puissent s'amuser ensemble. L'accent mis sur la socialisation devait les rendre moins craintifs face à une figure étrangère, les préparer à respecter les règles et à entreprendre leur première année. Pour la majorité des enfants qui la fréquentaient, la maternelle donnait l'occasion d'un premier contact avec un univers différent de celui de la maison.

Souvent considéré dans sa famille comme un petit bébé, l'enfant qui commençait l'école se trouvait projeté du jour au lendemain dans un milieu où il devait agir en grand garçon ou en grande fille. À ce nouveau rôle étaient liés des devoirs auxquels il n'était pas habitué, comme respecter les règles de vie de groupe et se soumettre aux exigences de la jardinière.

L'éducatrice, qui devait être très maternelle, était choisie autant pour sa sollicitude que pour sa compétence pour guider les petits. Par exemple, à la maternelle des Saints-Anges, à la Commission scolaire de la Cité de Lachine, durant l'année scolaire 1950-1951, deux institutrices diplômées d'écoles normales possédant plusieurs années d'expérience dans l'enseignement et qui s'intéressaient aux apprentissages chez les jeunes enfants se partageaient l'enseignement et le soin des petits. Cette tâche consistait à veiller à leur sécurité et à les entourer d'affection et de tendresse afin de les aider à s'intégrer le plus rapidement possible au nouvel environnement. En définitive, la patience, l'enjouement et la spontanéité étaient les qualités propres à amener l'enfant à participer aux activités qui lui étaient proposées. L'éducatrice, ou la jardinière, puisque c'est le titre qu'on lui donnait à l'époque, en plus de fournir de bons soins aux enfants, devait concevoir des activités intéressantes, amusantes, stimulantes et éducatives.

Les activités prenaient souvent la forme de jeux. Les jeux libres, très valorisés, permettaient à l'enfant de bouger, de faire des choix, de parler et de jouer avec les autres. Mis à part les contacts entre les frères et les sœurs d'une même famille, les rudiments de la socialisation avec les pairs étaient appris à l'école. On y donnait la possibilité de communiquer et de discuter, et ce contexte amenait l'enfant à se comparer et à se situer par rapport à ses amis.

L'éducation par les sens (l'ouïe, la vue, le toucher, le goût et l'odorat) occupait une place importante dans les activités offertes aux enfants. Peu à peu, l'enfant construisait sa place, à partir d'actions de mieux en mieux circonscrites et de conduites de plus en plus autonomes. Les activités en grand groupe, comme le chant, la danse et les activités physiques, se partageaient le temps de classe avec les exercices de préapprentissage de la lecture, de l'écriture et des mathématiques. Évidemment, tout cela dépendait entièrement de la planification que faisait l'éducatrice, car elle établissait elle-même son programme d'activités.

En l'absence de programmes et de modalités d'évaluation uniformes et officielles, comme le bulletin, la jardinière devait construire elle-même ses propres instruments. Le plus souvent, elle se fiait à son intuition de bonne petite mère pour créer des activités, mais, dans la mesure du possible, elle s'informait auprès de collègues qui œuvraient dans le même domaine. Un principe général l'inspirait toujours, soit développer les diverses facultés de l'enfant tout en lui faisant aimer l'école et en lui donnant le goût du travail bien fait. Loin d'être axée exclusivement sur les connaissances, la maternelle s'attachait à des objectifs développementaux, telles les habitudes d'ordre, de propreté, de politesse, d'attention et d'obéissance, objectifs que le jeune enfant devait atteindre par le moyen des activités.

En général les parents, et plus particulièrement les mères, puisque la tâche d'éduquer les enfants leur incombait le plus souvent, étaient très heureux d'envoyer leur enfant à l'école. Les familles étant habituellement plus nombreuses qu'aujourd'hui, la fréquentation de la maternelle par l'un des enfants libérait la mère qui s'occupait des autres frères et sœurs. De plus, dans l'esprit des parents, la fréquentation de la maternelle assurait un meilleur avenir à l'enfant, car on considérait qu'il serait mieux préparé à entrer en première année et plus apte à réussir à l'école.

2.1.1 L'organisation matérielle et pédagogique

Le tableau 2.1, inspiré du document *Prospectus 1950-51* publié par la Commission scolaire de la Cité de Lachine, donne un aperçu de l'organisation matérielle et pédagogique des maternelles telle qu'elle se présentait avant les années 60. À cette époque, on commençait à peine à poser les balises des classes maternelles. Par conséquent, il est fort probable que certains éléments du tableau ont varié selon les commissions scolaires et selon les acteurs. Quoi qu'il en soit, ce tableau reste pertinent dans la mesure où il rend compte des éléments typiques de l'organisation structurelle des maternelles de l'époque.

Soulignons, pour finir, que de profondes transformations sociales sont nécessaires pour que se développe la scolarisation précoce. Entre autres choses, il faut envisager un changement complet dans la façon de concevoir la dépendance physique de l'enfant pour ce qui est de sa capacité à se prendre en main et à répondre lui-même à ses besoins. Face à la nécessité de dépasser l'œuvre de bienfaisance privée où des personnes charitables et engagées prennent en charge les petits, on se tourne naturellement vers l'État pour qu'il assume une fonction d'éducation à leur égard.

TABLEAU 2.1 Sommaire de l'organisation structurelle des maternelles avant les années 60

Organisation matérielle	
Local	L'aménagement d'une salle, où l'on trouve du mobilier et du matériel répondant aux besoins d'une maternelle moderne, offre tout le confort voulu.
Organisation pédagogique	
Méthode	On privilégie une méthode personnelle qui s'inspire de grands pédagogues et psychologues spécialisés dans l'éducation préscolaire. La méthode varie selon le groupe d'enfants, leur caractère, leur âge, leur milieu, ainsi que selon la personnalité de la jardinière. Elle s'inspire des valeurs dominantes, telles que la spiritualité, l'obéissance, le respect de l'ordre, la politesse et la propreté. Axée sur les bonnes habitudes, cette méthode doit amener ultimement l'enfant à devenir un adulte responsable.

Organisation pédagogique (*suite*)	
Programme	Même s'il est bien précisé qu'il n'est pas question de faire acquérir aux enfants une somme quelconque de connaissances, le programme accorde une grande importance aux apprentissages scolaires. Il n'en manifeste pas moins un réel souci d'éveiller l'attention et de développer l'observation, de même que les habiletés physiques et l'acuité sensorielle. Il s'articule également autour des notions fondamentales d'ordre et de sociabilité et il favorise l'éclosion du sentiment religieux. On s'efforce, dans l'idéal de l'« école heureuse », de faire acquérir aux enfants un ensemble de connaissances pratiques reliées à leur petit monde. Tout en conservant les activités de jeux, on privilégie un commencement d'instruction proprement dite. On préconise l'apprentissage de quelques éléments de calcul, de géographie et de sciences naturelles avec, en temps opportun, l'initiation à la lecture et à l'écriture, à quoi s'ajoutent quelques notions de civisme.
Matériel didactique	La jardinière imagine et crée du matériel didactique. Elle trouve ses idées en fouillant dans des catalogues et en visitant d'autres maternelles. S'il y a lieu, elle voit à la préparation à la première communion des enfants qui ont atteint l'âge et le développement requis. La jardinière s'occupe de l'ensemble du groupe au moyen d'activités collectives, mais elle s'occupe aussi de chacun des enfants individuellement. Elle diversifie les jeux tout en portant attention à ceux qui désirent jouer avec d'autres dans des coins spécifiques comme les coins de poupées, de construction ou de jeux de table (encastrements, casse-tête, lotos). Elle soutient ceux qui, dans leurs apprentissages, éprouvent des difficultés. Le matériel se diversifie et se complexifie au cours de l'année pour permettre à l'enfant de faire d'autres choix qui le dirigeront vers des apprentissages plus poussés.
Horaire et emploi du temps	Les enfants viennent à l'école à mi-temps, soit le matin de 9 h à 11 h 30, soit l'après-midi de 13 h 30 à 16 h selon leur inscription en début d'année. Une fois le climat de confiance nécessaire à l'apprentissage établi, l'horaire est divisé en fonction d'une routine de manière que l'enfant puisse se situer dans le temps et estimer lui-même le moment du retour à la maison.
Admission	Pour répondre aux exigences du service d'hygiène de la ville, on demande aux parents de fournir deux certificats : un de vaccination contre la variole et un de bonne santé. Les inscriptions sont limitées de façon qu'aucune jardinière n'ait à s'occuper de plus de 20 enfants à la fois. La direction se réserve le droit de retarder l'inscription d'un enfant qui exigerait de la part de l'éducatrice une attention trop exclusive. Les parents doivent débourser une somme de 50 $ par année, ou de 5 $ par mois, qui sert à payer le coût de matériel comme les craies, les livres.
Transport	Les parents dont les enfants sont transportés doivent supporter le coût de la location de voitures.
Année scolaire	Elle commence durant la deuxième semaine de septembre et se termine en juin. À des fins pédagogiques et de contrôle, elle se divise en trois trimestres, débutant respectivement en septembre, en décembre et en mars.

2.2 LA MATERNELLE AU DÉBUT DES ANNÉES 60

Le début des années 60 marque un tournant dans l'histoire des maternelles, grâce aux subventions accordées par le département de l'Instruction publique. À l'aube de ce qu'on appellera la Révolution tranquille, période où la société québécoise est en effervescence sur tous les plans, on assiste à l'émergence des maternelles publiques.

Le 10 juin 1961, l'Assemblée législative du Québec sanctionne le projet de loi 86, en vertu duquel une subvention spéciale est accordée aux commissions scolaires en vue de maintenir les classes maternelles (articles 6 et 14). Quelques mois auparavant, soit le 10 mars, le département de l'Instruction publique avait institué la Sous-commission des écoles maternelles dont la tâche première était de préparer un guide pour l'organisation des classes maternelles, destiné aux commissions scolaires et aux titulaires de classes maternelles. Peu après, la même Sous-commission se voit confier une deuxième mission, dont l'objet est l'élaboration d'un nouveau programme à l'intention des écoles normales, concernant la formation d'un personnel qualifié.

2.2.1 Les principales lacunes relevées

Au début des années 60, la situation d'ensemble des maternelles présentait des lacunes importantes au chapitre de leur encadrement et de la formation des institutrices qui y œuvraient.

En juin 1962, témoignant devant la Commission royale d'enquête sur l'enseignement dans la province de Québec, l'Association canadienne des jardinières d'enfants (ACJE) souligne le réel retard du Québec en ce qui a trait à l'organisation et à la réglementation de l'enseignement préscolaire.

À l'appui de cette affirmation, l'ACJE fait état de données fournies par les inspecteurs d'écoles au Service des statistiques du département de l'Instruction publique pour l'année 1961-1962. Ces données révèlent l'existence de 256 classes maternelles, dont 64 seulement, soit 25 % de l'ensemble, relèvent des commissions scolaires. En ce qui regarde la fréquentation des maternelles, le mémoire de l'ACJE (Pelletier et coll., 1962) rapporte que 2 % seulement des enfants sont inscrits dans les maternelles publiques, soit 2 478 sur une possibilité totale d'environ 120 000. L'ACJE compare cette situation avec celle de la minorité française de l'Ontario qui, en 1960, compte 5 774 enfants inscrits dans les *kindergartens*, soit plus du double de l'inscription dans la province de Québec. Et si l'on considère l'ensemble des classes maternelles de l'Ontario, cette province compte, selon les données de l'Ontario Department of Education and

Welfare pour l'année 1960, 3388 écoles maternelles, dont 2074 sont publiques et accueillent 64,7 % de la population totale des enfants de 5 ans.

Pour ce qui est du retard qu'accuse la qualité de l'enseignement, l'ACJE fait état du faible encadrement des écoles maternelles et du problème de la formation des institutrices (Pelletier et coll., 1962). En effet, l'ACJE déplore le fait qu'au moins 75 % des classes maternelles ne font l'objet d'aucune surveillance, ce qui ne manque pas de les inquiéter au sujet des standards pédagogiques qui prévalent dans ces classes. À l'appui, l'ACJE cite aussi la conclusion de la conférence prononcée à Saint-Adèle, en 1960, par M. Charles Bilodeau, à l'occasion de la Conférence canadienne de l'enfance, où il précisait que :

> [...] une des questions à étudier est assurément celle de la réglementation des écoles maternelles indépendantes. À l'heure actuelle, une liberté complète existe au Québec. Toute personne, qualifiée ou non, peut ouvrir une école maternelle et la conduire comme elle l'entend, bien ou mal. Une école maternelle dirigée par une personne non compétente peut parfois causer un tort sérieux aux élèves. Une sage réglementation empêcherait de tels abus et contribuerait au développement des véritables écoles maternelles. (Pelletier et coll., 1962, p. 15-16.)

De plus, les normes d'encadrement en vigueur sont toujours celles qui sont définies dans l'appendice F des *Règlements du comité catholique du Conseil de l'instruction publique de la province de Québec (refondus en 1915)*. Dans son mémoire, l'ACJE affirme que ces normes « ne correspondent pas à la conception moderne de l'éducation préscolaire » (Pelletier et coll., 1962, p. 12).

Quant au problème de la formation des institutrices, le mémoire de l'ACJE révèle que, en 1961-1962, 184 institutrices sur 256 possèdent un diplôme reconnu par la loi, dont 51 seulement sont spécialisées en pédagogie préscolaire. De plus, ces diplômes présentaient une grande disparité, tel que l'illustre le tableau 2.2 (p. 36).

Encore plus dramatique, l'ACJE signale l'existence de 70 classes maternelles dirigées par des personnes possédant un certificat de 7e, 9e, 10e, 11e ou 12e année ou encore un diplôme de garde-bébés (Pelletier et coll., 1962). De toute évidence, la modification apportée, le 23 novembre 1960, aux règlements du Comité catholique du Conseil de l'instruction publique pour obliger les écoles maternelles à embaucher du personnel qualifié n'avait pas encore corrigé la situation.

Quoi qu'il en soit, les défenseurs de l'école maternelle commencent à laisser leurs traces. On considère désormais la maternelle comme

TABLEAU 2.2 Diplômes dont sont titulaires les institutrices de maternelle, 1961-1962

Provenance du diplôme	Diplômes
Bureau central des examinateurs catholiques	Diplôme élémentaire Diplôme modèle Diplôme académique Diplôme complémentaire Diplôme supérieur
Écoles normales	Brevet supérieur Brevets « A », « B », « C » Brevets spécialisés
Institutions diverses	Diplôme spécialisé après une 10e année Diplôme d'auxiliaire sociale Diplôme du Conservatoire LaSalle Diplôme professoral de l'Université de Montréal

Source : L. Pelletier et coll., *Problèmes de l'enseignement préscolaire dans la province de Québec*, mémoire de l'Association canadienne des jardinières d'enfants présenté à la Commission royale d'enquête sur l'enseignement dans la province de Québec, 1962, p. 13.

une unité originale ayant une valeur en soi. On oblige la titulaire à posséder une formation adéquate pour travailler au sein d'un système d'éducation qui privilégie l'unification de la pensée pédagogique.

Jusque-là, en dépit de l'existence d'une certaine réglementation, aucun comité émanant du département de l'Instruction publique ne s'était vu confier la tâche d'étudier l'ensemble du dossier préscolaire. Une volonté d'action à cet égard semble toutefois se manifester, comme le souligne l'ACJE (Pelletier et coll., 1962, p. 21-22) :

> [...] un pas en ce sens a été fait récemment. Le 14 mars 1962, le Comité catholique du Conseil de l'instruction publique tenait compte d'une des suggestions faites par la Sous-commission des écoles maternelles et recommandait la nomination d'un conseiller technique responsable des écoles maternelles. Nous applaudissons à cette décision et y ajoutons quelques précisions :
>
> 1. Nous souhaitons que cette personne soit la directrice d'un service des écoles maternelles, ce service constituant une entité autonome.

2. Que cette personne soit détentrice d'une licence ou d'une maîtrise en pédagogie et qu'elle soit spécialisée en éducation préscolaire.
3. Que les membres de ce service aient l'entière responsabilité de l'organisation matérielle et pédagogique de l'enseignement préscolaire, qu'ils voient à la surveillance et aient juridiction sur toutes les écoles maternelles publiques ou indépendantes.
4. Que des personnes choisies pour occuper un poste au sein de ce service, que ce soit en tant que conseiller technique, chargé de recherches, etc., détiennent un degré universitaire.

Dans un document publié en 1963 et intitulé *Guide des écoles maternelles,* le Comité catholique du Conseil de l'instruction publique expose les objectifs de la maternelle et les conditions de l'organisation pédagogique et matérielle de l'école maternelle. La publication, en 1964, du rapport de la Commission royale d'enquête sur l'enseignement dans la province de Québec, mieux connue sous l'appellation commission Parent, du nom de son président, Mgr Alphonse-Marie Parent, marque une étape décisive dans la société québécoise. Précurseur d'une réforme en profondeur de tout le système d'éducation, il change le cours de l'histoire des maternelles. Au cœur des débats concernant cette réforme se trouve le principe de l'accessibilité à l'école et du droit à l'éducation préscolaire gratuite. Ce droit finalement acquis, l'éducation préscolaire devient un service public au même titre que l'enseignement primaire : la maternelle est désormais gratuite et accessible à tous les enfants de cinq ans, peu importe leur condition sociale.

2.2.2 La croissance de la fréquentation de la maternelle

Au début des années 60, le Québec accusait un retard important au chapitre de la fréquentation de la maternelle, qui accueillait seulement 2 % des enfants de cinq ans, alors que l'Ontario et des pays européens comme la France, l'URSS et l'Angleterre recevaient en maternelle près des deux tiers des enfants de trois, quatre et cinq ans. Il apparaissait par conséquent urgent de redresser la situation. En 1961, l'Assemblée législative du Québec adoptait une loi relative à l'octroi de subventions aux commissions scolaires pour l'ouverture de maternelles, de telle sorte que la fréquentation de la maternelle par les enfants de 5 ans passait de 10,2 % en 1961 à 92,3 % en 1970 et à 97 % en 1974 (Ministère de l'Éducation du Québec, 1981b, p. 38).

Le tableau 2.3 donne un aperçu de cette évolution.

TABLEAU 2.3 Évolution des effectifs en éducation préscolaire, de 1963 à 1979

Année	Nombre de commissions scolaires	Nombre de classes	Nombre de titulaires	Nombre d'élèves (total)
1963-1964	78	241	244	10 560
1964-1965	142	462	330	23 310
1965-1966	230	1 039	893	38 805
1966-1967	317	1 368	1 361	34 701
1967-1968	470	1 822	1 829	70 382
1968-1969	728	2 501	2 483	98 545
1969-1970	725	2 874	2 833	108 758
1970-1971	694	2 936	2 855	107 993
1971-1972	650	2 824	2 705	99 406
1972-1973	212	2 746	2 532	94 575
1973-1974	200	2 656	2 443	91 216
1974-1975	201	2 674	2 442	89 919
1975-1976	201	2 762	2 534	89 755
1976-1977	202	2 762	2 541	89 636
1977-1978	n.d.	n.d.	n.d.	84 258
1978-1979	n.d.	n.d.	n.d.	83 091

n.d. : données non disponibles.

Source : Ministère de l'Éducation du Québec, *Programme d'éducation préscolaire,* Québec, MEQ, 1981, p. 39.

2.2.3 De la maternelle à l'éducation préscolaire

Le mot « maternelle » a été employé pour la première fois en 1771 par le pasteur français J. F. Oberlin, fondateur des écoles enfantines, alors que l'expression « école maternelle » remonte à 1848, sous la plume du ministre français de l'Instruction publique Hippolyte Carnot.

Au Québec, le Comité catholique du Conseil de l'instruction publique définissait l'école maternelle de la façon suivante :

> L'école maternelle est un établissement d'éducation dont l'objet est de préparer l'enfant à recevoir avec fruit l'instruction primaire.

> Elle n'est pas une école au sens ordinaire du mot, car son caractère diffère de celui de l'école primaire.
>
> [...]
>
> Cette école du premier âge est donc un établissement où les enfants des deux sexes viennent recevoir les soins de surveillance maternelle et de première éducation que leur âge réclame. (Conseil de l'instruction publique. Comité catholique, 1915, p. 211.)

Avec le temps, cette définition de la maternelle a évolué et nous parlons aujourd'hui plutôt d'éducation préscolaire. Adoptée par l'Organisation mondiale pour l'éducation préscolaire (OMEP), la notion d'éducation préscolaire comporte une dimension particulière, touchant à la fois au développement de l'enfant et à un style d'enseignement lié à la première éducation des enfants. Au Québec, les objectifs mis au premier plan par la Commission royale d'enquête sur l'enseignement s'articulent autour de cette double dimension en tenant compte autant du développement psychologique de l'enfant par la satisfaction de ses besoins que de son développement harmonieux, dans le respect de ses intérêts et de ses qualités intellectuelles.

De nos jours, depuis qu'elle a gagné en notoriété, l'éducation préscolaire est perçue comme un moment crucial dans l'ensemble du développement humain :

> Si un enfant humain ne reçoit pas en temps voulu un minimum d'éducation convenable, il ne pourra jamais, quels que soient les efforts ultérieurs de ses éducateurs, rattraper le retard, compenser le manque premier. (Jean Rostand, cité dans Debesse et Mialaret, 1972, p. 82.)

Au Québec, l'organisation du réseau d'éducation préscolaire, amorcée par le département de l'Instruction publique, s'est poursuivie sous l'autorité du ministère de l'Éducation du Québec (MEQ). Entre autres responsabilités, ce dernier doit établir des normes, contrôler et orienter le travail des maternelles et commander ou diriger des recherches en pédagogie préscolaire (Commission royale d'enquête sur l'enseignement dans la province de Québec, 1964, p. 79-80). Il définit également les normes concernant la formation et la compétence du personnel, la qualité du local et du matériel, les critères d'admission et le nombre d'enfants par classe.

En 1979, le MEQ a publié *L'école québécoise, énoncé de politique et plan d'action,* document mieux connu sous le nom de livre orange. Réagissant à cette publication, la Centrale de l'enseignement du Québec (1979, p. 13) déclarait :

> L'éducation préscolaire au Québec s'articulait autour d'un embryon : un réseau de classes maternelles pour enfants de 5 ans rassemble 97 % d'entre eux mais seulement cinq demi-journées par semaine. L'expérience de maternelles cinq ans fréquentées à temps plein demeure marginale. À l'échelle du Québec, quelques classes maternelles pour enfants de 4 ans à demi-temps et quelques maternelles-maisons sont organisées dans les milieux défavorisés. Il en existe également dans certains grands centres urbains.
>
> [...] Les auteurs du Livre orange refusent de transformer les maternelles (5 ans) fréquentées à demi-temps en maternelles temps plein, sauf à titre de mesures spéciales où de telles maternelles accueillent des enfants défavorisés ou encore des enfants dont la langue maternelle est autre que le français.

Tout compte fait, l'éducation préscolaire de l'époque se résume essentiellement à des services éducatifs assurés par le système scolaire. Elle se définit au regard d'objectifs et non pas par rapport à une identité structurelle. Le *Guide des écoles maternelles* (Comité catholique du Conseil de l'instruction publique, 1963, p. 51) précise que cette éducation « possède une valeur en soi, qu'elle offre à l'enfant un complément nécessaire à l'éducation qu'il reçoit au foyer. Elle est l'auxiliaire de la famille ». Il ajoute : « S'inscrivant en prolongement de la famille, l'éducation préscolaire constitue une transition heureuse entre le foyer et l'école élémentaire. » (*Ibid.*, p. 53.)

Le *Programme d'éducation préscolaire*, publié en 1981, poursuit cet objectif de *bien-être* en insistant sur le rôle « d'éducation globale de la personnalité de l'enfant » (Ministère de l'Éducation du Québec, 1981b, p. 7) par un environnement social de qualité. « Aussi, estiment les auteurs de ce document, la façon d'éduquer l'enfant pendant toute la période préscolaire a-t-elle une influence déterminante sur son avenir, sur la réussite de son éducation scolaire et aussi, dans une certaine mesure, sur la réussite ultérieure de sa vie. » (*Ibid.*)

Dès lors se dessinent deux tendances. La première préconise une éducation préscolaire qui s'inscrit dans la continuité familiale en laissant une certaine liberté d'action à l'enfant dans des activités spontanées qu'il entreprend de sa propre initiative ; la seconde est surtout axée sur des activités de première année présentées en vue de préparer l'enfant à la réussite scolaire et de faire ultimement de lui un citoyen responsable.

Avec le temps et au fil des événements, l'éducation préscolaire a pris une signification beaucoup plus étendue, qui va au-delà du sens attribué à la classe maternelle proprement dite. En 1988, le Conseil supérieur de l'éducation affirmait que « l'éducation préscolaire fait partie intégrante du curriculum [...] ayant donné un cadre spécifique d'exercice à l'intérieur du système scolaire » (Conseil supérieur de l'éducation, 1988, p. 13). En fait, l'éducation préscolaire englobe la prise de conscience des responsabilités en matière d'éducation pour l'ensemble des tout-petits. Cependant, il ne faut pas confondre l'éducation familiale avec l'éducation préscolaire. La première concerne l'enfant à la maison, la seconde se rapporte à tout établissement qui s'occupe du bien-être des enfants d'âge préscolaire en général. Sur ce dernier point, étant donné que, de nos jours, la grande majorité des enfants fréquentent la maternelle et qu'un grand nombre d'établissements destinés aux jeunes enfants autres que les maternelles sont apparus, on serait porté à dire que l'éducation préscolaire touche l'ensemble des enfants de moins de six ans. Toutefois, cette dernière affirmation n'est pas partagée par Perrenoud qui affirme que :

> [...] ne peut être préscolaire qu'une institution qui présente tous les traits de la forme scolaire : 1) un maître reconnu savant et compétent ; 2) un groupe d'élèves ; 3) un espace spécifique, fermé ; 4) des temps planifiés et protégés ; 5) une pratique séparée des autres pratiques sociales ; 6) des règles contraignantes de fonctionnement ; 7) un programme comme ensemble ordonné de savoirs et de savoir-faire à développer ; 8) un contrat didactique définissant le rapport au savoir et le travail des élèves ; 9) une autorité fondée sur des récompenses et des sanctions. Or, on en conviendra, l'école préobligatoire présente tous ces traits. Ni l'obligation légale, ni l'évaluation sont indispensables pour caractériser une école ! (Perrenoud, 2000, p. 6.)

En définitive, comme le mot l'indique, *préscolaire* fait référence à ce qui précède le scolaire. Cela étant, tous les éducateurs s'entendent pour dire qu'il est nécessaire de créer des liens étroits entre tous les milieux qui exercent une influence sur le développement de l'enfant avant son arrivée à l'école, en l'occurrence la famille, la garderie et la maternelle. Un tel souci a toujours ressorti des programmes d'éducation préscolaire. Cependant, sur le plan éducatif, la maternelle ne peut remplacer la famille et l'éducatrice ne peut se substituer aux parents. Par conséquent, afin d'éviter les coupures entre les milieux et afin de mieux préserver l'unité de la vie enfantine, on ne saurait trop insister sur la nécessité de renforcer les liens de collaboration entre ces différents milieux.

De nos jours, contrairement à la situation dans les années 60, les petits Québécois qui entrent à l'école primaire sont susceptibles d'avoir fréquenté une panoplie d'établissements, soit des garderies de types variés, des centres de la petite enfance (CPE), des prématernelles ou des maternelles. Ces établissements, privés ou publics, relèvent d'un ministère particulier. Selon le ministère auquel ils se rattachent, ils sont considérés comme scolaires ou comme non scolaires. Au-delà de ces distinctions, deux réalités s'imposent : d'abord, la maternelle n'est plus la première institution préscolaire à prendre l'enfant en charge en dehors de la famille ; ensuite, elle n'est plus le seul milieu social et éducatif où l'enfant peut développer ses habiletés. En effet, les enfants peuvent profiter de nombreux cours artistiques, sportifs ou autres en dehors de toute institution organisée. Face à cette réalité, on commence à mieux comprendre le dilemme de certaines éducatrices qui souhaiteraient aller de l'avant et faire de la maternelle une classe préparatoire à la première année ou à l'enseignement primaire. En fait, le rôle de la maternelle consiste inévitablement à préparer *peu à peu* l'enfant à devenir un écolier capable d'écrire, de lire et de compter. Ce *peu à peu* soulève une certaine controverse parmi les éducatrices. Il revêt une signification différente selon la compréhension et l'interprétation de chacune et selon qu'on l'associe aux diverses écoles de pensée en faveur ou non de l'apprentissage de la lecture et de l'écriture dès la maternelle. Le débat opposant éducation et instruction est loin d'être terminé et retient toujours l'attention des personnes que préoccupe le bien-être de l'enfant.

En conclusion, les années 60 marquent un tournant important dans l'éducation préscolaire, ne serait-ce que par la multiplication des maternelles. Cette révolution accompagne de multiples débats sur les bienfaits qu'apporte à l'enfant le fait de rencontrer des compagnons ou compagnes du même âge, de s'adonner à d'autres types d'activités que celles qui sont offertes dans le milieu familial, d'apprendre à partager, à se soumettre à des règles de vie de groupe et à se plier à une certaine discipline. Il faut dire que des personnes voient d'un mauvais œil cette entrée précoce à l'école. La maternelle devient donc le sujet par excellence de récriminations de toutes sortes : elle n'est pas assez ceci ; elle est trop cela ; pauvre petit qu'on doit sortir du lit pour envoyer à l'école ; sa vie de misère commence ; si petit pour aller à l'école ; il ne fait rien à la maternelle, etc. Malgré tout, la majorité des parents reconnaissent les bienfaits de la maternelle en tant que milieu de transition avant les apprentissages formels de la première année et, bien qu'elle ne soit pas obligatoire, décident d'y envoyer leur enfant.

RÉSUMÉ

Par comparaison avec l'Europe, ou même avec la province voisine, l'Ontario, l'implantation des maternelles s'est faite très lentement au

Québec. Avant 1960, la maternelle demeurait essentiellement le premier lieu de socialisation extérieur à la famille pour les jeunes enfants. Dans ce contexte, la *jardinière*, ainsi qu'on désignait l'éducatrice à l'époque, était assimilée à une *bonne maman* plutôt qu'à une enseignante, son rôle consistant d'abord et avant tout à *protéger* l'enfant. Une approche pédagogique plutôt intuitive, axée sur les *bonnes habitudes* à faire acquérir, était privilégiée. La jardinière créait et imaginait elle-même le matériel, les jeux et les activités de préapprentissage.

À la suite de la reconnaissance du statut de l'enfant et sous l'influence de pédagogues et de chercheurs, un mouvement vers la préscolarisation s'est amorcé au début du siècle dernier. Avec la publication du rapport Parent, en 1964, la préscolarisation est devenue accessible à l'ensemble de la population, particulièrement aux enfants ayant cinq ans le 1er octobre de l'année en cours, l'âge d'admission officiel pour l'entrée à la maternelle. Deux tendances s'affrontent quant à la conception de la maternelle : laisser l'enfant découvrir par lui-même à travers ses jeux ou lui montrer à lire, à écrire et à compter. La première vise la continuité familiale, en insistant sur une certaine spontanéité ; la deuxième privilégie des apprentissages de première année du primaire en vue de préparer l'enfant à la réussite scolaire.

QUESTIONS

1. À quand remonte l'appellation *maternelle* et où se situe-t-elle par rapport à l'expression *éducation préscolaire* ?
2. Comment décririez-vous le rôle et l'importance de la maternelle au Québec avant 1960 ?
3. Quel événement majeur marque un tournant dans l'évolution de la maternelle au Québec ?

MISE EN SITUATION

Directrice d'école

Pour cette mise en situation, vous devez vous reporter en 1960, où vous êtes directrice d'une école primaire.

Depuis quelque temps, des parents viennent vous rencontrer pour vous faire part de leurs doléances concernant le fait qu'ils ne peuvent envoyer leurs jeunes enfants à la maternelle privée faute d'argent. Ils aimeraient que vous fassiez pression sur vos supérieurs pour que votre école offre ce service.

Pistes d'exploration

— Que signifie ouvrir une classe maternelle à cette époque ?

— Pensez-vous que la majorité des parents de votre entourage veulent envoyer leurs enfants à la maternelle ?
— Quels arguments invoquerez-vous pour convaincre vos supérieurs du bien-fondé de votre requête ?
— Quelles stratégies mettrez-vous en œuvre pour répondre aux besoins des parents, aux exigences de vos supérieurs et pour présenter votre position au personnel enseignant de votre école ?

Présentation

Vous avez à présenter les stratégies que vous adopterez. Vous devez exposer à trois groupes d'acteurs, soit les parents, vos supérieurs et les enseignants de votre école, les avantages et les inconvénients liés à l'ouverture d'une classe maternelle dans votre école.

Les moyens que vous pouvez utiliser sont le jeu de rôle, la conférence ou tout autre moyen qui vous semble pertinent.

LECTURES SUGGÉRÉES

CHARRIER, C., et HERBINIÈRE-LEBERT, S. (1955). *La pédagogie à l'école des petits : cours complet et pratique,* Paris, F. Nathan.

DAJEZ, F. (1994). *Les origines de l'école maternelle,* Paris, PUF.

LUC, J.-N. (1997). *L'invention du jeune enfant au XIXe siècle, de la salle d'asile à l'école maternelle,* Paris, Belin.

Chapitre 3

Les étapes de la progression des classes maternelles publiques depuis 1960

OBJECTIFS

Au terme de ce chapitre, le lecteur devrait pouvoir :

- décrire l'organisation matérielle et pédagogique de la maternelle à chacune des étapes importantes de l'histoire de la maternelle au Québec ;
- analyser, au cours de ces différentes étapes, les buts, les activités et les programmes qui ont contribué à rendre la maternelle crédible ;
- décrire les différents types de maternelles qui ont existé et qui ont été mises sur pied à l'étape d'organisation (1970-1980).

INTRODUCTION

Comme on a pu le constater dans les deux chapitres précédents, l'histoire de l'éducation préscolaire est relativement récente au Québec français. Certes, comparé à l'Europe, le Québec est très jeune, ce qui peut expliquer en partie son retard. Toutefois, plusieurs autres facteurs ont contribué à ralentir le processus d'implantation de l'éducation préscolaire. Parmi ces facteurs, retenons le fait que l'importance du développement du jeune enfant tarde à être reconnue dans l'ensemble de la population et le fait que les connaissances à ce sujet sont alors pour ainsi dire inexistantes. Même si, au début du XXe siècle, on assiste ici et là à quelques initiatives privées, on est encore bien loin d'un système capable de rejoindre l'ensemble des enfants de cinq ans.

Il fallait une volonté politique pour rassembler en un tout cohérent les multiples tentatives éparses faites par des femmes très engagées et déterminées. En 1959, le premier ministre du Québec Paul Sauvé invite la population à *se tourner vers l'avenir*. C'est le début d'une ère où le Québec entier se transforme, et ce dans tous les secteurs, y compris en éducation. En 1960, le nouveau premier ministre Jean Lesage continue sur la lancée de son prédécesseur avec un slogan non équivoque : « C'est le temps que ça change. » Le Québec entre alors de plain-pied dans ce que les historiens ont appelé la *Révolution tranquille*, une période caractérisée par des changements d'une envergure sans précédent. Paul Gérin-Lajoie, le premier des ministres de l'Éducation, confie à Mgr Alphonse-Marie Parent la tâche d'étudier l'organisation et le financement de l'éducation. Le temps est à la démocratie et aux consultations diverses. Durant cette période, la commission Parent, bien décidée à mettre de l'ordre dans le système scolaire québécois, exerce une influence prodigieuse sur l'enseignement au Québec, influence qui se fait encore sentir de nos jours. Ce vent de réforme donne l'occasion de réfléchir sur l'éducation en général et sur l'éducation préscolaire en particulier. S'ouvre ainsi une ère nouvelle qui a des prolongements jusqu'à aujourd'hui. C'est de cette évolution que nous traiterons dans le présent chapitre.

3.1 LA MATERNELLE DE 1960 À 1970 : ÉTAPE D'INITIATION

Dans le rapport qu'elle déposait en 1964, la Commission royale d'enquête sur l'enseignement dans la province de Québec, couramment appelée commission Parent, considère les enfants de quatre et cinq ans comme « aptes à profiter d'activités éducatives suivies ».

Dans ces conditions, il convenait d'ouvrir des maternelles qui dépasseraient la fonction utilitaire, c'est-à-dire qui feraient plus que prendre soin de l'enfant. À cette époque, on ne parlait pas de services de garde, ce rôle relevant de la famille, en l'occurrence de la mère. De ce fait, l'enfant qui entrait à la maternelle (privée ou publique) n'avait en règle générale pas connu d'autres milieux que son milieu familial.

3.1.1 Le but

Le *Guide des écoles maternelles* (Comité catholique du Conseil de l'instruction publique, 1963, p. 51) souligne que « l'éducation préscolaire vise le développement d'une personnalité équilibrée, bien intégrée et bien individualisée ». Cette idée est reprise par les membres de la commission Parent, qui reconnaissent que l'école doit faire en sorte que l'enfant devienne un adulte « bien développé, épanoui, equilibré, heureux » (Commission royale d'enquête sur l'enseignement dans la province de Québec, 1964, p. 82).

3.1.2 L'enfant

L'enfant est considéré comme un petit être fragile qu'il faut protéger et soustraire au monde des grands en lui créant un environnement particulier. Aussi les enfants de la maternelle ont-ils leur propre cour de récréation.

L'entrée à la maternelle constitue souvent pour la mère et l'enfant une première expérience de séparation, ce qui donne lieu à des larmes et à des crises. Dans un texte paru dans le journal *La Presse*, Mariane Favreau (1969) décrit la situation :

> Il a quatre, cinq ou six ans. Jusqu'ici il était le petit prince libre et heureux, s'adonnant avec sérieux à des « travaux » de son choix. Maintenant, il entre à l'école, en petite maternelle, en préscolaire ou en première. Une étape de sa vie vient de se terminer, une autre commence, très importante. Votre enfant devient écolier.
>
> C'est sans doute un événement dont on parle dans la famille depuis des semaines. L'enfant a été vacciné, on lui a probablement acheté des crayons, un petit sac d'école ; on a prévu des vêtements propres, on a marqué à son nom ses bottes, son gilet. Bref, on se préoccupe de la rentrée scolaire depuis un certain temps.
>
> Mais le petit est-il bien préparé pour autant ? Il est peut-être un peu tard pour y penser, mais … Sait-il dire correctement son nom et son adresse ? Peut-il enlever et mettre son chandail sans aide ? A-t-il pris l'habitude d'aller aux toilettes seul ? Sait-il que sa maman ne restera pas dans la classe, à l'école ?

Si cette entrée à l'école est un événement grave pour l'enfant, elle l'est également pour la mère. « Le premier enfant qui part, c'est vraiment quelque chose ! explique une maman. On se détache vraiment. Et on a une certaine appréhension envers les adultes à qui on confie l'enfant. »

Combien ont vu des larmes dans les yeux de leur mère lors de leur premier jour de classe ? De nos jours, plus rares sont les parents qui considèrent que le petit a « fini son bon temps, qu'il sera soumis à une discipline sévère, bref que l'école est une espèce de noviciat sans joie. Mais, il y a toujours un peu de tristesse chez la maman qui voit vieillir son petit, qui s'aperçoit qu'elle ne sera plus seule à le guider, à le former.

Les craintes

Vaut-il mieux aller le conduire, le premier jour ? Ou le laisser partir seul, comme un grand ?

D'après M. Pierre Baulu, directeur du Bureau de psychologie de la CECM, « la présence de la mère sécurise beaucoup l'enfant. Il est donc souhaitable qu'elle vienne le conduire à l'école. Dans certains cas, les mamans peuvent attendre leurs enfants dans la salle de récréation. De savoir leur mère tout près rassure les tout-petits. »

Il peut cependant arriver qu'au jour dit, le futur écolier refuse d'aller à l'école. Il pleure, il a peur, il peut même se sentir malade. Inconsciemment, la mère peut entretenir cette crainte par l'anxiété qu'elle ressent elle-même de se détacher de son enfant. Mais le Dr Baulu suggère d'être ferme. « Il faut couper le cordon ombilical, non de façon brutale, mais il faut que l'enfant sente que quelque chose de nouveau se passe, qu'on exige maintenant de lui d'autres tâches. »

Une maman nous faisait remarquer que la foule d'élèves peut impressionner le jeune enfant. Il ne s'est peut-être jamais trouvé avec autant de monde. Aussi a-t-il besoin de points de repère : un ami, un frère, à défaut de la maman. Bientôt, son institutrice sera son pôle d'attraction.

S'il allait s'égarer ?

S'il est recommandé d'aller reconduire et chercher son enfant les premiers jours, il faudrait éviter de prolonger cette pratique (sauf s'il y a de réels dangers de circulation). Mieux vaut veiller à ce que le nouvel écolier parte avec des amis, ou des aînés. Toutefois avant de le laisser vraiment à lui-même, il vaut mieux s'assurer qu'il connaît bien le chemin aller-retour.

Une maman nous a souligné qu'après quelques jours seulement c'est l'enfant qui lui avait demandé de ne plus aller le reconduire à l'école : il se sentait assez grand. Et sans doute voulait-il « ne pas être différent des autres ».

Il faut donc être attentive à ce conformisme du premier âge. L'enfant qui ne se sent pas comme les autres se trouve très malheureux. Si l'institutrice demande tel genre de cahier ou de crayon, il est préférable de suivre ses directives. D'autre part, n'oubliez pas de donner une collation à votre enfant : si tous ses camarades ont une pomme ou un biscuit, il en voudra aussi, même si d'habitude il ne mange pas.

[…]

Bref, l'entrée à l'école est un jour capital dans la vie d'un enfant. Et c'est aux parents, à la mère en particulier, qu'il appartient d'en faire un événement heureux. De ce premier jour dépendent peut-être le succès et l'adaptation du nouvel écolier.

3.1.3 Les parents

Les parents n'ont pas nécessairement leur place dans l'école. En fait, cela ne tient qu'au bon vouloir de l'éducatrice. Même si, compte tenu des responsabilités communes au regard du développement de l'enfant, tous s'accordent pour reconnaître les bienfaits de la collaboration maîtres-parents, les applications pratiques demeurent relativement rares.

3.1.4 La jardinière d'enfants

La jardinière d'enfants, nom par lequel on désigne la personne qui s'occupe des jeunes enfants de la maternelle, doit avoir une personnalité équilibrée. En plus de son rôle auprès des enfants, elle voit à tout ce qui a trait à l'installation physique et matérielle de la maternelle. Elle est parfois appelée à donner son avis sur les plans du local et elle doit déterminer l'emplacement des divers *coins*, comme celui des poupées, de la construction et de la lecture.

3.1.5 Les activités

Les activités sont soit de nature ludique, pour répondre au besoin de bouger des enfants, soit de nature scolaire, comme les exercices de préécriture, de prélecture ou de précalcul qui ont pour objet de préparer l'enfant à la première année. On travaille beaucoup à partir de centres d'intérêt et de thèmes. Par exemple, la saison d'automne amène des causeries, des chansons, des comptines et d'autres activités centrées sur ce thème. Une attention particulière est portée au développement du langage, pour pallier une attitude courante chez plusieurs adultes qui consiste à considérer l'enfant de cinq ans comme un bébé et à le limiter à un langage enfantin. La formation du schéma corporel par l'activité physique est prise en considération et l'on apprend à l'enfant le nom des différentes parties de son corps et leurs fonctions. On privilégie le jeu avec les pairs comme moyen de reconnaissance de sa propre identité. La maternelle aménagée en différents coins (poupées, construction, magasin) donne à l'enfant l'occasion de choisir les activités auxquelles il veut se livrer et les amis avec qui il désire jouer. Une bonne portion de temps est allouée aux jeux libres. Au chapitre de l'évaluation du comportement et de l'adaptation de l'enfant à l'école, les critères *jouer avec les autres, demander de l'aide au besoin* ou *s'habiller seul* sont des indicateurs de choix. À cela s'ajoute l'observation du comportement de l'enfant dans divers types d'activités, tels la musique, le dessin, la peinture ou le bricolage. Dans les activités de création, on a parfois tendance à imposer des *modèles* et il n'est pas rare que la jardinière retouche elle-même chaque réalisation de l'enfant afin d'obtenir un *beau* produit fini qui impressionnera les parents lors des expositions de travaux.

Tout comme la socialisation de l'enfant, l'*autonomie fonctionnelle*, c'est-à-dire la débrouillardise et la prise en charge de l'enfant par lui-même, demeure un élément important à développer. Dans cet esprit, on l'encourage à s'habiller seul, à attacher ses souliers, à connaître son adresse et son numéro de téléphone. Les tableaux d'émulation ou la remise de diplômes constituent des outils de renforcement de ces apprentissages.

3.1.6 Le programme

Rappelons pour commencer qu'en 1915, à la suite des travaux d'une commission créée par le département de l'Instruction publique, était publié un programme à l'intention des maternelles, présenté dans l'appendice F des *Règlements du comité catholique du Conseil de l'instruction publique de la province de Québec*. Toutefois, comme en témoignent les procès-verbaux de la Commission des écoles catholiques de Montréal (CECM), les premières maternelles avaient dans l'ensemble une connaissance insuffisante de ce programme et ne s'y conformaient pas. Selon Léveillé-Bourget (1973, p. 63), « ce n'était que des simulacres d'écoles maternelles. On y faisait bel et bien de l'enseignement traditionnel… »

Ce programme sera en vigueur jusqu'en 1963, année où il est remplacé par le *Guide des écoles maternelles* (Comité catholique du Conseil de l'instruction publique, 1963). Ce document présente une esquisse du développement de l'enfant d'âge préscolaire ainsi que les grandes orientations de la pédagogie. Celles-ci prennent la forme d'objectifs, de rôles, de programme, d'organisation stratégique et matérielle. Ce document précise que l'école maternelle n'est pas axée sur l'acquisition de connaissances, mais bien sur le développement progressif des actions autonomes de l'enfant. Étant donné le caractère général de ce guide, le MEQ publie, à compter de 1967, une série de brochures intitulée *Les activités à la maternelle*. Ces brochures, dont chacune traite d'un sujet en particulier, laissent toute latitude en ce qui concerne le contenu, la méthode pédagogique et l'organisation de la classe.

3.1.7 L'organisation matérielle et pédagogique

En vue de mieux cerner l'organisation structurelle des maternelles, y compris leur organisation matérielle et leur organisation pédagogique, nous nous inspirons ici d'un document de la Commission scolaire de la Cité de Lachine (Champagne et coll., 1963) qui explique en détail la planification pédagogique.

L'organisation matérielle

À la Commission scolaire de la Cité de Lachine, sur cinq classes maternelles qui s'ouvrent dans les écoles élémentaires, trois sont construites selon les normes de construction pour les classes maternelles et les deux autres sont installées dans des locaux de classes élémentaires. Toutes ces classes se trouvent au rez-de-chaussée. De plus, deux sont complètement isolées tandis que les autres sont assez à l'écart. Cela contribue à donner à la maternelle un caractère particulier et incite à la considérer comme une classe à part. En outre, le mobilier spécial, solide, léger et adapté aux tout-petits (tables, chaises, casiers, bibliothèque, chevalets) diffère de celui des autres classes.

L'organisation pédagogique

La *méthode* employée à la maternelle dépend beaucoup de la personnalité et des valeurs personnelles de la jardinière d'enfants, d'où une diversification des approches et des stratégies. Cependant, d'autres facteurs influent sur l'enseignement, par exemple le groupe d'enfants, leur caractère, leur âge et leur milieu d'origine. On s'inspire des écrits de grands pédagogues et psychologues dans le domaine de l'éducation préscolaire.

Le *programme* reste ouvert, puisqu'« on ne fait pas de l'école primaire ». On insiste sur les aspects intellectuel, moral, religieux, affectif, social et physique du développement de l'enfant.

En septembre, l'accent est mis sur le vocabulaire et les activités sociales. Tout au long de l'année, on se soucie du développement intellectuel et on donne une éducation axée sur :

— la langue française, par des activités d'initiation à la lecture et à l'écriture (causeries, histoires, poésie, exercices de mémoire) ;
— les sciences, par l'initiation au temps, à l'espace, aux nombres et aux sciences naturelles, physiques et sociales ainsi que par des expériences et l'observation ;
— l'éducation corporelle, par des exercices moteurs (adresse, équilibre, mime) et des jeux de groupe (rondes et danses) ;
— l'éducation des sens (vue, ouïe, odorat, toucher, goûter) ;
— l'éducation artistique ;
— l'éducation religieuse et morale.

Le *matériel didactique* respecte le développement du jeune enfant en favorisant les jeux. Le matériel, qui est diversifié, offre plusieurs possibilités de choix et permet la manipulation de divers matériaux.

3.2 LA MATERNELLE DE 1970 À 1980 : ÉTAPE D'ORGANISATION

Par la mise en place du réseau des maternelles publiques et leur intégration dans les écoles primaires, on peut affirmer que les années 70 constituent une *étape d'organisation* dans l'évolution de la maternelle. Parce qu'elles ont un horaire différent et qu'on s'y adonne à des activités plus bruyantes, et dans l'intention de protéger les jeunes enfants des plus vieux, les classes maternelles se situent souvent à l'écart des autres classes de l'école ou, faute d'espace, dans des bâtisses attenantes. Malgré cela, elles font partie du système scolaire et elles se diversifient pour répondre aux besoins des jeunes enfants.

3.2.1 Les types de maternelles

Dans son ensemble, l'évolution de la société québécoise n'est pas sans avoir eu d'effets sur l'ouverture de différents types de maternelles. Avec les années 70, on assiste à une expansion généralisée des services d'éducation préscolaire attribuable aux transformations au sein des familles, aux changements dans les structures sociales et à l'émergence de nouveaux besoins.

L'intérêt pour le milieu préscolaire contribue à éveiller la curiosité de la population en ce qui a trait aux besoins et au mieux-être des jeunes enfants. En plus de sa mission éducative, la maternelle s'attache à une dimension sociale qui intègre la prévention par le dépistage précoce des troubles d'apprentissage. À cet égard, une des recommandations formulées par la commission Parent est que « des classes maternelles de type spécial soient ouvertes pour accueillir les enfants qui, pour une raison ou une autre, ne peuvent être acceptés dans la classe maternelle régulière : enfants arriérés, physiquement handicapés, etc. » (Commission royale d'enquête sur l'enseignement dans la province de Québec, 1964, p. 85). C'est ainsi que, parallèlement au réseau des maternelles dites cinq ans, la CECM, dans le cadre de l'Opération Renouveau, ouvre différents types de maternelles. Comme l'explique Hamel (1995, p. 15) :

> La première phase de l'Opération Renouveau, qui se déroule de 1970 à 1975, est avant tout basée sur l'approche déficitaire. On attribue l'échec scolaire des enfants issus de milieux défavorisés au déficit de l'enfant et de son milieu familial ; [...] [Un] enrichissement du milieu est offert par le biais de la maternelle. La maternelle cinq ans se donne en classe à l'ensemble des enfants tandis que la maternelle quatre ans est offerte aux enfants de milieux dits défavorisés. [...] La maternelle quatre ans revêt diverses formes : l'enseignement peut se faire soit en classe (maternelle-classe), soit à la maison (maternelle-maison), et peut être confié aux parents (maternelle-animation) ou à un animateur spécialisé.
>
> Le deuxième plan quinquennal, réalisé entre 1977 et 1982, est axé sur la reconnaissance des différences ; les interventions visent alors l'amélioration du rendement scolaire mais également le développement d'une image de soi positive chez les enfants.

Le tableau 3.1 présente les différents types de maternelles.

3.2.2 Le but

Au cours de cette phase d'organisation, le but de la maternelle se précise. Il s'agit de créer un milieu éducatif stimulant dans une perspective développementale et non scolaire où l'enfant pourra s'éveiller au monde qui l'entoure grâce à des activités diverses qui le préparent à l'école.

3.2.3 L'enfant

L'enfant, encore tout imprégné de son milieu familial, perd son statut de bébé pour devenir un enfant parmi les autres. Il faut l'amener un peu

TABLEAU 3.1 Classement et description des maternelles quatre et cinq ans

Maternelle-maison
L'objet de la maternelle-maison est d'apporter un soutien principalement aux jeunes enfants de milieux ruraux et de rapprocher l'école de la famille, et ce à raison de deux demi-journées par semaine. Concrètement, il s'agit de regrouper cinq ou six enfants, successivement dans la maison de chacun, de manière que chaque enfant puisse se faire connaître dans son cadre familial. L'éducatrice planifie l'organisation pédagogique en s'inspirant des activités familières et quotidiennes de la maison. Ce modèle permet aux parents d'intervenir avec l'éducatrice. Dans certains cas, c'est cette dernière qui se charge du transport des enfants d'une maison à une autre. Les premières maternelles-maisons sont apparues dans la région de Québec, avec l'appui de l'organisme Centraide.
Maternelle-animation
La maternelle-animation s'apparente à la maternelle-maison, à la différence que ce sont les parents qui planifient les activités éducatives. Projet *Passe-Partout* Le programme *Passe-Partout* fut lancé en 1977. Il visait à rejoindre les enfants par l'entremise d'une série d'émissions télévisées intitulée aussi *Passe-Partout*. Celle-ci avait pour mission la promotion et l'exploitation amusante de certains concepts, dans un souci de développement intégral de l'enfant. Hamel (1995, p. 16) décrit ce programme selon trois volets : « [...] une série d'émissions télévisées et une revue pour enfants [offertes] à l'ensemble de la population québécoise de même qu'un programme d'animation pour un nombre plus restreint de parents. De plus, un volet d'activités éducatives pour les enfants est implanté de façon complémentaire dans certaines régions du Québec. »
Maternelle quatre ans
La maternelle quatre ans vise à maximiser les chances de réussite des enfants *à risque*. Elle est offerte à certains groupes d'enfants handicapés ou en difficulté d'adaptation et d'apprentissage, de même qu'aux enfants de milieux défavorisés et à ceux qui n'ont pas une connaissance suffisante de la langue d'enseignement parce qu'ils sont issus de minorités culturelles. Diverses formules ont été élaborées en fonction des besoins puis, selon les règles en vigueur, appliquées dans un contexte de classe à temps plein ou à mi-temps. C'est ainsi que des classes expérimentales, autorisées par le MEQ en 1976, ont été créées pour améliorer l'accueil des enfants immigrants et faciliter leur intégration dans le secteur francophone. Ces classes, appelées *maternelles d'accueil* et *maternelles de francisation*, se conforment aux objectifs du programme d'éducation préscolaire, tout en mettant l'accent sur l'apprentissage de la langue française.

Maternelle cinq ans temps partiel (demi-temps)
Bien que facultative, la maternelle cinq ans demi-temps est offerte à tous les enfants âgés de cinq ans nés avant le 1er octobre de l'année en cours, à raison d'environ deux heures et demie par jour cinq jours par semaine. (À partir de 1997, elle passe de mi-temps à temps plein.)
Maternelle-classe
La maternelle-classe est équivalente à la maternelle cinq ans à temps partiel, sauf qu'elle compte moins d'enfants, une quinzaine en tout, s'adresse principalement à des enfants de quatre ans issus de milieux défavorisés et dispose d'un service complémentaire à l'intention des parents visant à harmoniser leur action avec celle de la maternelle.
Maternelle cinq ans à temps plein
La maternelle cinq ans à temps plein est offerte exclusivement aux enfants de cinq ans handicapés, en difficulté d'adaptation ou d'apprentissage, venant de milieux défavorisés ou de communautés culturelles d'immigration récente. Son objectif est de réduire les déficits intellectuels, moteurs, langagiers ou sociaux avant l'entrée en première année. À cette fin, des services sont offerts aux parents pour les aider à mieux intervenir auprès de leurs enfants.
Maternelle d'accueil
Les maternelles d'accueil ont été créées pour venir en aide aux enfants d'immigrants vivant au pays depuis moins de cinq ans qui ne connaissent pas la langue française. Ces services sont offerts à temps plein. L'objectif premier est l'acquisition des rudiments de la langue et des codes culturels et sociaux. Pour l'enfant allophone d'immigration récente, l'intégration demeure complexe, car, en plus de se retrouver dans un milieu étranger, il est face à une langue qu'il ne comprend pas. En outre, dans la majorité des cas, la société d'accueil ne comprend pas la langue qu'il parle et, de surcroît, ses parents sont aussi face à une langue étrangère. Cette situation engendre de l'anxiété, d'où l'importance d'accorder une attention spéciale à l'enfant immigrant pour l'intégrer le plus rapidement possible à un service éducatif.

Source : D'après Conseil supérieur de l'éducation, *Pour un développement intégré des services éducatifs à la petite enfance. De la vision à l'action*, Québec, Bibliothèque nationale du Québec, 1996, p. 96-98.

plus loin dans l'exploration des objets et dans les relations avec ses pairs. On commence à lui accorder de l'importance. La preuve en est que 1979 a été décrété l'Année de l'enfant par l'Organisation des Nations unies, non seulement au Québec, mais dans le monde entier.

3.2.4 Les parents

Les parents se sentent de plus en plus interpellés par l'éducation du jeune enfant et les éducatrices sont invitées à les faire participer aux activités de la classe. Rappelons qu'à cette époque déjà les familles sont moins nombreuses, ce qui contribue à libérer les mères qui, pour la plupart, n'ont pas intégré le marché du travail, les femmes y accédant plus massivement quelques années plus tard. Par conséquent, elles ont le temps de faire autre chose que de s'occuper de la maison et des enfants, temps qu'elles investissent de plus en plus à l'école où elles vont observer le comportement de leur enfant.

3.2.5 L'éducatrice

Le titre d'éducatrice vient remplacer celui de jardinière d'enfants. L'éducatrice cherche à avoir une place dans l'école, malgré la tendance de la direction et des enseignants des autres degrés à l'oublier, vu l'horaire et le programme distincts de la maternelle. Le plus souvent, c'est sur sa seule initiative que sont trouvés des moments et des moyens d'échanges d'idées avec ses collègues de l'école.

Dans la mesure où elle en fait la demande expresse et qu'elle reçoit une réponse favorable, l'éducatrice peut avoir accès aux services de psychologues et d'orthopédagogues pour l'épauler auprès des enfants en difficulté. Également, suivant l'organisation de l'horaire et la disponibilité du professeur spécialisé dans la discipline en question, elle peut, selon le bon vouloir de la direction, bénéficier d'une période d'éducation physique, de musique ou d'arts plastiques pour son groupe d'enfants.

3.2.6 Les activités

Les activités en grand groupe sont privilégiées lorsqu'on veut amener graduellement les enfants à atteindre certains objectifs ponctuels comme réciter une comptine, exécuter une danse, etc. Des périodes de jeux libres sont prévues afin de laisser la possibilité aux enfants de choisir non seulement une activité, mais aussi avec qui ils veulent la partager. La fin des années 70 intensifie la mise sur pied des ateliers, dans le cadre desquels l'enfant peut travailler, seul ou en équipe, à des activités qui exigent du matériel approprié et une organisation précise. Cependant, on n'en accorde pas moins d'importance au produit fini.

3.2.7 Le programme

Le programme d'activités que l'éducatrice applique s'articule autour de jeux plutôt qu'autour d'apprentissages formels. Néanmoins, l'idée de *préapprentissages* est très valorisée. En conséquence, les enfants sont amenés à faire des exercices de prélecture et de préécriture associés à un thème prédéterminé. Avec le livre vert et *L'école québécoise, énoncé de politique et plan d'action* publiés par le MEQ respectivement en 1977 et en 1979, les grandes orientations du préscolaire se précisent dans la perspective suivante : « amener l'enfant à développer harmonieusement toutes les ressources de sa personnalité en respectant les valeurs plus fondamentales de cet âge, en l'introduisant graduellement à la vie dans une société qui déborde sa famille et son voisinage immédiat » (Ministère de l'Éducation du Québec, 1979, p. 29).

Le développement harmonieux dont il est question sous-entend l'éveil spirituel de l'enfant. Le MEQ, dans la brochure qu'il publie en 1976 et intitulée *Vers l'éveil spirituel et l'éducation de la foi des tout-petits (4-5 ans)*, incite les éducatrices à réfléchir à la dimension spirituelle et religieuse chez l'enfant. Celle-ci émerge du questionnement de l'enfant, de ses actes, de ses capacités à regarder, à écouter, à toucher, à sentir, à goûter, à s'émerveiller, à découvrir et à chercher des réponses à ses questions. L'ouverture sur la signification simple des choses est la finalité véritable de cette spiritualité. Par exemple, le fait d'observer la nature et de s'arrêter à sa beauté touche à l'aspect esthétique de la chose et, encore plus important, amène à s'interroger sur certains phénomènes et même à comprendre l'essence de certaines fêtes comme Noël, Pâques, etc. Il en résulte des sentiments, des valeurs qui proviennent essentiellement de l'intérieur de l'être. Comme on peut le constater, toutes les expériences peuvent être mises à profit pour amener progressivement l'enfant à exprimer ce qui l'habite. Cela signifie qu'au fur et à mesure de ses explorations, l'enfant nomme, comprend, interprète et adapte ses gestes. Ces transformations subtiles ont néanmoins un sens, une signification qui découle de l'intérieur même de la personne et qui est la source de l'épanouissement.

3.3 LA MATERNELLE DE 1980 À 1990 : ÉTAPE D'INTÉGRATION

Compte tenu du fait que la publication par le MEQ, en 1981, du premier programme officiel d'éducation préscolaire contribue à l'unification de la pensée pédagogique, on peut considérer que les années 80 marquent une *étape d'intégration* pour la maternelle.

3.3.1 Le but

L'éducation préscolaire, souligne le nouveau *Programme d'éducation préscolaire* (Ministère de l'Éducation du Québec, 1981b, p. 10), vise à

« contribuer au développement harmonieux de l'enfant, c'est-à-dire [à] permettre à l'enfant de niveau préscolaire de poursuivre son cheminement personnel, d'enrichir sa capacité d'entrer en relation avec les autres et celle d'interagir avec son environnement ».

3.3.2 L'enfant

L'enfant est davantage considéré comme un petit *écolier* qui apprend et assume des responsabilités au sein de la classe. On le charge de petites commissions à l'extérieur de la classe ; il peut apporter de l'aide aux enfants qui en ont besoin.

3.3.3 Les parents

Les parents se partagent davantage les responsabilités à l'égard de l'enfant, car plusieurs mères travaillent maintenant à l'extérieur de la maison. Cette situation entraîne une présence accrue des pères dans la classe, et surtout au cours des sorties éducatives.

3.3.4 L'éducatrice

L'éducatrice se perçoit davantage comme une *enseignante*, qui fait travailler l'enfant en se souciant de son développement. Avec la multiplication des garderies et, par conséquent, l'accroissement du nombre d'éducatrices en garderie, on veut se démarquer de ce milieu et la façon de le faire, c'est d'adopter le mot « enseignante » qui fait référence au milieu scolaire. Cela accentue l'idée que la maternelle fait partie intégrante du système scolaire et qu'elle est assujettie à un programme régi par le MEQ.

Aussi, habituellement au moins un cours dans une discipline donnée (éducation physique, arts plastiques ou musique) est offert de manière statutaire aux enfants, selon ce qui, dans la grille-horaire de l'école, reste disponible une fois tous les autres groupes desservis. Enfin, dans la mesure où la ressource existe, il y a possibilité pour l'éducatrice de faire appel à la conseillère pédagogique dont le rôle officiel est celui de porte-parole auprès de la commission scolaire pour l'ensemble des éducatrices à la maternelle.

3.3.5 Les activités

Les activités prennent de plus en plus la forme d'ateliers. Même les activités dans les coins de construction, de poupées et de lecture sont considérées comme des ateliers, ce qui donne parfois l'impression d'une *surconsommation* d'ateliers, laquelle risque de pénaliser l'enfant, car l'accent est souvent mis sur la préparation de matériel. En conséquence, plusieurs enseignantes s'interrogent et optent progressivement pour une *pédagogie par projets,* une approche qui redonne à l'enfant la place qu'il mérite au sein de la classe. En effet, contrairement au fonctionnement par ateliers, dans lequel l'enseignante organise presque tout, l'approche pédagogique par projets lui attribue un rôle plus réaliste d'*accompagnatrice* de l'enfant. Bref, cette formule pédagogique permet à l'enfant de s'engager dans des actions envers lui-même et les autres, l'amène à prendre des responsabilités et à accomplir des tâches précises pour réaliser son projet. Le produit fini n'est plus une valeur en soi, mais une simple étape dans le contexte d'une démarche sans cesse remise en question.

3.3.6 Le *Programme d'éducation préscolaire*

Le *Programme d'éducation préscolaire* que publie le ministère de l'Éducation en 1981 met au premier plan une éducation globale centrée sur le développement de l'enfant et privilégie l'exploration, l'apprentissage par essais et erreurs et la capacité de faire des liens. Pour aider l'enseignante dans l'application de ce programme, le MEQ publie, en 1981 et 1982, de nombreux guides, dont le plus imposant est certainement le *Guide général d'interprétation et d'instrumentation pédagogique pour le Programme d'éducation préscolaire*. Parmi les autres guides, plus spécifiques ceux-là, mentionnons : *L'aménagement des maternelles* ; *L'observation de l'enfant au préscolaire* ; *La participation des parents au préscolaire* ; *Le langage au préscolaire*. En 1985, le MEQ publie *L'enfant de la maternelle au moment du passage à l'école primaire : propositions d'éléments pédagogiques*, puis, en 1992, *Le répertoire d'activités préscolaires saveur nature, Les sciences de la nature et l'éveil à l'esprit scientifique chez les enfants d'âge préscolaire*.

L'action éducative que préconise le *Programme d'éducation préscolaire* vise la prévention de problèmes sociaux, particulièrement pour les enfants « à risque », et le dépistage précoce des enfants ayant des difficultés d'apprentissage.

3.4 LES MATERNELLES DE 1990 À 2001 : ÉTAPE DE CONSOLIDATION

Compte tenu de la reconnaissance publique accordée à l'éducation préscolaire et de la prolongation de l'horaire de la maternelle, on peut considérer les années 90 comme une *étape de consolidation*. Peu importe les débats et frictions, la maternelle a un rôle décisif dans le développement de l'enfant et dans sa réussite éducative.

En 1997, dans le cadre de la politique familiale élaborée par la ministre de l'Éducation Pauline Marois pour s'adapter aux nouvelles réalités sociales et répondre aux besoins des jeunes enfants, la maternelle cinq ans à temps plein a été étendue à tous les enfants de cinq ans, et ce malgré de vives oppositions provenant de différents milieux. Il faut dire que la Commission des états généraux sur l'éducation (1995-1996), qui avait pour tâche de rénover le système d'éducation, a fortement influencé la décision. Les principaux arguments invoqués étaient qu'il faut offrir une plus grande continuité éducative aux enfants, que l'infrastructure existant à l'éducation préscolaire s'y prêtait bien et garantissait des services de qualité. Cependant, loin de préconiser une scolarisation précoce, on insistait sur l'idée que la maternelle représente un moment privilégié en ce qu'y sont proposées des activités préparatoires à la scolarisation dans un contexte de respect du rythme et du mode d'apprentissage de chacun des enfants. Il n'apparaissait pas utile de rendre obligatoire la préscolarisation vu que le service existait déjà, et ce à la satisfaction du plus grand nombre. D'autant plus que, si la maternelle devenait obligatoire, bien des parents y verraient une sorte de conscription.

3.4.1 Le but

La maternelle, qui poursuit toujours les mêmes objectifs développementaux que par le passé, s'attache au développement de l'enfant dans sa globalité et on insiste pour que ce dernier ait accès à une éducation de qualité. Cette éducation doit d'abord trouver sa source dans une acceptation totale de la personne éduquée, tant sur le plan de l'expérience personnelle que sur le plan du rythme et du style d'apprentissage de chacun. On encourage également la continuité entre les différents milieux — famille, garderie, maternelle et première année —, en vue d'une certaine complémentarité d'action en ce qui concerne les apprentissages et la façon de tirer profit des activités.

3.4.2 L'enfant

L'enfant ou l'écolier de jadis est maintenant considéré comme un *élève* inscrit au premier échelon du système scolaire. Il se mêle aux plus grands de l'école et peut occasionnellement partager leurs jeux. Il doit respecter les consignes et obéir aux règles de la vie scolaire. Il est invité à faire des choix, à les assumer et à prendre des responsabilités au sein de sa classe.

3.4.3 Les parents

Les parents sont des partenaires essentiels à l'action éducative. À leur intention, le MEQ publie, en 1997, un livret intitulé *Parents: des réponses à vos questions à propos du Programme d'éducation préscolaire*. Ce document, qui fait suite aux nouvelles orientations de la maternelle et aux propositions concernant une fréquentation à plein temps, précise le rôle de la maternelle et confirme la place essentielle du jeu dans le programme. Il décrit en outre les diverses formes d'une réelle participation des parents, qu'il reconnaît par ailleurs comme les premiers éducateurs de leurs enfants.

3.4.4 L'enseignante

À la différence de l'éducatrice des deux étapes précédentes, la titulaire de la classe maternelle est davantage vue comme une *enseignante*. Sa tâche consiste à éveiller l'enfant, à le stimuler et à le rendre apte à entreprendre sa première année. Dans cette optique, elle prépare, planifie et organise les activités en prenant soin d'offrir des choix aux enfants afin de les amener à se prendre en charge et à devenir fonctionnels. L'observation attentive lui permet de repérer les difficultés éprouvées par certains enfants, de sorte qu'elle peut leur apporter l'aide nécessaire le plus rapidement possible.

3.4.5 Les activités

Les activités s'inscrivent de plus en plus dans le cadre de projets. En effet, les enfants fréquentant les garderies ont accès à du matériel semblable à celui que la maternelle met à leur disposition. Par conséquent, il faut trouver de nouvelles formules pour susciter leur intérêt et surtout éviter la redondance d'un milieu à l'autre. Il en va de même des activités, auparavant réalisées à la maternelle, mais qui existent désormais à la garderie. Pour se démarquer de celle-ci, on introduit à la maternelle la notion de *travail* par opposition au jeu ; on aménage un *coin de première année*, avec des cahiers d'exercices et autres outils typiques de l'apprentissage programmé. Finalement, même si la pédagogie du jeu s'avère incontournable pour mieux faire apprendre le jeune enfant, les activités prennent souvent une valeur scolaire, avec des exercices ponctuels d'écriture, de lecture et de calcul. Évidemment, tout cela ne tient pas nécessairement compte du cheminement individuel de l'enfant. Les jeux libres, auxquels l'enfant s'adonnait autrefois selon son gré, sont souvent organisés de manière à correspondre à des objectifs d'apprentissage précis ou bien sont exploités comme outil pour mener un projet à terme. La maternelle devient un endroit très organisé qui utilise des moyens de plus en plus complexes. Par exemple, des tableaux de programmation et de responsabilités sont affichés bien en vue, le premier devant permettre à l'enfant d'avoir une vision globale des activités de la journée, le second lui rappelant les tâches qu'il est obligé d'accomplir.

3.4.6 Le programme du préscolaire

Le *Programme d'éducation préscolaire* que le MEQ a remanié en 1997, pour l'adapter à la fréquentation à temps plein de la maternelle, est remis en question à la faveur de la réforme en éducation préscolaire et des politiques relatives à la petite enfance. Des changements s'imposent pour faire face aux nouvelles réalités préscolaires. Tout d'abord, les milieux de garde appliquent maintenant un programme éducatif dont les objectifs se rapprochent des objectifs établis par le MEQ en 1981 et en 1997 pour l'éducation préscolaire. Ensuite, conséquemment à l'allongement de la durée des classes maternelles en 1997, parents, administrateurs et autres enseignants entretiennent des attentes plus élevées. Avec le nouveau programme, dont la version provisoire de 2000 a été officiellement approuvée en 2001, l'éducation préscolaire est désormais intégrée au Programme de formation de l'école québécoise, ce qui lui confère une place au premier échelon du premier cycle du primaire. Dans ce contexte, la réussite des enfants et une préparation plus adéquate à la première année deviennent des exigences dont il faut tenir compte. La réforme pédagogique ouvre toute grande la porte à la discussion au sujet de l'harmonisation des services éducatifs offerts aux jeunes enfants. Également, dans la foulée de cette réforme, on met en œuvre différents programmes en vue de favoriser une cohérence entre les expériences de vie et les compétences dites transversales définies dans le nouveau programme (voir le chapitre 7). Cependant, on tient à préserver la spécificité de la maternelle et, dans cette perspective, on privilégie un programme d'éducation préscolaire plutôt qu'un programme d'études comme il en existe pour les autres cycles du primaire. Malgré tout, on s'attend à ce que l'enfant entreprenne son cours primaire sans trop de difficulté et, par conséquent, à ce qu'il soit un bon élève.

Il faut ici signaler la contradiction qui apparaît entre, d'une part, le discours concernant le programme et l'éducation préscolaire et, d'autre part, les pratiques qu'appelle le nouveau programme. En effet, si le programme insiste sur le jeu comme moyen par excellence pour faire apprendre l'enfant et préconise une action éducative qui tient compte de ses besoins et de ses intérêts, dans le respect du rythme et du style d'apprentissage de chacun, il pose d'un autre côté une exigence à laquelle tous doivent se soumettre, à savoir l'acquisition de compétences transversales. À la fin, même si le programme d'éducation préscolaire actuel reste fidèle à ses orientations de base traditionnelles, axées sur les objectifs se connaître et s'estimer, entrer en relation avec les autres et interagir avec l'environnement (Ministère de l'Éducation du Québec, 1981b, 1997b), la tendance actuelle dans l'évolution de l'éducation préscolaire est de valoriser les apprentissages scolaires, ce qui entraîne la maternelle du côté de la première année plutôt que du côté des milieux de garde.

En guise de conclusion, le tableau 3.2 présente un survol des événements qui ont marqué l'éducation préscolaire au Québec.

TABLEAU 3.2 Événements marquants de l'histoire des maternelles au Québec français

Années	Événements
1915	Le Comité catholique du Conseil de l'instruction publique donne l'autorisation d'ouvrir des écoles maternelles. Il adopte un programme à l'intention des écoles maternelles, qu'on trouve dans l'appendice F des *Lois et règlements scolaires de la province de Québec*.
1931	Ouverture de la première école maternelle française à Québec par les demoiselles Boivin. Il s'agissait d'une maternelle privée du nom de « Le Kindergarten ».
1936	Première école de formation en « pédagogie spécialisée » à l'Institut pédagogique de Montréal, établie par les religieuses de la Congrégation de Notre-Dame.
1938	Ouverture de la première école maternelle française à Montréal, la Maternelle Vallerand. Il s'agit d'une école privée.
1950	Ouverture des deux premières classes maternelles publiques francophones par la Commission scolaire de la Cité de Lachine. Inauguration de la « Section de pédagogie préscolaire » à l'Université Laval.
1953	Fondation de l'Association canadienne des jardinières d'enfants (ACJE).
1960	Le département de l'Instruction publique crée la Sous-commission des écoles maternelles.
1963	Publication du *Guide des écoles maternelles* par le Comité catholique du Conseil de l'instruction publique.

→

TABLEAU 3.2 Événements marquants de l'histoire des maternelles au Québec français (*suite*)

Années	Événements
1964	Publication du tome 2 du rapport de la Commission royale d'enquête sur l'enseignement dans la province de Québec. Ce rapport comprend trois tomes divisés en cinq volumes. Création du ministère de l'Éducation du Québec.
1967	Début de la publication d'une série de brochures intitulée *Les activités à la maternelle*.
1968	L'Association canadienne des jardinières d'enfants devient l'Association d'éducation préscolaire du Québec (AEPQ).
1981	Publication du *Programme d'éducation préscolaire* par le ministère de l'Éducation du Québec.
1987, 1989 et 1996	Publication, par le Conseil supérieur de l'éducation, de : *L'éducation préscolaire : un temps pour apprendre* ; *Pour une approche éducative des besoins des jeunes enfants* ; *Pour un développement intégré des services éducatifs à la petite enfance : de la vision à l'action*.
1995-1996	Les états généraux sur l'éducation accordent une place importante à l'éducation préscolaire.
1997	Publication des *Nouvelles dispositions de la politique familiale. Les enfants au cœur de nos choix* par le ministère de la Sécurité du revenu. Prolongation de l'horaire des maternelles : du mi-temps on passe au plein temps. Remaniement et publication du *Programme d'éducation préscolaire* par le ministère de l'Éducation du Québec.
2000 et 2001	Publication d'un nouveau programme d'éducation préscolaire intégré au *Programme de formation de l'école québécoise* (version provisoire en 2000 ; version approuvée en 2001), dans la perspective d'une continuité éducationnelle avec la première année.

Source : Pour les années 1915 à 1968, T. Léveillé-Bourget, *Le préscolaire au Québec français*, Montréal, Collection Thérèse Bourget, 1973.

RÉSUMÉ

Après le tâtonnement et l'insécurité du début des classes maternelles dus en grande partie au manque de ressources et à l'absence de toute tradition dans ce domaine, on assiste à une véritable explosion à partir des années 60. L'ère de la Révolution tranquille aidant, des subventions sont accordées par le gouvernement du Québec aux commissions scolaires pour permettre l'ouverture de maternelles publiques sur l'ensemble du territoire québécois.

Grâce à l'intervention de l'État, le Québec rattrape enfin son retard par rapport à l'Europe et aux provinces canadiennes avoisinantes. Le gouvernement établit des normes et des règles de fonctionnement tout en uniformisant les exigences relatives à la formation du personnel, jusque-là minimales et disparates.

Depuis 1960, la maternelle n'a pas cessé d'évoluer. On peut diviser son évolution en quatre grandes phases : une phase d'initiation (1960-1970), une phase d'organisation (1970-1980), une phase d'intégration (1980-1990) et une phase de consolidation (1990-2001).

La phase d'initiation fut marquée par l'ouverture de plusieurs maternelles publiques. Durant cette période, le Comité catholique du Conseil de l'instruction publique publie le *Guide des écoles maternelles* (1963) et le MEQ produit, à partir de 1967, des guides sur les activités à la maternelle.

La phase d'organisation est caractérisée par l'ouverture de différents types de maternelles pour répondre aux divers besoins de la société québécoise. Le MEQ publie, en 1979, *L'école québécoise, énoncé de politique et plan d'action*, qui insiste sur le développement harmonieux de l'enfant.

Au cours de la phase d'intégration, l'accent est mis sur l'uniformisation des modèles et modes d'action en éducation préscolaire. Pour favoriser cette harmonisation, le MEQ publie, en 1981, le *Programme d'éducation préscolaire*. Ce premier programme officiel a contribué à définir la maternelle non plus seulement en tant que services éducationnels assurés par le système scolaire, mais aussi en tant qu'institution possédant une identité structurelle.

La phase de consolidation, enfin, se caractérise par l'instauration, dans un esprit de continuité éducationnelle, d'une politique de la petite enfance qui allonge la durée des classes maternelles. La mise à jour, en 1997, du *Programme d'éducation préscolaire* de 1981 confirme le chemin parcouru. La réforme qu'on entreprend ensuite s'inscrit dans le cadre d'une réforme de l'éducation dans son ensemble, qui se cristallise dans le *Programme de formation de l'école québécoise*, dont la version finale est publiée en 2001. Ce programme, auquel est intégré le programme d'éducation préscolaire, fait en sorte que la maternelle est désormais reconnue comme premier échelon du système scolaire, et ce même si sa fréquentation n'est pas encore obligatoire.

QUESTIONS

1. Quels sont les événements qui ont marqué l'histoire de la maternelle publique au Québec français ?
2. Montrez dans quelle mesure la création de la maternelle au cours des années 60 a été particulièrement importante.
3. Indiquez les avantages de l'existence d'un programme d'éducation préscolaire officiel.
4. Distinguez les différents types de maternelles qui ont existé au Québec et décrivez leurs principales caractéristiques.

MISE EN SITUATION

Historique de la maternelle au Québec

Vous êtes invitée à titre de conférencière à faire l'historique de la maternelle au Québec depuis 1960. Vous devez aussi parler des changements qui ont touché les rôles de l'enfant et de l'enseignante.

Pistes d'exploration

— Que signifie l'expression « classe maternelle » ?

— Quels événements ont poussé les milieux éducatifs à ouvrir des maternelles ?

— Existe-t-il différents types de classes maternelles ?

— En quoi les rôles de l'enfant et de l'enseignante ont-ils évolué ?

— Quelles transformations se sont opérées au chapitre de la reconnaissance de l'enfant, du programme, de l'organisation de la classe, du fonctionnement et de la planification des activités ?

Présentation

Vous avez à présenter l'évolution de la maternelle depuis 1960 en insistant sur les moments importants qui ont contribué à en faire ce qu'elle est devenue aujourd'hui. Votre présentation doit prendre la forme d'une conférence. Vous pouvez vous aider d'affiches, de jeux de rôle, de transparents.

LECTURES SUGGÉRÉES

AZÉMAR, G.-P., DELAFOSSE, C., et POMPOUGNAC, J.-C. (sous la dir. de) (1990). *La maternelle*, Paris, Autrement, Série Mutations, n° 114.

BOEHM, L. (1952). *Les tendances nouvelles de l'éducation préscolaire aux États-Unis et leurs aspects psychologiques*, Paris, Delachaux et Niestlé.

CONSEIL DE L'EUROPE (1979). *Les grandes priorités de l'éducation préscolaire*, Strasbourg, Conseil de la coopération culturelle.

RAYNA, S., LAEVERS, F., et DELEAU, M. (1996). *L'éducation préscolaire, quels objectifs pédagogiques ?*, Paris, INRP et Nathan, Série Formation.

DEUXIÈME PARTIE

LES FONDEMENTS DE L'ÉDUCATION PRÉSCOLAIRE

Chapitre 4

Les assises théoriques

OBJECTIFS

Au terme de ce chapitre, le lecteur devrait pouvoir :

- définir les principales assises théoriques de la maternelle ;
- définir le concept clé de développement ;
- décrire les conséquences éducationnelles d'une approche centrée sur le développement ;
- situer les théoriciens pédagogues qui ont exercé une influence sur l'éducation préscolaire et résumer les principes qui sous-tendent les modèles qu'ils ont élaborés.

INTRODUCTION

Comme nous l'avons vu dans les chapitres précédents, la maternelle au Québec est née d'initiatives privées pour répondre à des besoins concrets. Son évolution s'est faite peu à peu, s'appuyant sur l'intuition personnelle d'éducatrices compétentes ou encore sur l'exemple d'autres pays, comme la France ou les États-Unis, qui avaient déjà une tradition dans ce domaine.

Cependant, mettre en place de nouvelles maternelles ne se réalise pas du jour au lendemain. Cela implique une réflexion sur l'ensemble des stratégies à adopter pour y parvenir. D'où la nécessité de solides fondements théoriques.

Le ministère de l'Éducation du Québec (MEQ) a énoncé officiellement ces fondements pour la première fois en 1981, dans le *Programme d'éducation préscolaire* qui met l'accent sur *une approche développementale* centrée sur l'enfant, par opposition à l'enseignement par objectifs, axé sur la matière. Cette orientation a été réaffirmée en 1997, avec la mise à jour du programme de 1981 rendue nécessaire par l'adoption, en 1996, d'une nouvelle politique familiale par le gouvernement du Québec. Un des volets de cette politique concerne l'implantation de la maternelle à temps plein pour les enfants de cinq ans et l'accès à des services de garde gratuits pour les enfants de quatre ans de milieux défavorisés. Un autre volet a trait aux services de garde à un prix minime, soit cinq dollars par jour, pour tous les enfants.

Dans le contexte de la réforme majeure entreprise dans le secteur de l'éducation, qui a fait l'objet de diverses consultations en milieu scolaire qui ont permis de préciser les attentes de la population à l'endroit de l'école et des programmes d'études, on met l'accent sur la réussite pour tous. Comme le *Programme de formation de l'école québécoise* (Ministère de l'Éducation du Québec, 2000, 2001) cherche, entre autres choses, à établir une continuité éducationnelle, il apparaissait pertinent d'intégrer le programme du préscolaire à celui du primaire. En conséquence, depuis 2000, le programme d'éducation préscolaire fait partie intégrante du *Programme de formation de l'école québécoise*. Encore une fois, le MEQ pose le principe d'une approche centrée sur le développement de l'enfant, qui se traduit désormais en termes d'acquisition de compétences.

Cette approche se distingue par son souci constant d'adapter le contenu à l'enfant et non l'inverse. La source des connaissances se trouve dans l'enfant et ces connaissances constituent à leur tour un tremplin pour des actions ou des réflexions de plus en plus complexes, de mieux en mieux appropriées au contexte. Dès lors, on peut parler de savoirs intégrés ou signifiants, par opposition à des connaissances disparates et livresques. Les savoirs ne se superposent pas comme les pierres d'un édifice, mais servent de point d'appui pour agir, pour aller de l'avant, tout en donnant du sens à ce qui précède et à ce qui s'en vient. En d'autres mots, on se sert de compétences et de savoirs déjà acquis pour répondre à de nouveaux besoins ou faire face à de nouvelles situations.

4.1 LES INFLUENCES

L'approche développementale décrite plus haut reflète l'évolution historique de la maternelle en Occident. En effet, tant aux États-Unis qu'en France, on tend à associer naturellement le caractère distinctif de la maternelle à l'importance donnée au développement intégral de l'enfant.

La maternelle apparaît au Québec à une époque où de nombreux pays ont déjà une expérience de plusieurs décennies dans le domaine. Il était dès lors en quelque sorte inévitable qu'elle puise dans leurs traditions. En cela, le *Programme d'éducation préscolaire* de 1981 mentionne que « la maternelle publique québécoise des années soixante s'est largement inspirée à la fois de l'école française et de l'école américaine » (Ministère de l'Éducation du Québec, 1981b, p. 40).

La maternelle au Québec est donc riche d'influences multiples. À des degrés divers, ces influences sont toutes perceptibles dans les maternelles actuelles, tant dans le discours que dans la pratique des éducatrices.

On ne peut passer sous silence l'apport de ces nombreux philanthropes et pédagogues qui se sont intéressés à l'enfance et à l'éducation préscolaire, ne serait-ce que pour mieux les comprendre. C'est donc d'eux qu'il sera question dans la suite de cette section. On constatera que la maternelle, initialement créée pour garder et s'occuper des enfants pauvres, s'est vu graduellement confier une mission beaucoup plus pédagogique.

4.1.1 Jan Amos Comenius

Humaniste tchèque, Jan Amos Comenius (1592-1670) est considéré comme le fondateur de la pédagogie moderne. En 1632, il publie *La grande didactique* et *Directoire pour l'école maternelle*, le premier traité sur l'éducation préscolaire, qui pose les fondements de la pédagogie systématique (Guérin, 1998, p. 78).

Comenius soutient que le maître remplit ses fonctions avec plaisir et zèle s'il a devant lui de nombreux élèves, car ils se stimuleront et s'entraideront mutuellement. À ce moment, le maître aurait moins à faire et les élèves apprendraient davantage. Précisément, dans l'enseignement simultané, les intelligences s'exercent réciproquement lorsque tous les élèves unissent leurs efforts vers un même sujet, puis se corrigent entre eux. Cela les amène à se comparer. Pour cet auteur, il existe une seule méthode pour enseigner les sciences, les arts et les langues : il s'agit de la méthode naturelle. Elle s'appuie sur l'idée que « les mots n'étant que les images des choses, il faut présenter d'abord les choses aux enfants » (Guérin, 1998, p. 79). Ses fondements sont les suivants :

- La connaissance doit nécessairement débuter par les sens qui participent à l'observation réelle des choses ;
- La vérité et la certitude de la connaissance dépendent des sens, puis de l'esprit ;
- Les sens sont le plus fidèle réservoir de la mémoire et ce qu'on apprend par la perception sensible, on le sait pour toute la vie ;
- Dieu a instauré une harmonie qui fait que les choses supérieures peuvent fort bien être représentées par les choses inférieures, les éloignées par les voisines, les invisibles par les visibles (Grégoire, 1965, p. 115).

Bref, l'idée principale qui se dégage de l'œuvre de Comenius, c'est qu'on peut enseigner toutes choses à tout le monde, en vue de former l'être total. Cependant, il ne faut pas s'attendre à ce que tous les élèves apprennent les mêmes choses dans le même temps. Développer l'esprit reste un élément fondamental avant d'amener l'enfant à apprendre.

Guérin (1998, p. 79) résume en trois mots « la pensée didactique et humanitaire de Comenius : 1. *Omnes* ; 2. *Omnia* ; 3. *Omnino* ; c'est-à-dire que tous (*omnes*) doivent avoir accès à l'éducation ; que tous doivent être instruits en tout (*omnia*) ; et que l'éducation doit former l'homme tout entier (*omnino*) ».

4.1.2 Jean-Jacques Rousseau

Écrivain et philosophe genevois d'expression française, Jean-Jacques Rousseau (1712-1778) a grandement influencé l'éducation préscolaire par son œuvre. Il va à contre-courant des philosophes de son époque en plaçant l'*enfant*, la *nature* et l'*utile* au cœur de l'éducation. Il rejette systématiquement l'enseignement traditionnel, prônant plutôt un apprentissage le plus naturel possible. À ses yeux, le tout-petit est un enfant et non un adulte en devenir. Cet enfant naît foncièrement bon et la méchanceté vient de l'extérieur. Pour cet auteur, l'éducation se fonde sur la vérité et non sur le mensonge, sur la liberté et non sur les interdictions, sur les expériences et non sur les obligations.

Depuis Rousseau, on reconnaît la spécificité de l'enfance. Il a influencé tout le système pédagogique, en insistant sur la nécessité de préserver la liberté de l'enfant, cela à travers des activités, des jeux, des explorations sensorielles, des expériences personnelles et des *leçons de choses*. Cette façon de considérer l'activité de l'enfant a des incidences sur le rôle de l'éducateur.

> [...] pour Rousseau, l'éducation du sens de l'observation, de l'intelligence et du sens moral s'opère à même la nature et occasionnellement. Le précepteur ne doit contrarier ni l'exercice de la liberté enfantine, ni l'influence bienfaisante de la nature physique dont il faut tirer constamment des leçons de choses. (Guérin et Vertefeuille, 1960, p. 177.)

La méthode d'enseignement traditionnelle est remplacée par la formation de l'homme grâce à la nature :

> La nature a, pour fortifier le corps et faire croître, des moyens qu'on ne doit jamais contrarier. Il ne faut point contraindre un enfant à rester quand il veut aller, ni d'aller quand il veut rester en place. Quand la liberté des enfants n'est point gâtée par notre faute, ils ne veulent rien inutilement. (Rousseau, 1762, livre II, p. 31.)

Cette loi naturelle répond aux besoins et aux nécessités propres à chaque individu. Par exemple, l'enfant livré à lui-même se heurte aux obstacles naturels et il apprend d'eux : cela constitue l'*expérience*. Par cette vision de l'enfant, Rousseau ouvre la voie aux grands éducateurs comme Fröbel, Dewey, Montessori, Freinet, en l'occurrence certains de ceux qui ont influencé l'école moderne.

4.1.3 Johann Heinrich Pestalozzi

Les écrits et la pratique du pédagogue suisse Johann Heinrich Pestalozzi (1746-1827) furent motivés par un profond désir d'égalitarisme. Inspiré par Rousseau, il développe ses propres idées qu'il met en pratique dans un programme éducationnel détaillé.

L'éducation proposée par Rousseau dans *Émile* s'adressait aux enfants riches ou plutôt aux *garçons* riches, car les pauvres et les filles en étaient exclus. Pestalozzi croit quant à lui en une société où l'on offre à tous, soit autant à l'homme qu'à la femme, la possibilité de développer leurs capacités. Il a consacré sa vie à améliorer les conditions de vie des pauvres. « Son idée était de rendre les enfants pauvres autonomes financièrement par le travail. En pédagogie, son idée était identique : développer les habiletés propres de chacun et l'art de penser par soi-même. Partir du connu, partir du concret, respecter les différences individuelles, procéder par degré dans le développement des facultés sont des idées pestalozziennes que l'on retrouvera chez Herbart, Montessori, John Dewey, Jean Piaget et R. V. Allen. » (Guérin, 1998, p. 250.)

Pestalozzi relie l'évolution de l'individu à celle de la société dans son ensemble. C'est seulement dans l'élévation de chaque individu que la société entière pourra se transformer et que le sort du pauvre s'améliorera.

Dans son approche pédagogique, Pestalozzi prône certains principes didactiques, dont :

1. L'intuition doit être à la base de toute connaissance ; il faut partir du concret pour aller à l'abstrait ;
2. Le langage, source des idées, doit être à la base de l'enseignement ;
3. L'enseignement doit être progressif et adapté au niveau mental des élèves ;
4. La formation de l'intelligence par les leçons de choses, l'idée et l'action importent plus que la rétention des connaissances ;
5. La pédagogie doit s'inspirer des lois naturelles qui développent toutes les facultés à la fois ;
6. L'enseignement doit donner des connaissances utiles dans la vie, mais aussi contribuer au développement des facultés spirituelles et du cœur. (Guérin et Vertefeuille, 1960, p. 203.)

Les objets naturels constituent un matériel de choix pour développer des perceptions claires sans tomber dans des abstractions sans signification. Pour enseigner les éléments de base concernant la forme, le langage et le nombre, Pestalozzi établit une série de *leçons de choses* qui tiennent compte de la propension naturelle de l'enfant à l'action. Il valorise beaucoup la relation mère-enfant. À l'école, il privilégie une atmosphère se rapprochant le plus possible d'un climat familial et empreint d'amour :

> L'enfant est d'autant plus heureux qu'on lui donne plus d'occasions d'enrichir et de rectifier ses vues par sa propre expérience ; il éprouve d'autant plus de satisfaction qu'on lui donne du jeu pour l'emploi et le développement de ses forces, comme il est d'ailleurs inconsciemment poussé par la nature. (De Hovre et Breckx, 1927, p. 254-255.)

4.1.4 Johann Friedrich Herbart

Pédagogue allemand, Johann Friedrich Herbart (1776-1844) est considéré comme un des pères de la pédagogie scientifique. À partir d'une certaine conception de la vie mentale, il développe sa théorie éducative. D'après lui, l'enseignement doit franchir cinq étapes :

> 1. La présentation, qui consiste à soumettre du matériel nouveau ou ancien de nature à susciter chez [l'enfant] un intérêt vital ;
> 2. La présentation du nouveau matériel à l'aide d'objets concrets ou de faits d'actualité ;
> 3. L'association, qui force à assimiler la nouvelle « idée » par comparaison avec les anciennes, tout en notant les ressemblances et les différences ;
> 4. La généralisation, qui est une étape importante, surtout à l'adolescence, où le maître doit permettre à l'esprit de dépasser le stade du concret et des premières perceptions ;
> 5. L'application, qui consiste à se servir des idées nouvelles acquises non seulement dans un but utilitaire, mais aussi dans un but plus noble proche du développement de l'esprit et d'une compréhension de la vie humaine. (Guérin, 1998, p. 151.)

Pour Herbart, on ne peut dissocier la volonté et la connaissance. L'enfant s'approprie les idées nouvelles en les adaptant aux différentes situations. « En psychologie, Herbert reconnaît que l'homme ne pense pas selon un mode pour sentir selon un autre mode. Les fonctions rationnelles coagissent dans les émotions et en toutes les émotions coagit la raison. » (Guérin, 1998, p. 152.)

4.1.5 Friedrich Fröbel

Pédagogue allemand, Friedrich Fröbel (1782-1852) a été et demeure un maître incontesté dans l'histoire de l'éducation préscolaire. On lui doit le premier programme élaboré spécifiquement à l'intention de l'enfant de maternelle ainsi que l'agencement d'une pratique d'enseignement liée au développement dans le respect de la liberté et de la spontanéité du jeune enfant. En 1837, il fonde le premier *jardin d'enfants* (*Kindergarten* en allemand), ce qui lui vaut le nom de *père* et à l'éducatrice responsable, celui de *jardinière*. « Selon lui, les enfants de ses *Jardins* sont comme des fleurs qui naissent, croissent, se développent et fleurissent sous la conduite d'un jardinier-éducateur. » (Guérin, 1998, p. 127.)

Dans les faits, l'éducation idéale de Fröbel se réalise grâce au travail en commun axé sur le jeu, la libre activité et l'activité spontanée où se combinent la réalité et l'imaginaire. Considérant l'importance fondamentale du langage humain, ce pédagogue réserve une place de choix aux causeries, à la poésie et au chant. Il implante deux lois naturelles pour guider les éducateurs: « 1) la loi de l'activité, qui est une loi naturelle; 2) la loi des contraires, qui est aussi naturelle puisqu'elle se traduit dans le langage par les mots tels que: chaud—froid, ouvert—fermé » (Guérin et Vertefeuille, 1960, p. 210). Fröbel est le précurseur des méthodes *intuitives,* qui inspireront Decroly et Montessori.

Pour Fröbel (1861, p. 113), « dans toute bonne éducation, dans tout enseignement vrai, la liberté et la spontanéité doivent être nécessairement assurées à l'enfant, à l'écolier ».

4.1.6 Marie Pape-Carpantier

Marie Pape-Carpantier (1815-1878) part du principe que l'enfant éduque le maître. Les méthodes actives et les leçons de choses remplacent l'enseignement traditionnel, considéré comme ennuyeux. Dans ce cadre, il convient d'assouplir la discipline et de diminuer le nombre d'enfants par classe. Pape-Carpantier est à l'origine de l'expression *école maternelle*[1] qui remplace celle de *salle d'asile,* voulant par-là mettre l'accent sur le double caractère de l'éducation telle qu'elle la conçoit, c'est-à-dire *scolaire* et *maternelle.*

Cette pédagogue a recours aux *leçons de choses* pour permettre aux enfants de s'instruire directement à même la réalité. À cette intention, elle leur présente des objets qu'ils peuvent manipuler. Elle souhaite aussi faire acquérir les premiers éléments des connaissances usuelles telles que la droite et la gauche, les jours de la semaine, les différents noms d'animaux, de végétaux, de minéraux et les saisons. Finalement, elle privilégie l'aptitude à utiliser les données obtenues par les *fenêtres de l'âme* que sont pour elle les sens. Elle insiste également sur l'importance de l'observation de l'enfant par le maître.

Elle ouvre des salles d'asile

1. L'expression a été reprise par le Français Hippolyte Carnot en 1848, alors qu'il était ministre de l'Instruction publique. L'appellation a été rendue définitive par le décret du 2 août 1881 (Delaunay et Abbadie, 1973, vol. 1, p. 32).

4.1.7 Pauline Kergomard

Pauline Kergomard (1838-1925) ouvre à Paris un cours pour la formation des éducatrices. À l'instar de Rousseau, elle y prône la liberté de l'enfant et la reconnaissance de son statut en tant qu'enfant et non en tant qu'adulte en devenir. Elle est considérée comme la fondatrice de l'éducation maternelle. À titre d'inspectrice des salles d'asile, elle recommande d'accorder une place importante à la culture physique dans les programmes des maternelles tout en insistant sur un environnement adapté à la mesure de l'enfant. Elle critique ouvertement l'aspect misérable des locaux ainsi que la pénurie de matériel et de mobilier. Ses tournées d'inspection lui permettent de constater la réalité des écoles maternelles, trop souvent perçues comme des garderies ou des écoles primaires prématurées. Elle hésite à employer le vocable « école maternelle ». À son avis, le mot « maison » convient mieux, à condition d'y adjoindre le mot « éducation ». D'où finalement l'appellation « maison d'éducation maternelle » ou tout simplement « la maternelle » (Kergomard, 1919). Le respect et l'amour des enfants orientent sa doctrine.

Consciente de l'importance des premières années pour le développement de la personne, Kergomard fait valoir la nécessité d'acquérir de bonnes habitudes dès le début de la vie, et ce sur tous les plans : affectif, physique, intellectuel, mental, social. Elle insiste pour que les écoles maternelles et les garderies adoptent les mêmes principes en ce qui concerne la discipline et le rythme de vie.

Kergomard instaure des programmes pédagogiques dans lesquels les jeux, les chants et les activités manuelles sont mis à l'honneur, sans négliger pour autant les exercices de langue, les contes ainsi que les premiers rudiments de calcul, de dessin, de lecture et d'écriture. Cependant, sous prétexte d'un prétendu *manque de conformité*, ces programmes pédagogiques sont retirés par l'État. Kergomard exige alors la création d'une école normale pour les directrices d'école maternelle et les enseignantes en vue d'uniformiser la pensée pédagogique. Tout comme plusieurs autres pédagogues qui l'ont précédée, elle donne une place importante à l'observation dans l'éducation des petits enfants. L'observation concrète de l'enfant est fondamentale pour qui veut intervenir efficacement et aménager un cadre éducatif qui tienne compte de ses besoins. Elle déplore que les modèles pédagogiques aboutissent souvent à des pratiques systématiques, aux antipodes de la spontanéité enfantine. Le principe directeur de l'approche qu'elle préconise peut se résumer comme suit :

> L'analyse des activités « normales » de l'enfant dans sa famille de même que l'analyse des activités « normales » de la mère auprès

> de son enfant doivent inspirer la pratique de la pédagogie de l'école maternelle. Dans la famille, les enfants ne font rien de précis et surtout « ne prennent pas de leçons » ; malgré tout, ils se développent « physiquement, intellectuellement et moralement, sans effort, au moins sans effort apparent, de façon normale et ce, sans que leur mère ait l'air d'y toucher ». (Plaisance, 1966, p. 25.)

4.1.8 Maria Montessori

Médecin italienne, Maria Montessori (1870-1952), frappée par le peu d'importance qu'on accorde à l'enfant, décide d'y consacrer une partie de sa vie. Trop souvent, considère-t-elle, l'enfant est vu par l'adulte comme un intrus qu'il faut mater en lui imposant le respect, l'immobilité et même le silence. Elle désire changer cette façon de concevoir l'enfant. Montessori réprouve les sentiments de colère et d'orgueil qui amènent l'adulte à interdire, à punir et même à réagir violemment par des gifles et des fessées. Selon elle, la bonne volonté et la sollicitude sont deux attitudes indispensables pour encourager l'enfant à agir. Cela implique de ne pas se substituer à lui en vue d'obtenir des résultats plus rapides et meilleurs. Loin de voir l'enfant avec son œil de médecin et de l'observer avec ses yeux d'adulte, elle essaie de se mettre à sa place pour sentir ce qu'il ressent.

En fait, la révolution qu'opère Montessori réside dans sa représentation de l'enfant. Pour elle, l'adulte doit s'adapter à l'enfant et non l'inverse. Inspirée par l'œuvre de J. M. G. Itard et É. Seguin, après avoir travaillé auprès d'enfants « idiots » et ensuite d'enfants considérés comme normaux, elle s'interroge sur le peu de différence entre les performances des deux catégories de sujets et sur le fait que l'on maintienne les enfants normaux à un niveau aussi bas.

Certains phénomènes attirent l'attention de Montessori, notamment la concentration et l'amour de l'ordre, qui se traduisent concrètement par l'idée de *retrouver les choses à leur place*. Ce dernier phénomène donne lieu au *libre choix* des activités scolaires. De manière plus globale, il est relié à l'insertion de l'enfant dans le monde et inspire à Montessori sa théorie des « périodes sensibles ». Celles-ci renvoient à des phases importantes du développement, dont l'acquisition du langage et le perfectionnement des sons, la découverte de l'écriture par l'alphabet et la compréhension du mécanisme de la correspondance entre le signe et le son. Analyser de tels miracles demeure l'aspect primordial de la « méthode Montessori » qui, à partir de la découverte de l'enfant, doit mener ce dernier à réaliser sa libération. À cette fin, l'adulte doit s'adapter à l'enfant, créer les conditions matérielles et un climat favorables à une exploration sans contraintes. De plus, il doit faire faire à l'enfant des exercices sensoriels avec du matériel adapté. Conformément à ces objectifs, Montessori met au point un ensemble de matériel éducatif en vue de développer la personnalité et la mémoire de chacun en faisant appel à ses cinq sens (l'ouïe, le toucher, la vue, l'odorat et le goût). Ce matériel est composé, entre autres, de cubes, d'emboîtements, de pièces à lacer et à boutonner.

> Les idées pédagogiques de Mme Montessori sont claires et nettes : « Le grand problème, écrit-elle, consiste à respecter la personnalité de l'enfant, à ne pas entraver mais au contraire à laisser s'exercer librement son activité spontanée… Il ne s'agit pas de l'abandonner à lui-même en le laissant faire ce qu'il veut, mais pour qu'il puisse être libre, il s'agit de lui préparer un milieu approprié et de lui donner les instruments nécessaires à son développement selon les besoins psychiques du moment. » (Guérin et Vertefeuille, 1960, p. 288.)

4.1.9 Ovide Decroly

on lui doit les « coins »

Ovide Decroly (1871-1932), éducateur, psychologue et médecin belge, s'intéresse d'abord aux enfants dits irréguliers. Il les prend chez lui et cherche avec eux une méthode qui leur convient pour apprendre. Ses études sur les retardés mentaux le conduisent, par la voie psychologique, aux problèmes pratiques de pédagogie pour les enfants dits normaux. Il constate qu'il n'existe pas de différences fondamentales entre les uns et les autres en ce qui concerne le passage entre les stades de développement. Il note aussi que, lorsque les problèmes s'accentuent, cela se répercute sur le bon fonctionnement de l'enfant. « […] en plus d'avoir été un grand psychologue, le Dr Decroly fut aussi un éducateur authentique : sa principale réalisation pratique a été l'École de l'Ermitage appelée aussi "l'école de la vie, par la vie". » (Guérin et Vertefeuille, 1960, p. 335.)

Pour Decroly, l'essentiel est de bien préparer l'enfant à sa destinée d'adulte et à son insertion dans la société, d'où l'intérêt accordé au bien commun et aux activités collectives. Les besoins et les centres d'intérêt de l'enfant sont les éléments centraux de sa pédagogie. Il est important de lui proposer des jeux et des activités quotidiennes inspirées de la nature. Le matériel n'a de valeur éducative et significative que s'il s'intègre au milieu naturel. Il s'agit là d'une méthode active fondée à la fois sur l'observation directe, l'association entre le temps et l'espace, l'expression par le langage oral et écrit ou toute autre forme d'activité privilégiée par les enfants, comme l'activité physique et les activités de plein air. On doit à Decroly la méthode idéovisuelle d'apprentissage de la lecture qui s'appuie sur la fonction de globalisation dans le cadre d'une démarche analytique :

> L'enfant à l'entrée à l'école a les sens développés. Il suffit de ne pas tuer son esprit d'observation. Il associe, abstrait, généralise. Cependant, il faut lui offrir l'occasion d'associer à des éléments d'ordre plus élevé, de le laisser abstraire et de généraliser sur des données plus étendues et plus nombreuses. Il agit, crée, imagine, exprime, il suffit de lui donner les matériaux et les occasions pour qu'il puisse continuer à développer ses tendances actives. (Melard, 1990, p. 6.)

4.1.10 William Heard Kilpatrick

Pédagogue américain inspiré par Dewey, Montessori et Fröbel, William Heard Kilpatrick (1871-1965) se passionne pour les nouvelles formes d'enseignement. Il publie, en 1918, « The project method » (« La méthode des projets »), qui met l'accent sur la pédagogie active et sur le travail en groupe tout en faisant appel à des centres d'intérêt aussi appelés des *idées-programmes* ou, plus simplement, des projets. Il est l'ardent défenseur de la liberté et de la démocratie dans les établissements éducationnels.

Pour cet auteur, « Les activités d'apprentissage adoptent quatre directions : 1° faire ou produire ; 2° jouir ou consommer ; 3° enquêter ou rechercher ; 4° *to DRILL* : dresser à une habileté déterminée » (Guérin, 1998, p. 184). Kilpatrick affirme la place centrale de l'expérience et de la réflexion personnelles dans la construction de soi-même fondée sur le développement intégral de la personne.

> Pour Kilpatrick, le projet est à la fois le moyen et le but, le vrai mode de la pensée. Penser est un acte en vue d'un but ; quand nous pensons, nous proposons quelque fin, nous faisons des projets. Le projet est une activité personnelle qui s'exerce individuellement ou collectivement en vue d'acquérir des connaissances nouvelles ou d'atteindre un certain but. (Dottrens, 1936, p. 66.)

4.1.11 Célestin Freinet

Éducateur et pédagogue français, Célestin Freinet (1896-1966) s'intéresse au renouveau pédagogique. Il privilégie les activités d'art, de dessin libre et d'imprimerie à l'école. Selon lui, le tâtonnement expérimental précède toutes les autres méthodes plus ou moins scientifiques. L'« expérience tâtonnée » épargne à l'éducation les abstractions systématiques. Par exemple, la découverte de l'écriture, de la lecture et des mathématiques passe avant tout par l'exploration dans des activités concrètes de manipulation et d'essais successifs. Le dessin libre est à l'origine de plusieurs découvertes. Il amène l'enfant à déchiffrer, à s'intéresser aux mots, aux lettres et à reconnaître certaines spécificités de l'écriture et de la lecture.

Freinet considère l'enfant dans sa globalité à partir de ce qu'il est, avec ses besoins et ses intérêts particuliers. L'enfant n'est pas d'abord un élève, mais un être complet, avec ses désirs, sa personnalité et son histoire. L'école moderne doit se préoccuper d'éveiller chez lui le goût du travail qui s'enracine dans un milieu naturel et social et, ainsi, favoriser son autonomie et sa spontanéité. C'est dans cette perspective que Freinet propose la création d'ateliers de travail intégrés à la vie du milieu, tels le jardinage, la menuiserie et la mécanique. L'accent mis sur une pédagogie du travail motive la coopération. L'élève et le maître élaborent ensemble un échéancier pour ensuite voir à la réalisation du travail par la distribution de tâches et de rôles précis dans un environnement adapté. La bibliothèque contient des brochures, des livres d'information et de référence. « Pour Freinet, l'imprimerie à l'école, le fichier coopératif et la correspondance interscolaire peuvent remplacer avantageusement les manuels et les cahiers d'enseignement. » (Guérin et Vertefeuille, 1960, p. 363.) Les élèves rédigent des textes individuellement ou en groupe et choisissent ensuite ceux qui seront imprimés dans le journal. Les corrections orthographiques et autres sont faites par le groupe. La récompense ultime réside dans la satisfaction personnelle, mais aussi dans une appréciation écrite désignée comme un *brevet*.

> Il faut déborder le cadre scolaire et évoluer vers une forme pratique et constructive de l'enseignement moral, vers la coopération sous toutes ses formes. On pourra y parvenir par l'organisation normale du travail et l'établissement de rapports plus humains entre maîtres et élèves dans un milieu pédagogique favorable. (Freinet, 1956, p. 6-7.)

4.1.12 John Dewey

Philosophe et pédagogue américain, John Dewey (1859-1952) demeure le digne maître des écoles actives. Son instrumentalisme s'appuie sur le naturalisme. Il encourage les essais et erreurs par opposition aux vérités immuables du pragmatisme. L'un des principes de base de son approche consiste dans l'établissement de liens entre la personne et son environnement. L'enfant apprend par l'expérience (*learning by doing*). La connaissance devient donc un instrument de l'action, d'où l'importance des activités libres et des jeux pour le développement de l'enfant. Selon Dewey, l'expérience première ou immédiate n'est pas cognitive. La réflexion ou encore les retours sur l'expérience permettent une certaine prise de conscience qui donne un sens à l'action et donc une signification fonctionnelle à la pratique. Contrairement à l'école traditionnelle qui impose un enseignement planifié par l'enseignant, l'école nouvelle veut faire découvrir à l'élève l'environnement en lui donnant l'occasion de l'explorer pour se l'approprier.

L'éducation demeure un processus continu et sans cesse en mouvance. L'école doit s'y adapter en dépassant les méthodes traditionnelles au profit d'activités qui permettent aux enfants de participer activement et concrètement à la résolution de problèmes : « L'école doit former une communauté réelle. Il faut changer les méthodes traditionnelles pour permettre aux enfants de participer activement à la solution de problèmes par un processus d'enquête. » (Guérin, 1998, p. 95.) Pour Dewey, la pensée est issue des relations entre le milieu et l'être vivant. L'école constitue une microsociété où la pédagogie progressive donne pleins pouvoirs à la liberté dans une enceinte démocratique. Ainsi, il faut éviter les ruptures importantes en favorisant la continuité dans le développement.

4.1.13 Arnold Lucius Gesell

Psychologue et pédiatre américain, Arnold Lucius Gesell (1880-1961) assimile la maturation au développement. Ce concept de maturation, associé à l'apprentissage par âge, a profondément marqué la maternelle au Québec durant les années 70.

En ce qui concerne la représentation de l'enfant, Gesell conserve l'image de la *plante* chère à Fröbel. À partir d'observations d'enfants, faites au moyen de la caméra, Gesell met en relief des étapes dans le développement de l'enfant, sur le plan des habiletés motrices, du comportement d'adaptation, du langage et des habiletés sociales (Guérin, 1998, p. 136). Selon lui, pour favoriser le développement de l'enfant, « une aide équilibrée est plus profitable […] qu'une trop grande liberté ou une sévérité excessive » (Guérin, 1998, p. 136).

Dans un contexte où l'on commence à comprendre l'importance de la maternelle dans le développement de l'enfant, les travaux de Gesell viennent valoriser le rôle des éducatrices, en ce qu'ils fondent l'action éducative sur une approche plus scientifique, à la différence de l'approche intuitive du modèle de Fröbel.

4.1.14 Erik H. Erikson

Psychanalyste américain, Erik Erikson (1902-1994) se démarque de l'approche de Freud, en mettant l'accent sur les aspects social et culturel du développement de l'enfant plutôt que sur les seuls aspects physique et organique. Selon sa théorie, la personne traverserait huit crises psychosociales, chacune caractérisant une période de la vie ; l'issue favorable ou défavorable de ces crises serait déterminante pour l'évolution ultérieure de la personne. Ces crises vont de la confiance à la plénitude, en passant entre autres par l'affirmation de soi et la formation de l'identité. Durant les années 70, la théorie d'Erikson est perçue dans les écoles comme une solution de remplacement de l'approche normative de Gesell.

Pour Erikson, l'expression créative et libre constitue un guide sûr pour comprendre les enfants. De là s'explique le recours aux dessins et aux autres réalisations d'enfants pour les évaluer.

Erikson considère que l'enfance prépare l'âge adulte et n'est pas un segment de vie séparée. Pour lui, l'élément primordial de l'éducation est de faire confiance aux instincts afin d'éviter l'anxiété aux enfants.

De trois ans à cinq ans, l'enfant vit une crise, la troisième selon la théorie d'Erikson, qui, selon nous, est déterminante pour le développement de l'enfant de la maternelle. Cette crise est reliée aux projets que l'enfant fait à tout moment et qu'il faut lui laisser réaliser afin de lui permettre d'acquérir le sens de l'initiative. À l'opposé, le sentiment d'échec répété et de non-responsabilité risque de le conduire à la résignation et à la culpabilité (Erikson, 1950, p. 152).

4.1.15 Jean Piaget

Psychologue et pédagogue suisse, Jean Piaget (1896-1980) s'intéresse à l'épistémologie génétique, comprise comme l'analyse du développement des diverses formes de connaissance. Il se penche sur la psychologie du développement interprétée à partir de l'univers de l'enfant et sur sa façon personnelle de s'approprier les objets. Ses études sur la connaissance et l'intelligence sont le fruit de nombreuses recherches qui donnent lieu à des lois et des règles logiques qui renvoient à une psychogenèse révélant elle-même quatre stades de développement vers l'intelligence conceptuelle, soit :

1) le stade de l'intelligence sensorimotrice, caractérisé par l'absence de langage et où dominent la perception et le mouvement ;
2) le stade de la pensée symbolique ou préconceptuelle, caractérisé par l'émergence du langage, où la pensée est intuitive, non rationnelle ;
3) le stade de la pensée opératoire concrète, qui ouvre la voie aux premières opérations mentales, notamment à la classification et à la compréhension des caractéristiques de l'objet ;
4) le stade de la pensée opératoire formelle, où l'enfant emploie une méthode hypothético-déductive et où se manifestent la conceptualisation et l'abstraction.

Cette genèse progressive de l'intelligence et des connaissances traduit une certaine mouvance, de sorte qu'on ne peut parler d'un état final du développement cognitif.

Piaget a fait ressortir le lien étroit qui existe entre la complexité du geste et la prise de conscience du corps. Pour lui, la maturation physiologique affine la vision et la préhension, qui se coordonnent pour produire des gestes de plus en plus volontaires et précis.

L'enfant prend d'abord contact avec le milieu grâce à l'univers sensoriel. À partir du moment où le bébé naît, il entre dans cet univers du vivant qui s'annonce évolutif et dynamique. Les premiers contacts avec les choses sont de nature beaucoup plus affective que cognitive. Dans cette optique, la période de l'intelligence sensorimotrice, marquée par des réflexes ou par des réactions produites par l'organisme, détermine pour ainsi dire le clavier sensoriel. Comme l'explique Brief (1995, p. 73), « le réflexe se répète systématiquement, indépendamment de l'objet présenté. [...] L'activité étant satisfaite en elle-même, le bébé remue spontanément et s'engage dans des exercices répétitifs qui deviennent des habitudes », d'où ce que Piaget appelle les *réactions circulaires primaires*.

Quant aux *réactions circulaires secondaires*, elles apparaissent lorsque les activités visent à provoquer des résultats sensoriels. « L'accommodation acquiert alors une importance accrue, car le bébé se branche sur son milieu. » (Brief, 1995, p. 73.) L'enfant devient de plus en plus conscient des résultats de ses actions, ce qui entraîne une généralisation des résultats, qui l'amène aux *réactions circulaires tertiaires*. Ces résultats conduisent à la généralisation des activités propres au rôle de l'accommodation. De nouvelles situations sont créées, fruits des tâtonnements de l'enfant. Il exécute de nouveaux gestes face aux situations inhabituelles, qui ne sont pas le résultat d'un enseignement, mais bien de ses expérimentations. En agissant sur les objets, l'enfant structure progressivement son espace, son temps et, ultimement, sa pensée. Cela étant, Kamii et DeVries (1981, p. 9) soutiennent que « le jeu spontané de l'enfant devrait être le premier contexte dans lequel les enseignants encouragent l'utilisation de l'intelligence et de l'initiative. Le jeu fournit aux enfants une raison intrinsèque à l'exercice de leur intelligence et de leur curiosité ».

Pour Piaget, la connaissance ne peut s'acquérir sans l'interaction du sujet et du milieu. Tout être vivant s'adapte à son milieu. Ainsi, le développement se manifeste à la fois par une modification progressive de l'organisation des conduites et une adaptation de plus en plus grande au milieu. En ce sens, l'activité de l'enfant devient déterminante dans son développement. De là l'importance de le laisser explorer à sa guise par des tâtonnements, des essais et des erreurs qui le conduiront à des anticipations de plus en plus précises et à des conduites de mieux en mieux adaptées. Ainsi, l'enfant d'âge préscolaire peut se tromper plusieurs fois avant d'en arriver à se construire singulièrement.

La théorie de Piaget a eu des implications pédagogiques qui ont touché tant l'enfant que les institutions enfantines. On considère désormais qu'il est essentiel que l'enfant manipule les objets concrètement avant de les interpréter symboliquement. Par ces manipulations, l'enfant développe sa connaissance spatiale, logico-mathématique et physique, car ce n'est qu'en agissant sur la réalité qu'il peut la transformer. À cet égard, les jeux multiples sont à encourager. Les activités, en se diversifiant, s'enrichissent et se structurent pour devenir plus cohérentes.

4.1.16 Abraham H. Maslow

Philosophe et psychologue américain, Abraham H. Maslow (1908-1970) est connu surtout pour sa théorie psychologique d'actualisation du moi (*Self*). Pour lui, « toute personne a une hiérarchie de besoins allant des besoins psychologiques à l'amour, à l'estime de soi et, finalement, à l'actualisation de son moi. La conscience peut être troublée par l'émotion si les besoins primaires ne sont pas satisfaits » (Guérin, 1998, p. 218).

Selon la théorie de Maslow, la personne cherche à satisfaire les besoins d'une catégorie supérieure une fois que les besoins de la catégorie précédente ont été comblés. En fait, la satisfaction des besoins amène la personne à adopter de nouvelles attitudes qu'il lui aurait été impossible d'adopter autrement. Évidemment, cela implique l'écoute de ses propres sentiments. Par exemple, la sécurité affective acquise, la personne sera tentée de se lancer dans de nouvelles explorations, de faire d'autres expériences et de relever de nouveaux défis. Parallèlement, en effectuant des tâches de plus en plus complexes, elle se réalise elle-même.

Par sa théorie de la satisfaction des besoins allant des plus primitifs aux plus élevés, Maslow appuie l'idée d'épanouissement, chère à l'éducation préscolaire.

> Si la personne se sent acceptée comme elle est, en tenant compte du regard positif inconditionnel que les autres posent sur ses façons de se comporter, elle aura ainsi tendance à développer les émotions, les sentiments et les pensées qui lui sont propres. La personnalité d'un individu sera donc d'autant plus équilibrée qu'il règne un accord, ou congruence, entre son soi réel et ses sentiments, ses pensées et ses comportements, lui permettant ainsi de tendre vers le soi idéal qui constitue la clé de l'actualisation. (Godefroid, 1987, p. 206.)

4.1.17 Carl Rogers

Psychothérapeute et analyste de l'éducation américaine, Carl Rogers (1902-1987) a travaillé sous la direction de Kilpatrick tout en s'initiant à la pensée de Dewey et de Rousseau. Il fut influencé également par l'approche thérapeutique du psychanalyste Otto Rank. Sa méthode non directive et centrée sur la personne l'amène à parler de relation interpersonnelle, de relation d'aide et d'autoréalisation de l'être. Il va à l'encontre des règles traditionnelles, définies en vertu d'un modèle stéréotypé, et opte pour une approche selon laquelle la personne établit des relations empathiques dans ses rapports personnels. À l'opposé de Skinner, pour qui le comportement humain est déterminé par l'environnement, Rogers se range du côté des humanistes qui reconnaissent à l'individu la possibilité de satisfaire ses besoins d'actualisation afin d'en arriver à développer pleinement sa personnalité.

Rogers soutient une thèse fondamentale : on ne peut pas directement enseigner à personne, on ne peut que lui faciliter l'apprentissage. Il estime que le thérapeute et le client doivent rester en contact de sorte que, d'une part, le client puisse trouver un accord interne, tandis que, d'autre part, le thérapeute s'emploie à découvrir les points vulnérables qui orientent les discussions. Essentiellement axée sur le développement de la personne, la conception rogérienne vise l'autoréalisation et l'épanouissement qui font progresser la personne vers son autonomie. De là vient l'intérêt pour la conscience individuelle. Chaque être posséderait en lui, quels que soient l'hérédité et le milieu, les forces nécessaires pour l'aider à se créer, à se comprendre et à agir sur lui-même, sur les autres et sur l'environnement. D'emblée, disons que l'éducation préscolaire a intégré ces éléments dans ses objectifs : l'enfant doit apprendre à se connaître, à entrer en relation avec les autres et à interagir avec l'environnement.

En ce qui concerne l'apprentissage, Rogers (1973, p. 110) souligne que :

> La compréhension empathique est un [...] facteur qui favorise l'instauration d'un climat d'enseignement autodéterminé (*self-directed*), expérientiel. Lorsque le professeur est capable de comprendre de l'intérieur les réactions d'un étudiant ou qu'il est conscient d'une manière vécue de la façon dont l'étudiant perçoit les processus de formation et d'apprentissage, alors aussi les chances augmentent de se trouver en présence d'un apprentissage significatif.

4.1.18 Burrhus Frederic Skinner

Psychologue behavioriste américain, Burrhus Frederic Skinner (1904-1990) s'est intéressé aux travaux du physiologiste russe Pavlov, du neurophysiologiste britannique Sherrington et du psychologue américain Watson, père du behaviorisme.

Convaincu qu'une psychologie scientifique exige une observation des plus rigoureuse, Skinner rejetait tout appel à des variables dites théoriques, c'est-à-dire des variables qui ne peuvent être directement observées, tels les pensées, la conscience, l'inconscient, le subconscient, ainsi que les besoins (faim, soif, etc.) admis par certains behavioristes instrumentaux (Hull, Thorndike...). Contrairement au modèle théorique fondé sur le renforcement des connexions neurophysiologiques entre un stimulus et une réponse par la satisfaction d'un besoin, le modèle qu'a proposé Skinner est empirique et se fonde sur l'idée de répertoire de comportements dont la fréquence augmente en fonction de conditions environnementales favorables appelées renforcements. Notons que ce répertoire ne se révèle qu'après coup, lorsque la probabilité d'un comportement est modifiée et que ce dernier inspire ensuite les activités subséquentes.

Le conditionnement ou apprentissage consiste donc à modifier la probabilité des comportements à l'aide de renforcements.

> Skinner imagina des appareils d'expérimentation en laboratoire qui lui valurent la célébrité. Aussi, il peut enseigner à un pigeon à jouer au tennis de table. Une de ses inventions les plus connues est la *boîte de Skinner* qui permet d'observer les réactions des animaux à l'usage des drogues. [...] Skinner en vient à concevoir les

avantages d'un enseignement programmé et micro gradué à l'aide de machines à enseigner. Son idée fondamentale est celle de la récompense-renforcement. (Guérin, 1998, p. 300.)

Skinner a mis en relief le principe suivant : les actions de l'organisme peuvent être renforcées par le milieu, ce qui accroît la probabilité de leur répétition (Gauthier et Tardif, 1996, p. 224).

C'est avec ce dernier auteur que nous achevons notre survol des influences théoriques qui ont modelé la maternelle au Québec. Le tableau 4.1 présente un résumé de ces sources théoriques. Ce tableau permet de trouver l'essentiel des informations se rapportant à chacun des auteurs, à la pédagogie en regard de leurs représentations de l'enfant et de son développement, de même que les principes directeurs et caractéristiques de leurs travaux. Une dernière colonne indique, s'il y a lieu, le nom donné par l'auteur à la classe accueillant les jeunes enfants.

TABLEAU 4.1 **Les sources théoriques**

	Pédagogie		
Auteur	**Représentation de l'enfant et du développement**	**Principes directeurs et caractéristiques**	**Classe**
Comenius pédagogue tchèque (1592-1670)	L'enfant est un être universel qui participe à la structure de la société Développement : progression naturelle, innéiste	• Publication du premier traité sur l'éducation préscolaire : *Directoire pour l'école maternelle* • Laïcisation • Intérêt général contre égoïsme et individualisme • Primauté des choses sur les mots (réalisme pédagogique) • Stratégies éducationnelles étape par étape soigneusement graduées, allant du simple au complexe et du connu à l'inconnu • Attention marquée pour les locaux • Contacts humains	*Schola infantiae*

Auteur	Pédagogie		
	Représentation de l'enfant et du développement	**Principes directeurs et caractéristiques**	**Classe**
Rousseau philosophe genevois (1712-1778)	L'enfant est un être bon naturellement parce que innocent Développement : naturalisme ou réalisation spontanée et harmonieuse des potentialités uniques, sans comparaison avec autrui	• Romantisme • Liberté d'action, spontanéité (exploration active) • Droit au bonheur • Anti-intellectualisme : futilité de la raison pour elle-même ; absence de livres jusqu'à l'âge de 12 ans ; apprendre à apprendre contre accumulation de connaissances pour elles-mêmes ; priorité aux émotions et à l'éducation purement physique et sensorielle ; *retour à la nature* • Intérêts • Jeu = travail • *Émile* (jeune noble) : l'enfant doit être protégé de la société • Enseignant : tuteur, guide, précepteur	
Pestalozzi pédagogue suisse (1746-1827)	L'enfant est un être unique à l'image de Dieu Développement : accomplissement des habiletés propres à chacun et art de penser par soi-même	• Transformation de la société • Leçons de choses – Égalité (non pas dans l'uniformité, mais dans la diversité) – Objets naturels et concrets – Climat familial • Regroupement par habiletés plutôt que par âge • Indépendance	
Herbart pédagogue allemand (1776-1841)	L'enfant est un être qui s'approprie des connaissances Développement : une dynamique qui implique l'interaction de *forces mentales*	• Psychologie de l'esprit • Pédagogie scientifique • Enseignement universitaire de la pédagogie • La vie mentale est la manifestation d'unités sensorielles élémentaires • Cinq étapes définies dans la préparation d'une leçon (enseignement)	→

TABLEAU 4.1 Les sources théoriques (*suite*)

Auteur	Pédagogie		
	Représentation de l'enfant et du développement	**Principes directeurs et caractéristiques**	**Classe**
Fröbel médecin allemand (1782-1852)	L'enfant est une fleur Développement : épanouissement des qualités innées de l'individu	• Premier programme à l'intention de l'enfant de maternelle • Idéalisme philosophique contre rationalisme scientifique • Sens de l'unité dans toute chose • Objets comme symboles • Intuition personnelle • Auto-activité (expression externe du Moi interne) • Occupations : couture, pliage de papier, tissage, modelage, jardinage, soins aux petits animaux • Roches et minéraux • Jeu : rencontre du réel et de l'imaginaire • Éducateur : jardinière qui suit, garde et protège	Jardin d'enfants (*Kindergarten*)
Pape-Carpantier pédagogue française (1815-1878)	L'enfant est un être essentiellement mobile Développement : rythme d'apprentissage propre à chacun	• Abri • Jeu : voie privilégiée qui mène à l'abstraction • Liens à établir entre l'enseignement primaire et l'éducation préscolaire • Éviter les changements brutaux et radicaux • Proscrire l'enseignement systématique à la maternelle	École maternelle (en remplacement de la salle d'asile)
Kergomard pédagogue française (1838-1925)	L'enfant est un être qui a des besoins physiologiques et psychologiques spécifiques (et non un adulte en miniature)	• Éducation par opposition à instruction • Spécificité de la maternelle par rapport au primaire • Vivre, observer et parler avant d'*apprendre* • Exercices intellectuels relégués au dernier rang des activités, derrière les exercices physiques	

Auteur	Pédagogie		
	Représentation de l'enfant et du développement	**Principes directeurs et caractéristiques**	**Classe**
Kergomard pédagogue française (1838-1925) [*suite*]	Développement : activité propre à l'enfant	• Connaissance de la famille dans son milieu • Regroupement des enfants des deux sexes • Répondre aux besoins des enfants • Jouets, choses à voir et à manier • Santé, hygiène, soins médicaux	École maternelle (en remplacement de la salle d'asile) [*suite*]
Dewey philosophe et pédagogue américain (1859-1952)	L'enfant est un membre d'une communauté sociale (interaction) Développement : développement intégral (instrumentalisme)	• Jeux libres, essais et erreurs • Expérience concrète, matériel « pour vrai » • Collation • *Coins :* maison, épicerie, menuiserie, etc.	Classe laboratoire
Montessori médecin italienne (1870-1952)	L'enfant est un *bambino* Développement : développement sensorimoteur (empirisme)	• *De la sensation à l'idée :* élaboration de matériel axé sur l'éducation sensorielle • Cadres : laçage, boutonnage, etc., éducation des sens • Lettres et chiffres en papier d'émeri • *Leçon*, gestes utiles, discipline, exercices de vie pratique • Petites chaises, petites tables, etc., (mobilier à la taille des enfants) • Approche intuitive	Maison d'enfants (*Casa dei bambini*)
Decroly médecin belge (1871-1932)	L'enfant est un être vivant membre de son espèce Développement : développement global	• *L'école pour la vie par la vie,* accent sur l'agir de l'enfant – Causerie, thèmes de vie, centres d'intérêt – Approche globale – Besoins, activités	Petits ateliers →

TABLEAU 4.1 Les sources théoriques (*suite*)

Auteur	Pédagogie		
	Représentation de l'enfant et du développement	**Principes directeurs et caractéristiques**	**Classe**
Kilpatrick pédagogue américain (1871-1965)	L'enfant est un être actif Développement : pensée traduite en action	• Approche par projets ou thèmes familiers aux enfants • Enquêter ou rechercher • Outils de présentation : voyages, discussions, activités, matériels • Ni programme scolaire, ni jeu spontané, mais activités significatives ou réfléchies • Pédagogie de la réussite (Thorndike) • Pragmatisme et fonctionnalisme (James et Dewey) • Jouir ou consommer • Entraîner à une habileté déterminée • Faire ou produire • Bon sens à affronter la vie de tous les jours • Enseignant : guide et facilitateur	Classe projet
Gesell psychologue et pédiatre américain (1880-1961)	L'enfant est un être qui se développe comme une plante Développement : maturation organique	• Maturation • Approche scientifique, observation • Développement physique, moteur, social, mental • Norme, objectivité • Tableau de l'enfant moyen de 5 ans • Jeux de construction en bois	Préscolaire
Freinet éducateur et pédagogue français (1896-1966)	L'enfant est un être naturel et social Développement : dynamisme naturel, vital (déploiement de l'élan de vie)	• Éducation au travail contre scolastique contre pédagogie ludique • Techniques, toujours en évolution, adaptables selon les milieux et les circonstances, par opposition à la méthode	Classe coopérative

Auteur	Pédagogie		
	Représentation de l'enfant et du développement	**Principes directeurs et caractéristiques**	**Classe**
Freinet éducateur et pédagogue français (1896-1966) [*suite*]	Travail manuel	• Imprimerie (correspondance, textes libres, etc.) • Libre expression, milieu naturel • Charte de l'école moderne, fondée sur la réalité de la société ambiante (école du peuple, école du travail) • Partir de l'enfant • Invariants pédagogiques • Tâtonnement expérimental (expérimentation), création, documentation	Classe coopérative (*suite*)
Piaget psychologue suisse (1896-1980)	L'enfant est un sujet épistémique Développement : construction de structures et de schèmes de pensée	• Cognitif, rationnel, structure, stade • Schèmes de pensée • Construction, évolution • Sujet, objet • Processus • Interaction avec l'environnement	
Erikson psychanalyste américain (1902-1994)	L'enfant est un enfant Développement : créativité	• Expression libre, créativité, instincts • Le Moi, la société • Comprendre les enfants	
Rogers psychothérapeute américain (1902-1987)	L'enfant est une personne avec une identité qui lui est propre Développement : développement harmonieux	• Approche psychanalytique et clinique • Relation d'aide • Congruence, authenticité, vécu • Affectivité • Climat de confiance, respect, empathie • Liberté et non-déterminisme • Liberté pour apprendre (non-directivité) • Fonctionner pleinement • Personnalité	→

TABLEAU 4.1 Les sources théoriques (*suite*)

Auteur	Pédagogie		
	Représentation de l'enfant et du développement	Principes directeurs et caractéristiques	Classe
Skinner psychologue behavioriste américain (1904-1990)	L'enfant est un être neutre, passif, gouverné par des stimuli externes Développement : arrangement comportemental Renforcement	• Behaviorisme (prédiction et contrôle du comportement) • Déterminisme environnemento-socio-culturel • Négation du comportement intentionnel (l'être autonome n'existe pas) : tout comportement est appris, donc tout comportement peut être modifié • But, renforcement, conditionnement opérant • Contrôle positif contre aversif (la punition est inefficace) • Mécaniste, moléculaire • Machines à enseigner, instruction programmée • Accent mis sur la réponse plutôt que sur la question	Classe « machine à enseigner » (qui sera remplacée par la classe APO [Applications pédagogiques des ordinateurs])
Maslow philosophe et psychologue américain (1908-1970)	L'enfant est un être qui satisfait ses besoins primaires Développement : actualisation de soi	• Intégration du Moi • Hiérarchisation des besoins, allant des besoins physiologiques, aux besoins d'amour, d'estime de soi et d'actualisation de soi • Confiance en ses propres habiletés, sensibilité à l'expérience	

4.2 L'ÉDUCATION

Selon Hadji (1992), l'éducation a une double dimension. De façon générale, elle peut être comprise comme une démarche en vue de favoriser le développement positif de la personne. En ce sens et d'un point de vue culturel, elle se transmet de génération en génération. Analysée plus spécifiquement, elle modèle ou oriente le développement, selon des normes sociales ou d'éthique.

L'éducation, dans notre optique, accorde de l'importance aux valeurs et aux attitudes et développe le système de connaissances qui sert à expliquer, à évaluer, à juger et à diriger. En fin de compte, l'éducation vise la performance par la planification, l'appréciation, la prise de décision et l'engagement.

4.2.1 La théorie éducationnelle

Sauf exception, les auteurs répertoriés au tableau 4.1 ne sont pas des éducateurs au sens strict du terme. La plupart sont des psychologues, des médecins ou des philosophes, ce qui explique la nature descriptive, normative ou thérapeutique de leurs théories. Par exemple, le psychologue cherche, à partir de tableaux normatifs, à décrire, à comparer et à classer l'enfant selon son degré de maturité, tandis que l'éducateur, dans un esprit de développement intégral, prend des décisions sur le vif, c'est-à-dire au moment où les situations le demandent. Cela peut se produire, dans un contexte d'éducation spécialisée, d'éducation préscolaire ou autre. En ce qui concerne plus spécifiquement l'éducatrice à la maternelle, on peut dire qu'elle correspond à la personne qui intervient quotidiennement auprès de l'enfant, à travers les actions vécues (présent) et toujours en se référant à son expérience (passé) pour le projeter vers des actions conséquentes (avenir). En d'autres mots, l'éducatrice se soucie du passé, du présent et de l'avenir de la personne individuelle à travers le savoir-être, le savoir-faire et le savoir-devenir (développement intégral).

Pour Kohlberg et Mayer (1972, p. 463), une théorie véritablement éducationnelle implique nécessairement des énoncés qui permettent de porter des jugements de valeur, de se prononcer sur ce qui est bon ou louable. Selon ce point de vue, la façon dont *l'enfant apprend et se développe* devient capitale. À leur avis, une théorie éducationnelle est nécessairement centrée sur le développement. Pour Morin et Brief (1995), une théorie éducationnelle doit obligatoirement tenir compte du développement intégral de la personne, où interviennent la prise de décision, le réel et le contextuel plutôt que la description, l'abstrait et le normatif. En effet, chaque instant reste un moment privilégié pour décider *quoi, comment* et *quand* enseigner à *tel* enfant dans *telle* situation particulière.

Cela étant dit, on ne peut ignorer le fait que ces choix complexes, reliés aux valeurs morales et éducatives propres à chaque éducatrice, s'inscrivent dans un contexte plus global qui inclut les normes et les valeurs de la société en général ainsi que celles du *système* d'éducation en particulier. Si l'on tient compte des contraintes multiples auxquelles les éducatrices sont en général soumises, qu'elles soient d'ordre financier, administratif ou autre, on comprend plus facilement pourquoi même les mieux intentionnées peuvent trouver ardue, dans leur pratique quotidienne, l'application d'une théorie éducationnelle fondée sur le développement intégral de la personne. Qui plus est, une théorie éducationnelle impliquant la reconnaissance du développement n'apporte pas d'emblée toutes les stratégies éducatives.

4.2.2 Les stratégies éducatives

Le tableau 4.1 met en lumière le foisonnement d'éléments et de dimensions qui entrent en jeu quand il est question de pédagogie préscolaire. Dans la pratique, les stratégies éducatives s'inspirent le plus souvent des idées développées par les auteurs. Toutefois, ces stratégies ne sont pas nécessairement le pur résultat d'une théorie fondée sur des choix axiologiques et instaurant un cadre limitatif ; elles dérivent plutôt de l'intuition de l'éducatrice qui sent ce qu'il faut faire et quand il faut le faire. Évidemment, cela met en jeu le programme d'activités, le contexte de la classe maternelle et l'organisation pédagogique.

Par définition, la stratégie éducative englobe un ensemble d'éléments qualitatifs qui puisent à même le développement personnel, au regard de la situation particulière vécue à *ce* moment-là et par *cette* personne-là.

Selon Morin et Brief (1995, p. 191), pour *intervenir de façon appropriée* et aider l'enfant à poursuivre son cheminement, les stratégies utilisées impliquent que l'on *s'insère dans l'univers de l'enfant* et non qu'on *l'enferme dans un modèle stéréotypé*. L'éducatrice doit offrir des activités *pertinentes*, ce qui signifie qu'il lui faut tenir compte de l'expérience de l'enfant tout en variant les activités. Elle l'amène ainsi à se *décentrer* pour aller vers d'autres réalités, ce qui constituera une nouvelle base d'expérience à partir de laquelle, dans un processus continu d'adaptation liant l'affectif et le cognitif, l'enfant continuera à se développer, à progresser vers de nouvelles constructions de la réalité de mieux en mieux intégrées.

4.3 LE DÉVELOPPEMENT

Les dictionnaires et les auteurs associent au développement l'idée de progression, d'évolution et de transformation. Le développement est foncièrement lié à l'idéologie éducationnelle dans une optique de progression vers le mieux, de changement graduel et continu. Pour donner tout son sens au concept de développement, il convient de l'associer à la personne individuelle vivant une situation particulière dans un contexte donné.

L'idée de *développement* peut paraître simple, mais il suffit de se reporter aux différentes conceptions, présentées de manière schématique dans le tableau 4.1, pour constater que tout est en réalité beaucoup plus compliqué. En effet, chacun des auteurs donne une signification particulière au concept de développement, ce qui, en soi, est tout à fait compréhensible, compte tenu des époques, des disciplines et des contextes socioculturels différents. Toutefois, ce manque de cohésion apparent contribue à créer de la confusion dans le milieu de l'éducation. Dans les faits, il arrive trop souvent que l'on emprunte des éléments à l'une ou l'autre des théories en fonction des courants et des modes, sans se soucier du développement individuel de la personne.

Pour résumer, d'un point de vue fonctionnel, le développement pourrait se traduire par des actions de mieux en mieux adaptées aux circonstances. D'un point de vue général, il s'agit d'un processus continu plutôt que d'un état arrêté. Il amène continuellement à une réorganisation plutôt qu'à une simple reproduction. Pour Morin et Brief (1995, p. 200), « le développement est synonyme de construire sa réalité sans attendre qu'elle soit imposée. Sur le plan pratique, cela veut dire aider l'enfant à s'équiper de moyens, de techniques, de stratégies pour progresser dans son développement »

Ainsi, le développement d'un enfant ne se mesure pas d'après la réussite ou la performance à des tests ; il se révèle plutôt par son investissement dans une activité et par le degré de son engagement envers les autres.

4.3.1 L'approche développementale

L'ambiguïté de l'approche développementale tient à l'adhésion des auteurs à différentes écoles de pensée. À titre d'exemple, Rousseau, Gesell et Erikson, tenants d'une conception organique ou interne du développement, sont considérés comme des *romantiques*. Skinner, qui adopte une approche externe du développement, s'oriente plutôt vers le *culturalisme*. Quant à Dewey et Piaget, qui optent pour l'interaction fonctionnelle de l'interne et de l'externe, ils vont du côté *progressiviste*. Le concept d'interaction fonctionnelle ou *dialogue interactif* est au cœur même de l'approche cognitive ou constructiviste de Piaget, approche s'articulant autour de stades qualitativement différents, mais qui se déroulent selon un ordre invariable pour chacun des êtres. Chaque stade piagétien comporte une structure complète en soi, qui ne constitue toutefois pas un état arrêté du point de vue des connaissances ; il s'agit plutôt d'une forme d'organisation de la pensée à un moment donné dans la progression du développement. L'idée de progression n'est pas associée ici à un plus quantitatif, mais bien à une évolution de nature qualitative, impliquant une réorganisation de mieux en mieux intégrée et de mieux en mieux adaptée à la réalité.

La clé du passage d'un stade à un autre se trouve dans l'expérience. Par son action répétée sur les objets, l'enfant intègre les propriétés de ces objets, ce qui est en soi différent du fait de recevoir un enseignement sur ces objets. L'agir se trouve immanquablement au cœur d'une approche développementale.

A priori, on pourrait affirmer que le développement humain est purement cognitiviste ou constructiviste mais ce serait exclure l'affectivité, qui en est garante. Même si on a reproché à Piaget d'avoir ignoré cet aspect, ce qui lui a valu d'être boudé par les éducatrices, il n'en demeure pas moins qu'il considérait bel et bien l'affectivité comme une énergie amenant l'être à s'investir dans la réalité.

Une approche qui se veut développementale tient compte de la personne dans toutes ses dimensions, sans morcellement. Au fil de l'action se tisse, se lie et se construit une certaine logique qui prend sa source dans l'affectivité. Cela signifie qu'une approche développementale s'inscrit dans une perspective à long terme, sans jamais perdre de vue le type d'être humain qu'elle vise.

4.3.2 Les stratégies développementales

Élaborer des stratégies développementales consiste à fournir à l'enfant un ensemble d'outils et de moyens pour le faire progresser compte tenu de sa propre évolution. Cela veut dire, d'une part, qu'on laisse la possibilité à l'enfant de choisir ses activités, de nature et de complexité variables, afin de répondre à son besoin d'action et, d'autre part, qu'on a une certaine vision du développement de cet enfant, sur laquelle on se fondera pour mieux l'aiguiller.

4.4 LA PÉDAGOGIE NOUVELLE

Nous avons vu précédemment quelques auteurs qui se sont intéressés à l'éducation préscolaire et qui, par conséquent, ont contribué à la pédagogie nouvelle. En effet, l'intérêt pour l'éducation des petits a fourni l'occasion de concevoir d'autres modèles et d'autres formes d'intervention mieux appropriés au développement de l'enfant. À son tour, cette pédagogie dite nouvelle s'est elle-même répercutée sur l'éducation en général. Deux tendances bien définies ressortent en éducation : une première qui privilégie une approche traditionnelle axée sur l'apprentissage et une autre, plus récente, centrée sur le développement.

Decroly, à l'instar de Montessori et de Dewey, rapproche l'école de la vie. Il est considéré en Europe comme l'un des promoteurs de l'éducation nouvelle. Ce courant, très « puérocentriste », qui met au premier plan la place et le rôle actif de l'enfant dans le processus éducatif, est lié aux « méthodes actives », elles-mêmes centrées sur le respect de la fonction interne du développement.

Aux États-Unis, l'*open education* a été influencée par les recherches sur l'environnement. Anjou (1979, p. 196) souligne que :

> La notion a cependant été enrichie au moment où les psychologues de l'éducation tels que Bruner, Elkin, Inhelder, Flavell, Weikhart, Kamii, etc., dans un mouvement de retour aux sources, à savoir les travaux de Piaget, ont exploré la notion de circularité propre aux stades pour aborder l'étude de la notion d'ouverture et de ses implications sur la situation éducative.

Plus près de nous, au Québec, Angers, Paré et Paquette sont les maîtres à penser de la « pédagogie ouverte ». Angers se distingue par sa conception organique de l'éducation ; Paré traite du processus créateur ; Paquette insiste sur le développement des talents, en partant du principe que chaque personne en possède *a priori*. En dépit de leurs différences, ces trois auteurs ont une perception commune de l'éducation : ils soutiennent qu'elle doit être centrée sur le développement de l'enfant et non pas viser à l'accumulation de connaissances qui ne tiennent pas compte de l'expérience et du vécu.

Gauthier et Tardif (1996, p. 149) soulignent le fait que la pédagogie nouvelle emprunte diverses appellations, dont les suivantes : « pédagogie nouvelle, école active, éducation fonctionnelle, approche organique, pédagogie ouverte et informelle, école nouvelle (*New School*), éducation puérocentrique (pédagogie centrée sur l'enfant) ».

Sans vouloir alimenter le débat amorcé, il y a déjà longtemps, sur la pédagogie nouvelle ou sur la pédagogie traditionnelle, nous désirons attirer l'attention du lecteur sur quelques traits caractéristiques distinguant les deux approches l'une de l'autre, au regard des paramètres *enfant*, *programme*, *éducatrice* et *milieu*. Le tableau 4.2 résume ces traits.

TABLEAU 4.2 **Caractéristiques de la pédagogie traditionnelle et de la pédagogie nouvelle**

Paramètre	Pédagogie traditionnelle	Pédagogie nouvelle
Enfant	• Rendre l'enfant capable de…	• L'enfant est capable de…
Programme	• Contrôler l'atteinte des objectifs formulés de façon univoque	• Formuler les objectifs en termes d'objectifs développementaux ou de compétences transversales
Éducatrice	• Évaluer les apprentissages de manière rationnelle et efficace en vue de l'acquisition d'un plus grand nombre de connaissances (productivité) • Soumettre des objectifs ponctuels d'apprentissage	• Intervenir de différentes façons selon les situations et souvent de manière informelle • Offrir des choix d'activités
Milieu	• Imposer un environnement en fonction des exigences liées à l'atteinte des objectifs ponctuels prescrits	• Varier et enrichir l'environnement pour favoriser plusieurs apprentissages et permettre des collaborations diverses

RÉSUMÉ

La maternelle au Québec est centrée sur le développement de l'enfant et non sur la matière. Elle se situe donc dans un contexte éducationnel impliquant un système de valeurs et des stratégies conséquentes. L'enfant n'est pas divisé en parties observables ; il est vu comme un tout intégral. L'approche développementale se distingue de l'approche axée sur la matière par son souci constant d'adapter le contenu à l'enfant et non l'inverse.

Plusieurs auteurs ont élaboré une théorie ou un modèle fondés sur la représentation qu'ils avaient de l'enfant et sur la conception qu'ils se faisaient du développement. La maternelle au Québec leur en est redevable.

QUESTIONS

1. Identifiez certains auteurs qui ont marqué l'éducation préscolaire et expliquez les principes pédagogiques qui sous-tendent leur approche.

2. L'évolution de la maternelle a subi des transformations. Dites comment celles-ci se sont actualisées sur le plan du développement de l'enfant et quels ont été leurs effets sur l'organisation des maternelles.
3. Sur la base de quels critères peut-on affirmer qu'une théorie est véritablement éducationnelle par opposition à celle qui ne le serait pas ?
4. Que signifie le mot *développement* en éducation ?
5. Quelles sont les conséquences concrètes d'une approche développementale en éducation ?

MISES EN SITUATION

1. Un stage à la maternelle

En tant qu'étudiante en éducation à l'université, vous vous apprêtez à entreprendre votre stage obligatoire à la maternelle. Vous avez en mémoire les influences diverses qui ont marqué l'histoire de la maternelle. Au cours de votre visite de familiarisation avec ce milieu, qui sera un peu le vôtre durant le prochain mois, vous voulez savoir si Montessori, Decroly, Gesell et d'autres (tableau 4.1) y ont laissé leurs traces. Que rechercherez-vous pour avoir la réponse à vos questions ?

Pistes d'exploration

— Quels éléments vous ont le plus frappé chez les auteurs présentés dans la première partie du chapitre ?

— Qu'allez-vous observer dans la classe en ce qui concerne : 1) le programme d'activités ; 2) l'aménagement physique et le matériel ; 3) le fonctionnement ; 4) les jeux ?

— Comment pensez-vous mettre en pratique vos observations lorsque vous devrez prendre la classe en charge ?

Présentation

Vous avez à présenter comment vous comptez tirer profit, dans votre pratique, des théories et des modèles élaborés par les auteurs qui ont influencé l'éducation préscolaire. Les moyens que vous pouvez utiliser sont la conférence, l'affiche, ou tout autre moyen qui vous semble pertinent.

2. Développement et instruction

Votre stagiaire, par ailleurs pleine d'enthousiasme et de bonne volonté, ne saisit pas très bien l'insistance que vous mettez à parler du développement de l'enfant plutôt que d'instruction quand il s'agit de l'enfant de la maternelle. Comment parviendrez-vous à lui faire saisir concrètement la distinction entre les deux notions ?

Pistes d'exploration

— Quelle différence faites-vous entre le développement et l'instruction ?

— Y a-t-il une approche que vous privilégiez dans votre classe ? Si oui, en quoi consiste-t-elle et pourquoi l'avez-vous adoptée ?

Présentation

Vous devez montrer comment vous amènerez votre stagiaire à comprendre la différence qui existe entre le développement et l'instruction et comment elle pourra en tenir compte dans sa pratique de classe. Les moyens que vous pouvez utiliser sont le jeu de rôle, le panel, ou tout autre moyen qui vous semble pertinent.

LECTURES SUGGÉRÉES

GAUTHIER, C., et TARDIF, M. (1996). *La pédagogie. Théories et pratiques de l'Antiquité à nos jours*, Montréal, Gaëtan Morin Éditeur.

GRÉGOIRE, H. (1965). *Le livre de l'Occident*, Suisse, Éditions Kister, t. 3.

GUÉRIN, M.-A. (1998). *Dictionnaire des penseurs pédagogiques*, Montréal, Guérin.

Chapitre 5

L'enfant

OBJECTIFS

Au terme de ce chapitre, le lecteur devrait pouvoir :

- définir le mot *enfant* et décrire les effets de cette définition sur la démarche éducative ;
- résumer l'évolution du statut de l'enfant en Occident en mettant l'accent sur le statut particulier du *petit* enfant.

INTRODUCTION

Comme nous l'avons souligné dans le chapitre précédent, la maternelle privilégie une approche développementale. Celle-ci, contrairement à une démarche fondée exclusivement sur les savoirs, est centrée sur l'enfant. Mais qu'entend-on au juste par « enfant » ?

Selon les époques, valeurs, symboles et normes déterminent les représentations de l'enfant. Plus précisément, les moralistes verront dans l'enfant un être imparfait ; les juristes le considéreront comme un être incapable et irresponsable ; les médecins l'évalueront sous l'angle de la croissance ; les psychologues évoqueront sa maturité plus ou moins grande.

Dans notre optique, l'éducatrice soucieuse du développement de l'enfant analyse plutôt chaque enfant à partir de sa conduite dans toutes sortes de situations quotidiennes. Pour elle, les expériences que vit l'enfant forment la trame de l'être individuel.

On ne peut éduquer sans avoir une vision préalable de ce qu'est ou de ce que va devenir l'enfant. L'éducation nous oblige à réaliser cette vision en mettant en place un réseau d'activités qui permettront à l'enfant de s'organiser, de faire des choix, de discuter, d'échanger des idées et de s'engager vis-à-vis des autres. Éduquer n'est absolument pas une activité à sens unique ; c'est une activité complexe qui implique l'enfant, l'éducatrice et les parents, qui s'unissent dans un même processus de *développement-enseignement-apprentissage*.

5.1 LA REPRÉSENTATION DE L'ENFANT

On a vu au chapitre 4, dans le tableau 4.1, que la signification du concept de développement et la représentation de l'enfant varient selon les auteurs, lesquels subissent l'influence d'idéologies ou systèmes de croyances et de valeurs ayant des racines historiques très anciennes. Parfois nettement métaphoriques, telles la « fleur » de Fröbel ou la « plante » de Gesell, ces représentations n'en demeurent pas moins déterminantes pour comprendre les rôles attribués à chacun des spécialistes en vertu des conceptions du développement de l'enfant. L'extrait suivant d'Hameline (1986, p. 122) est révélateur à cet égard :

> Le passage par l'imaginaire est constitutif de l'objet même de toute démarche éducative, à commencer par les métaphores mortes et les lieux communs. Il n'est pas du tout indifférent que l'élève soit comparé à un récipient que l'on remplit ou à une plante qui croît.

En comparant l'enfant à une fleur, Fröbel veut signifier qu'il possède en lui, de façon innée, les graines de son développement qui sont appelées à germer et à s'épanouir. C'est là le caractère innéiste ou organique de l'idéologie *romantique* telle que l'ont décrite Kohlberg et Mayer (1972).

En ce qui a trait à l'idéologie *culturaliste,* qui favorise l'assimilation et la reproduction exacte des connaissances sans intervention du Moi, ces mêmes auteurs y associent la métaphore privilégiée de Skinner, soit celle de l'enfant *machine.*

Quant à l'idéologie *progressiviste,* toujours selon Kohlberg et Mayer (1972), elle conçoit l'enfant comme un être qui s'adonne à des tâches et qui améliore progressivement sa condition.

Cette représentation progressiviste de l'enfant s'allie dans un mouvement contemporain à la théorie constructiviste du développement humain. À l'instar de Furth (1969), Von Cranach (1976), Cowan (1978) et Morin et Brief (1995), nous croyons que ce constructivisme trouve son origine dans l'action qui *constitue le pivot du développement de l'enfant,* et, donc, de son progrès. L'enfant est *un être agissant qui prend des initiatives, se développe,* et il n'est pas inférieur à l'adulte ni différent de lui ; il est simplement un être humain à un stade donné de son évolution, appelé à progresser et à devenir de mieux en mieux organisé et structuré, de plus en plus conscient. C'est ainsi qu'il construit sa propre histoire, en tant qu'être singulier.

Au-delà de cette évolution de l'enfant en tant qu'être singulier, il y a aussi celle de l'enfant considéré sous l'angle de son statut en tant que membre d'une catégorie sociale à laquelle appartiennent tous les enfants du même âge dans une même société. L'évolution du statut de l'enfant fait partie de l'histoire plus globale de l'être humain et mérite qu'on s'y attarde également.

5.2 L'ÉVOLUTION DU STATUT DE L'ENFANT

Le terme *enfant* et la période de l'*enfance* restent ambigus à bien des égards. Cela est dû en partie aux nombreux facteurs biologiques qui déterminent les changements physiques et la maturation. Bien que les influences sociales entrent aussi en jeu, l'aspect historique de l'évolution du statut de l'enfant retient pour l'instant notre attention.

5.2.1 Définition de l'enfant

Très simplement, les dictionnaires définissent l'enfant comme un « être humain dans l'âge de l'enfance » (*Petit Robert*). Cela étant dit, les auteurs ne s'entendent pas sur le temps que dure l'enfance dans l'évolution de l'être humain. Par conséquent, la définition même du mot « enfant » s'en trouve affectée et demeure ambiguë.

En ce qui concerne l'enfance, les dictionnaires sont parfois plus précis, la définissant comme la « première période de la vie humaine, de la naissance à l'adolescence ». Nous éviterons d'entrer dans les discussions sur la vie intra-utérine, même si nous souscrivons d'emblée à l'idée selon laquelle l'être a déjà accompli un chemin considérable avant sa naissance.

Le mot « enfant » date du XIe siècle et vient du mot latin *infans* qui signifie « qui ne parle pas ». Comme le souligne Ariès (1973, p. 37), l'enfant « ne peut pas bien parler ni parfaitement former ses paroles, car il n'a pas encore ses dents bien ordonnées ni affermies ».

Il faut dire qu'à cette époque on a tendance à mettre en relation les facteurs biologiques et la vulnérabilité de l'enfant. Celui-ci est défini sous l'angle des incapacités qui l'affligent et on ne lui reconnaît aucune autonomie, aucune habileté à prendre des décisions, à agir. Il est tout entier sous la dépendance des adultes, qui le voient à la lumière de leur réalité et qui le plient aux valeurs qu'ils prônent. Selon cette perspective, l'enfant est un être qu'il faut « dompter », tel un animal ; perçu comme un adulte en devenir, il n'a aucune identité propre. Rousseau changera cette vision en reconnaissant l'enfance en tant que réalité concrète attachée à des valeurs particulières qui la distinguent de l'adolescence et de l'âge adulte. Pour Rousseau, l'être humain est naturellement bon, et l'enfant possède en lui un fonds de principes et de bonnes dispositions dont l'a doté la nature. De ce fait, l'éducation ne doit pas viser à façonner l'enfant à l'image de l'adulte, mais bien chercher à lui faire tirer profit de ses talents innés. À partir de cette période, l'enfant prend une nouvelle importance, tant sur le plan moral que sur le plan social.

Aujourd'hui, l'enfant est vu comme un être à part entière appelé à grandir et à se développer, un être qui a son identité propre et qu'il importe de respecter.

Cette façon de penser l'enfant proprement occidentale découle pour une bonne part de l'amélioration des conditions de vie générales qui a fait en sorte qu'on a pu lui accorder plus d'attention. C'est du moins ce qui ressort des études historiques concernant l'évolution de l'enfant dans la société, évolution qui se rattache nettement à une meilleure qualité de vie. Le survol historique qui suit montre les changements qui ont touché, au fil du temps, le statut de l'enfant, dont une des conséquences pédagogiques réside dans l'émergence du besoin de créer des maternelles pour favoriser son développement.

5.2.2 Survol historique

Jusqu'au XVIIIe siècle, peu d'enfants atteignent l'âge de cinq ans. À cette époque, une combinaison de facteurs, dont les conditions d'accouchement, le grand nombre d'infections et de maladies, ainsi que le haut taux d'abandon à la naissance, diminuent de beaucoup les chances de survie des nouveau-nés. Pour le protéger du froid et assurer la tranquillité de la nourrice, l'enfant est emmaillotté des épaules aux pieds de manière qu'il ne puisse bouger. Lorsqu'ils quittent les langes, garçons et filles ne peuvent être différenciés par le seul habillement. En effet, jusqu'à quatre ou cinq ans les garçons sont assimilés aux filles et vêtus d'une robe. La précarité de leur survie et le peu de considération accordée par l'Église effaçaient tout besoin de les distinguer.

Au XVIIIe siècle, la situation s'améliore à la suite de la publication, en 1762, d'*Émile* de Rousseau, qui envisage l'enfance selon une nouvelle perspective. On libère le corps des langes trop serrés, on encourage l'enfant à se mouvoir librement. En fait, cette époque voue à l'enfant un véritable culte. On intensifie les soins aux nourrissons, ce qui augmente le taux de survie. La découverte de la vaccination contre la variole en 1796 marque un tournant, les maladies perdent du terrain. Toutefois, ces pratiques ne touchent encore que les milieux aisés mieux informés et n'atteignent malheureusement pas les milieux populaires urbains ni les zones rurales.

À la fin du XVIIIe siècle s'amorce l'ère de l'industrialisation. Plusieurs mères travaillent et confient leurs enfants à une nourrice. Dans les campagnes, on continue à emmailloter et à garder immobiles les nourrissons. Plus tard, les jeunes enfants se retrouvent nombreux à travailler dans les usines. Plusieurs sont d'avis que l'enfance fut exploitée comme jamais à cette époque.

Le XIXe siècle est caractérisé par l'intervention de plus en plus grande de l'État dans la vie des familles et dans l'existence des enfants. On reconnaît l'enfant comme être social ; il n'est dès lors plus un être appartenant exclusivement à la famille. L'influence rousseauiste persistante entraîne une valorisation de l'enfant, ce qui amène des pratiques différentes. Entre autres, des chercheurs (Egger, 1870 ; Darwin, 1877 ; Pollock, 1878) observent les comportements des enfants afin de déceler les progrès qu'ils accomplissent et ainsi de mieux comprendre les difficultés qu'ils éprouvent. Cette époque voit naître une nouvelle société dans laquelle l'enfant se démarque à travers une littérature et des jeux éducatifs qui lui sont propres.

Au même moment, dans le contexte d'une industrialisation en plein essor, on fait preuve d'une dureté extrême à l'égard des enfants démunis, dont on exploite le travail dans les usines et dans les mines. Les enfants handicapés sont cachés afin de protéger l'image de la famille. Ils révélaient une tare qui, dans la mentalité judéo-chrétienne, correspondait à une punition divine. Par exemple, un enfant épileptique était ni plus ni moins considéré comme « un enfant possédé du diable ».

Le XXe siècle correspond au *siècle de l'enfance*. Jusqu'alors oublié ou adulé, l'enfant se voit attribuer des caractéristiques particulières reliées à une certaine authenticité qui découle de sa spontanéité dans sa liberté d'action. La protection qu'il faut lui accorder repose moins sur sa vulnérabilité que sur une volonté de lui permettre de vivre pleinement son enfance. C'est dans cette perspective qu'en 1959 l'Organisation des Nations unies a adopté la Déclaration des droits de l'enfant, « afin qu'il ait une enfance heureuse et bénéficie, dans son intérêt comme dans l'intérêt de la société, des droits et libertés qui y sont énoncés ». Deux des considérants que contient cette déclaration sont particulièrement révélateurs des motifs qui la fondent :

> Considérant que l'enfant, en raison de son manque de maturité physique et intellectuelle, a besoin d'une protection spéciale et de soins spéciaux, notamment d'une protection juridique appropriée, avant comme après la naissance,
>
> [...]
>
> Considérant que l'humanité se doit de donner à l'enfant le meilleur d'elle-même...

L'Assemblée générale de l'Organisation des Nations unies pose 10 principes, qu'on peut résumer ainsi :

1. L'enfant doit jouir de tous les droits énoncés dans la Déclaration ;
2. L'enfant doit bénéficier d'une protection spéciale pour qu'il puisse se développer d'une façon saine et normale sur le plan physique, intellectuel, moral, spirituel et social, dans des conditions de liberté et de dignité ;
3. L'enfant a droit, dès sa naissance, à un nom et à une nationalité ;
4. L'enfant a droit à la sécurité sociale ainsi qu'à une alimentation, un logement, des loisirs et des soins médicaux adéquats ;
5. L'enfant désavantagé doit recevoir le traitement, l'éducation et les soins spéciaux que nécessite son état ou sa situation ;
6. L'enfant doit, autant que possible, grandir sous la sauvegarde et sous la responsabilité de ses parents. L'enfant en bas âge ne doit pas, sauf circonstances exceptionnelles, être séparé de sa mère ;
7. L'enfant a droit à une éducation qui doit être gratuite et obligatoire au moins aux niveaux élémentaires. La société doit favoriser la

jouissance de son droit à se livrer à des jeux et à des activités récréatives ;

8. L'enfant doit toujours être parmi les premiers à recevoir protection et secours ;
9. L'enfant doit être protégé contre toute forme de négligence, de cruauté et d'exploitation. Il ne doit pas être soumis à la traite, sous quelque forme que ce soit. Il ne doit pas être admis à l'emploi avant d'avoir atteint un âge minimum approprié ;
10. L'enfant doit être protégé contre les pratiques qui peuvent pousser à la discrimination. Il doit être élevé dans un esprit de compréhension, de tolérance, d'amitié entre les peuples, de paix et de fraternité universelle, et dans le sentiment qu'il lui appartient de consacrer son énergie et ses talents au service de ses semblables.

Dans la seconde moitié du XIXe siècle, les découvertes de Pasteur ont aussi influencé la place accordée à l'enfant. En effet, avec lui, l'asepsie fait d'énormes progrès, ce qui a pour résultat une diminution du taux de mortalité infantile. Après la Seconde Guerre mondiale, l'idée d'une jeunesse qui prolonge l'enfance se fait jour.

En effet, auparavant, on sortait très tôt de l'enfance pour se donner directement une identité de jeune travailleur dans le monde socioéconomique adulte. Désormais, l'adolescent peut s'attarder dans un univers qui lui est propre où il peut même être désœuvré. Ainsi, l'appellation *jeune* remplace fréquemment le mot *enfant*.

Cette évolution allant de l'enfance à la jeunesse s'harmonise bien avec l'allongement de l'espérance de vie. Ce dernier progrès fait en sorte que la maternité survient souvent plus tardivement qu'autrefois dans la vie de la femme. Par conséquent, l'enfant est de plus en plus attendu et désiré, avec tout ce que cela entraîne de préparatifs, d'espérance et de satisfaction le jour de sa naissance.

L'importance accordée à chaque enfant lui donne un statut très spécial qui se traduit par l'augmentation du nombre d'enfants uniques. L'enfant devient le centre d'intérêt de ses parents qui misent beaucoup sur lui, allant parfois jusqu'à le vouloir parfait. En contrepartie, tout lui semble possible, permis, et pointe à l'horizon l'idée de l'enfant-roi.

Dans la société en général, l'enfant est choyé, entouré, sollicité de multiples manières ; des produits et des services sont conçus expressément pour lui. En 1979, on lui consacre l'Année internationale de l'enfance, dont l'objectif premier est l'amélioration des conditions de vie des enfants dans le monde entier. La pauvreté, les maladies, la faim, les conditions sanitaires sont autant de facteurs sur lesquels la population et les associations humanitaires sont appelées à réfléchir.

Au Québec, comme dans bien d'autres pays industrialisés, l'enfant a un pouvoir économique accru dans une société de consommation. Il subit la pression de groupes qui vont jusqu'à se substituer aux parents. La vie de l'enfant se trouve largement influencée par la science et la technologie, par exemple la radio, la télévision et l'ordinateur. De plus, les parents, prenant conscience du fait que leur petit apprend rapidement et qu'il peut acquérir des connaissances relativement aisément, désirent lui offrir toutes les chances de réussite. C'est ainsi qu'on assiste, dans bien des cas, à l'inscription de l'enfant de plus en plus tôt à des cours d'initiation dans toutes sortes de disciplines sportives ou artistiques. La performance et la compétition prédominent et font oublier que l'enfant peut agir et se développer sans objectifs prédéterminés.

D'une manière étonnante, les activités auxquelles s'adonnent les enfants du XXe siècle, souvent dans un esprit de compétition et d'exploit, réunissent garçons et filles dans une mixité qui, pour ainsi dire, les force à se ressembler sur le plan de l'apparence générale et de l'habillement. Ce qui les confondait au XVIIe siècle jusqu'à l'âge de cinq ans est devenu un trait contemporain jusqu'à la fin de l'adolescence.

Bref, si l'on se réfère à notre point de départ, on constate que la situation de l'enfant dans la société a grandement évolué. Ce progrès est en relation avec les transformations que connaissent la famille et la société dans son ensemble. De l'enfant dont l'être même est presque ignoré à l'enfant-roi, en passant par l'enfant comme main-d'œuvre à bon marché qu'on peut exploiter, la conception de l'enfant et, corollairement, la façon dont la société le traite ont bien changé au fil des siècles. De nos jours, l'enfant a une grande importance en tant qu'individu singulier et le bien-être de chacun, de même que son plein épanouissement, est au centre des préoccupations sociales. D'un point de vue éducationnel, et considérant que le développement de la personne n'est jamais accompli une fois pour toutes, l'œil inquisiteur et les attitudes bienveillantes de l'adulte sont des atouts indispensables pour aider l'enfant à s'engager à petits pas dans des avenues qui lui conviennent. De ce fait, et cela dans un esprit contemporain, il est essentiel pour l'éducatrice de la maternelle de connaître les caractéristiques de l'ensemble des enfants âgés de quatre à six ans, mais aussi d'être en mesure d'apprécier les caractéristiques des enfants individuellement.

RÉSUMÉ

De l'être ignoré à l'être adulé, il y a eu, à travers les siècles, une évolution marquée du statut de l'enfant, modulée autant par les contextes socio-économiques que par les découvertes scientifiques.

Dans une perspective pédagogique, l'éducatrice de la classe maternelle ne doit pas perdre de vue cette évolution. La position actuelle veut qu'elle concentre son attention sur l'être individuel dont elle favorisera le développement en vue de le rendre apte à prendre des décisions et à assumer des responsabilités.

QUESTIONS

1. Nommez les différents angles ou perspectives par lesquels l'enfant peut être défini.
2. Parmi les différentes représentations de l'enfant, qu'est-ce qui distingue la perspective éducationnelle de la perspective psychologique et de la perspective juridique ?
3. Quel est le pivot du développement de l'enfant selon l'idéologie progressiviste ?

MISE EN SITUATION

Le droit de l'enfant à l'enfance

Vous faites partie d'un comité voué à la défense du droit à l'enfance. Vous trouvez que, trop souvent dans notre société, l'enfant est bousculé et qu'on organise tous ses temps libres, ce qui l'empêche de vivre pleinement son enfance.

Pistes d'exploration

— Que signifie pour vous la période de l'enfance ?

— Qu'entendez-vous par l'expression « vivre pleinement son enfance » ?

— Essayez de construire l'horaire d'une journée de la semaine d'un enfant qui fréquente les services de garde et la maternelle et d'une journée de la fin de semaine, en y incluant des activités sociales ou artistiques organisées.

Présentation

Vous avez à présenter les actions que pourraient entreprendre les parents, les éducateurs et les enseignants afin de permettre à l'enfant de vivre pleinement son enfance. Les moyens que vous pouvez utiliser sont le panel, le jeu de rôle, la conférence, ou tout autre moyen qui vous semble pertinent.

LECTURES SUGGÉRÉES

ARIÈS, P. (1973). *L'enfant et la vie familiale sous l'Ancien Régime,* Paris, Plon.

BECCHI, E., et JULIA, D. (sous la dir. de) (1998). *Histoire de l'enfance en Occident,* Paris, Seuil.

HURTIG, M., et RONDAL, J.-A. (sous la dir. de) (1980). *Introduction à la psychologie de l'enfant,* 3e éd., Bruxelles, Pierre Mardaga éditeur, t. 1.

TROISIÈME PARTIE

LES PRATIQUES EN ÉDUCATION PRÉSCOLAIRE

Chapitre 6

L'enfant et la relation pédagogique

OBJECTIFS

Au terme de ce chapitre, le lecteur devrait pouvoir :

- distinguer les différentes perceptions de l'enfant de cinq ans ;
- comprendre les valeurs associées à l'enfant de cinq ans selon le *Programme d'éducation préscolaire* du ministère de l'Éducation du Québec (1981) ;
- décrire les principales caractéristiques de l'enfant de la maternelle ;
- indiquer ce qui différencie les enfants de quatre, cinq et six ans par rapport à la connaissance de soi, à la relation avec les autres et à l'interaction avec l'environnement.

INTRODUCTION

Dans ce chapitre, nous traitons de l'enfant comme sujet de la relation pédagogique. Nous présentons les diverses perceptions de l'enfant qu'une éducatrice peut avoir et abordons les valeurs associées à l'enfant en tant que sujet dans le *Programme d'éducation préscolaire* publié par le ministère de l'Éducation du Québec (MEQ) en 1981. Par la suite, nous ferons état des comportements observables de l'enfant de quatre, cinq et six ans en fonction des trois objectifs du programme de 1981, lesquels ont été reconduits dans le programme du MEQ de 1997 et ont ensuite structuré le contenu du programme de 2001 dans la perspective du développement des compétences. Pour finir, nous examinons les caractéristiques de l'enfant de cinq ans.

6.1 L'ENFANT DE LA MATERNELLE

Quand vient le temps de concevoir des pratiques pour la classe maternelle, les perceptions individuelles relativement au développement de l'enfant de cinq ans et au rôle de l'éducatrice dans l'évolution de celui-ci ont leur importance. Ainsi, le type de relation pédagogique valorisée est un facteur qui intervient dans l'établissement d'un climat harmonieux dans la classe.

La perception qu'a l'éducatrice du développement d'un enfant se reflète dans sa conception de l'apprentissage et de l'enseignement. Rappelons ici que l'enfant de cinq ans se situe à la porte d'entrée du système scolaire, donc à la veille de devenir un élève. Cette situation de l'enfant qui se trouve en quelque sorte *entre deux mondes* pourrait bien expliquer l'existence de certaines représentations concernant cet enfant, parmi lesquelles les quatre suivantes.

6.1.1 L'enfant de la maternelle est un bébé

Considérer l'enfant de la maternelle comme un bébé suppose une certaine forme de maternage. Il en découle une attention particulière qui se manifeste par des gestes affectueux à l'endroit de l'enfant, tels que le prendre, le caresser, le chouchouter ou, de façon plus globale, *en prendre soin*.

Si cette attitude persiste à la maternelle sans ajustements graduels, on risque de créer des lacunes importantes au regard de la prise en charge de l'enfant par lui-même, ce qui l'empêchera de tenter de combler lui-même ses propres besoins. Or apprendre à se débrouiller tout seul est un facteur essentiel à l'acquisition de l'autonomie. Restreindre cet apprentissage nuit à la quête d'identité de l'enfant, ce qui, inévitablement, se répercutera sur sa confiance en lui et, en définitive, sur son estime de soi.

6.1.2 L'enfant de la maternelle est un enfant

Considérer l'enfant de la maternelle comme un enfant suppose d'emblée qu'on accepte son besoin de bouger. Ce besoin, signe d'énergie vitale, l'incite à aller et venir, sans nécessairement savoir pourquoi. Par sa nature, l'enfant aime fureter, faire des essais, se tromper, recommencer, imiter des gestes, tout en sachant que l'adulte le regarde et l'encourage dans cette liberté d'action. Avec le temps, la répétition des actions l'amènera à se connaître lui-même, à se reconnaître parmi les autres et à se réaliser.

Contrarier ce besoin d'agir peut nuire aux relations de l'enfant avec ses pairs et entraver ainsi sa socialisation.

6.1.3 L'enfant de la maternelle est un écolier

Voir l'enfant de la maternelle comme un écolier, c'est avoir en tête le tracé d'un parcours scolaire dont la maternelle serait la première étape. Ne pas admettre l'importance de cette phase initiale, qui somme toute s'avère cruciale dans le développement de l'enfant, pourrait influer sur sa réussite scolaire actuelle et future.

En effet, traiter l'enfant en tant qu'écolier suppose qu'on reconnaît qu'il est capable d'accomplir des tâches dans sa classe, de prendre des décisions et de s'acquitter des responsabilités qui lui incombent face à l'environnement scolaire. Faire obstacle à cette démarche est susceptible de l'empêcher de se prendre en charge et de nuire à la recherche de son identité personnelle.

6.1.4 L'enfant de la maternelle est un élève

Considérer l'enfant de la maternelle comme un élève implique une intervention qui vise à amener l'enfant à des exercices suivis d'apprentissage en lecture, en écriture, en calcul. Cela signifie que l'élève réalise des travaux ponctuels selon un ordre établi et dans une discipline donnée. Par exemple, le cahier d'exercices lui permet de réaliser des choses sans nécessairement recourir à l'adulte. L'élève réussit seul certains apprentissages simples qui l'amèneront graduellement à d'autres, beaucoup plus complexes, tout en faisant ses preuves face à ses pairs.

Cette revue de certaines des représentations de l'enfant de la maternelle met en évidence la façon dont chacune peut influencer la démarche pédagogique. Mais au-delà de ces représentations, il faut encore que l'enfant lui-même soit prêt à affronter les nouveaux rôles qui lui sont attribués. Car, peu importent les diverses conceptions de l'enfant en tant que sujet, celui-ci demeure le centre de la situation pédagogique. La finalité incontournable de toute situation pédagogique est le développement harmonieux et intégral de l'enfant. À cet effet, le *Programme d'éducation préscolaire* (Ministère de l'Éducation du Québec, 1981b, p. 9) a énoncé, dans ses principes fondamentaux, les valeurs suivantes associées à l'enfant en tant que sujet :

— La personne, quel que soit son âge, est digne de respect ;
— L'enfant est un ensemble unique d'éléments avec des besoins, des qualités, des moyens, des approches qui lui sont propres ;
— La richesse d'une collectivité réside dans la multiplicité des diversités et dans l'unicité des individus qui la composent ;
— La personne est plus que la somme de ses constituantes physiques, psychologiques, intellectuelles, sociales et spirituelles ;
— L'enfant est une personne engagée dans un développement ; cette croissance est orientée par son milieu et tend à être harmonieuse ;
— La maturité est le résultat d'un processus qui s'étale dans le temps et qui est toujours perfectible ;
— L'être humain jouit d'une tendance innée à connaître, à apprendre et à comprendre ;
— L'enfant a un dynamisme interne qui le pousse à chercher ce dont il a besoin ;
— L'enfant a besoin d'être nourri et stimulé ; il a besoin d'aide, de support et d'exemples ;
— L'enfant de quatre et cinq ans est capable de gestes autonomes ; il est le premier agent de son développement ;

— La connaissance est plus que l'acquisition de connaissances : elle est le résultat d'une interaction active et intégrée de l'individu et de l'environnement ;

— Chaque enfant a droit à ses expériences : réinventer le monde est une nécessité de croissance ;

— Les différentes dimensions de la personne sont en relation dynamique ;

— Le développement de la personne n'est pas nécessairement assuré par des interventions *hermétiques* sur chacun des éléments de l'être humain ;

— La personne a besoin, pour mieux se réaliser, d'une qualité et d'un mode de vie satisfaisants ;

— Les parents sont les premiers éducateurs de leurs enfants ; la connaissance qu'ils ont de leurs enfants est un complément essentiel à l'agir en milieu scolaire ;

— L'enfant est un être essentiellement social ;

— L'enfant est essentiellement ludique ; le jeu est un mode d'apprentissage privilégié ;

— Enfin, à la maternelle, « il ne s'agit pas d'une préparation immédiate à la première année du primaire, mais bien d'un cheminement précédant des apprentissages formels ».

Toujours pertinentes, ces valeurs ont été reprises dans les programmes actuels.

6.2 LES COMPORTEMENTS OBSERVABLES DE L'ENFANT D'ÂGE PRÉSCOLAIRE

Le tableau 6.1 (p. 120-124) énumère les comportements observables chez l'enfant d'âge préscolaire, soit l'enfant de quatre, cinq et six ans, en relation avec les trois objectifs généraux du *Programme d'éducation préscolaire* (Ministère de l'Éducation du Québec, 1981b), objectifs qui concernent :

1) la connaissance de soi ;

2) les relations avec les autres ;

3) l'interaction avec l'environnement.

Dans le programme qu'il publiait en 1997, le MEQ reprenait ces objectifs, en y ajoutant, dans la première catégorie, « apprendre à s'estimer ». Le programme approuvé de 2001 s'articule autour des mêmes dimensions, ce dont témoignent les « attentes à la fin du préscolaire ».

TABLEAU 6.1 Comportements observables de l'enfant d'âge préscolaire

	Comportements observables		
1. Connaissance de soi	**4 ans**	**5 ans**	**6 ans**
1.1 Découverte de son corps, de ses perceptions, de ses sentiments, de ses pensées			
a) Distingue les principales parties de son corps	• Dessine un bonhomme de façon incomplète • Nomme et montre les principales parties du corps	• Dessine un bonhomme de façon plus précise • Nomme et montre les parties du corps sur soi, sur une autre personne ou sur une image	• Dessine des personnages avec des vêtements • Désigne la droite et la gauche sur soi
b) Distingue les propriétés et les limites de son corps	• Se distingue parmi les autres • Expérimente les usages des différentes parties de son corps (main = toucher ; pied = marcher...)	• Nomme les particularités qui le distinguent des autres • Détend différentes parties de son corps sur demande (bras, jambes...)	• Utilise les particularités (forces et faiblesses) qui le distinguent des autres
c) Détermine ses goûts	• Établit ses goûts en expérimentant (l'odorat, le goûter, le toucher, l'audition, la vision)	• Distingue ses goûts et fait des choix	• Discute de ses goûts en relation avec ceux des autres
d) Reconnaît ses besoins	• Demande de l'aide lors d'une activité	• Choisit le matériel requis pour réaliser une activité • Prend ou demande ce matériel	• Propose des activités et les réalise
1.2 Habileté à répondre à ses propres besoins			
a) Détermine ses ressources	• Nomme des habiletés qu'il possède ou voudrait posséder	• Reconnaît et nomme certaines de ses habiletés	• Démontre ses habiletés

Comportements observables			
	4 ans	**5 ans**	**6 ans**
b) Exprime ce qu'il ressent et ce qu'il veut	• Exprime spontanément ses sentiments • Donne son opinion sur ses expériences	• Utilise différents mécanismes pour exprimer ses sentiments • Donne son opinion sur différents sujets	• Exprime ses sentiments et en cherche occasionnellement la cause • Manifeste de la sympathie
c) Exerce ses capacités personnelles	• Utilise souvent le « je »	• Utilise le « je » • Distingue le « je » et le « tu »	• Maîtrise mieux l'emploi des pronoms
	• S'habille et se déshabille seul (a besoin d'aide pour les boutons et les boucles)	• Choisit ses vêtements pour l'intérieur	• Choisit ses vêtements selon la température et les activités
	• Attache ses lacets (nœuds)	• Attache ses lacets (boucles) • Attache un vêtement muni d'une fermeture à glissière	• Noue les cordons d'un capuchon puis fait une boucle
	• Monte un escalier en respectant le mouvement alternatif des pieds	• Monte et descend un escalier en respectant le mouvement alternatif des pieds	
	• Emploie les ustensiles appropriés	• Se sert sans aide des aliments placés sur la table • Aide à dresser et à desservir la table	• Prépare sa collation • Se sert un bol de céréales
	• Tient correctement le crayon (entre le pouce et l'index)	• Se sert d'un taille-crayon	• Colorie en respectant les contours
	• Exécute des dessins représentant des choses familières	• Exécute des dessins représentant des choses simples	• Exécute des dessins plus complexes
	• Découpe en se servant de ciseaux	• Découpe en suivant différentes lignes et différentes formes	• Découpe des illustrations
	• Attrape un ballon	• Fait rebondir un ballon et l'attrape	• Fait rebondir une balle et l'attrape • Fait rebondir un ballon en marchant

→

TABLEAU 6.1 Comportements observables de l'enfant d'âge préscolaire (*suite*)

	Comportements observables		
	4 ans	**5 ans**	**6 ans**
	• Pédale et contrôle la bicyclette avec roues d'appoint	• Se promène à bicyclette sans roues d'appoint	• Maîtrise sa bicyclette
	• Reconnaît et évite les substances dangereuses	• Avertit s'il y a des situations dangereuses	• Effectue les choix qui s'imposent dans des situations dangereuses
	• Dit les prénoms et les noms de ses parents et de ses frères et sœurs	• Connaît son adresse et son numéro de téléphone	
2. Relations avec les autres	**4 ans**	**5 ans**	**6 ans**
2.1 Éveil aux réalités sociales et culturelles			
a) Observe les caractéristiques des individus	• Reconnaît certains indices physiques (grandeur, grosseur, sexe…)	• Reconnaît certains indices émotifs (la joie, la tristesse…)	
b) Compare les caractéristiques des autres avec les siennes	• Développe des attitudes envers son sexe et l'autre sexe	• Observe et imite les adultes dans leurs rôles	
	• Reconnaît la présence d'enfants du même sexe ou de sexe opposé	• Se regroupe avec des enfants du même sexe	• Recherche les enfants du même sexe
	• S'intéresse aux liens familiaux	• Compare ce qu'il vit dans sa famille avec ce qu'il vit à l'école	• Élargit sa vision de la famille jusqu'aux groupes communautaires (école, paroisse, etc.)
2.2 Habileté à entrer en relation avec les autres			
a) Apprend à respecter les règles du groupe	• Reconnaît sa place parmi les autres	• Prend sa place dans le groupe	• Reconnaît et accepte la place des autres dans le groupe

	Comportements observables		
	4 ans	**5 ans**	**6 ans**
	• Partage une activité ou un jeu (jeu parallèle) avec un ou deux enfants de son âge • Respecte les règles de jeux collectifs dirigés par des adultes ou par des enfants plus âgés • Avec l'aide de l'adulte, essaie de trouver des solutions à certains conflits • Accepte d'attendre son tour	• Organise des jeux avec d'autres enfants • Respecte les règles de jeux collectifs dirigés par des enfants de son âge • Avec l'aide de l'adulte, trouve une solution à un conflit • Demande la parole	• Explique les règles du jeu à d'autres enfants • Accepte de se tromper dans un jeu • Accepte les erreurs des autres • Trouve une solution à un conflit ou accepte de faire des compromis • Écoute les autres en attendant son tour
b) Est capable de collaboration	• Range le matériel utilisé avec soutien verbal • Partage ses jouets s'il y voit des avantages (gratifications…) • Manifeste de la timidité dans ses rapports avec les personnes qu'il ne fréquente pas régulièrement	• Range le matériel utilisé à la suite d'une consigne • Partage ses jouets sous forme d'échanges ou de prêts • Demande une courte période d'adaptation dans ses rapports avec les personnes qu'il ne fréquente pas régulièrement	• Prend et partage des responsabilités • Partage ses jouets après une sélection d'enfants (sic) • Collabore dans ses rapports avec les personnes qu'il ne fréquente pas régulièrement
3. Interaction avec l'environnement	**4 ans**	**5 ans**	**6 ans**
3.1 Appropriation des renseignements significatifs			
a) Reconnaît des ressemblances et des différences	• Reproduit des bruits familiers • Reconnaît les usages des objets familiers	• Reconnaît et nomme différents bruits • Reconnaît les usages de différents objets	• Établit des relations entre les objets

→

TABLEAU 6.1 Comportements observables de l'enfant d'âge préscolaire (*suite*)

Comportements observables			
	4 ans	**5 ans**	**6 ans**
	• Classe différents objets	• Classe différents objets selon une ou plusieurs propriétés	• Détermine les propriétés qui lui permettent de classer différents objets
b) Utilise ses sens pour explorer ce qui l'entoure	• Connaît le nom et l'utilité des parties de son corps reliées aux sens	• Reconnaît l'utilité des sens	• Établit des relations avec l'utilisation de ses sens
c) Exprime des renseignements significatifs	• Raconte une histoire simple • Reconnaît et nomme de 5 à 10 couleurs	• Invente une histoire à partir d'images • Reconnaît et nomme de 10 à 12 couleurs	• Invente une histoire réaliste ou farfelue • Agence les couleurs
3.2 Habileté à entrer en relation avec les autres			
a) Ordonne son action en fonction de l'information	• Réalise une activité planifiée par l'adulte • Utilise correctement certains termes relatifs à l'espace (sur, sous, en bas) • S'interroge sur les soins à donner à une plante ou à un animal	• Planifie et réalise une activité • Utilise correctement certains termes relatifs au concept de temps (hier, aujourd'hui, demain) • Précise à quel moment de la journée certaines activités ont lieu • Participe aux soins à donner à une plante ou à un animal	• Exécute une activité sans surveillance constante • Prépare ce dont il a besoin pour une activité spécifique en fonction de l'horaire

Source : Ce tableau a été préparé par un comité composé de représentants de la Direction régionale du ministère de l'Éducation (région Bas-Saint-Laurent–Gaspésie, Îles-de-la-Madeleine) et des commissions scolaires : La Neigette, Vallée-de-la-Matapédia, de Grande-Hermine, de Rivière-du-Loup, de Témiscouata et de La Pocatière.

6.3 LES CARACTÉRISTIQUES DE L'ENFANT DE CINQ ANS

Généralement, avant cinq ans, l'enfant tend naturellement à aller d'une activité à une autre pour répondre à des besoins multiples plutôt qu'à maintenir son attention sur une activité précise. Il explore globalement les objets avant de découvrir leurs propriétés. Ainsi, il *manipule* les formes avant de comprendre leur unicité et leurs propriétés particulières. Par exemple, il touche un cube *quelconque* avant de le sentir *carré* et de l'utiliser comme tel.

L'enfant de la maternelle, quant à lui, utilise le matériel simple de manière appropriée. Mais encore faut-il que, à la maison ou à la garderie, on lui ait donné la possibilité de toucher et de manipuler ce matériel. Il peut reconnaître et identifier les figures simples comme le cercle, le carré, le triangle et le rectangle. Il éprouve parfois de la difficulté à différencier le tout des parties. Il fait appel à la pensée globale plutôt qu'à la pensée analytique. Cependant, peu à peu, l'enfant réussit à juxtaposer les éléments non reliés logiquement entre eux. Autre caractéristique, même s'il peut comparer deux objets entre eux, le concept de hiérarchie demeure très complexe pour lui.

Comme toute exploration entraîne une certaine évolution, l'enfant, par son agir, devient de plus en plus capable de se dissocier de l'*ici* et du *maintenant*. Il finit par se représenter mentalement des objets sans nécessairement devoir les manipuler. Dès lors, l'univers des non-objets, le monde abstrait, commence à exister pour lui. Par exemple, la couleur verte s'affirme directement, tandis que le « pas vert » doit être imaginé.

En principe, l'enfant de cinq ans, très concret, se situe dans une phase intuitive. Sans vouloir reprendre le discours « maturationnel », disons simplement que « cette étape est curieusement habitée de certitudes que l'enfant est incapable d'expliciter » (Brief, 1995, p. 78). De son point de vue, aucune justification n'est requise. Il ne vit que dans l'actuel, ce qui oblige l'éducatrice à recourir à des moyens concrets pour le faire apprendre, surtout en ce qui a trait à la compréhension des concepts de temps et d'espace, ainsi qu'à la façon générale d'aborder la réalité. On trouvera dans le tableau 6.2 diverses situations liées à la compréhension de ces concepts et des moyens pour faciliter l'apprentissage.

TABLEAU 6.2 Moyens concrets pour favoriser la compréhension des concepts de temps et d'espace chez l'enfant de la maternelle

Situation	Moyen
1. L'enfant a de la difficulté à reconstituer l'ordre des événements (notions d'hier, d'aujourd'hui et de demain).	1. Expliquer le calendrier en décomposant la semaine en jours et indiquer une activité qui a eu lieu hier, qui a lieu aujourd'hui et qui aura lieu demain.
2. L'enfant ne comprend pas la notion de durée ou d'intervalle de temps.	2. Utiliser un sablier pour faire comprendre la durée d'une activité et une horloge pour situer les différentes activités d'une journée.
3. L'enfant a de la difficulté à se rappeler une suite de consignes.	3. En détut d'année, annoncer *une* activité à la fois (p. ex., « Vous pouvez faire de la peinture »). Un peu plus tard dans l'année, on pourra annoncer *deux* activités à la fois (p. ex., « ... *ensuite,* vous pourrez aller prendre un jeu de table »). Et, progressivement, on pourra annoncer plusieurs activités pour donner une vue d'ensemble des activités de la journée. *Ou* Utiliser les cartes séquentielles illustrant chacune un événement appartenant à une suite (p. ex., les cartes sur les étapes de la fabrication d'un bonhomme de neige).
4. L'enfant a de la difficulté à raconter une histoire selon son déroulement logique ; il est porté à en anticiper la fin.	4. D'abord demander à l'enfant de dessiner son histoire sur une feuille. Dans un deuxième temps, lui demander de décomposer son histoire en étapes à raison d'une page par étape. Finalement, la juxtaposition logique des séquences de l'histoire aboutit à la réalisation d'un livre que l'on pourra déposer au coin lecture.
5. L'enfant confond l'âge avec la grandeur des individus.	5. Vis-à-vis du nom de chaque enfant de la classe, inscrire la date de naissance de l'enfant et indiquer sa grandeur. Identifier l'enfant le plus âgé et l'enfant le plus grand de manière à démontrer qu'être plus âgé ne signifie pas forcément être le plus grand.
6. L'enfant est égocentrique.	6. Amener l'enfant à reconnaître le fait qu'il existe d'autres points de vue que les siens et qu'ils sont tout aussi valables (p. ex., jeu préféré par chaque enfant).
7. L'enfant a de la difficulté à se représenter les choses.	7. Lui faire anticiper les résultats d'une expérience avant de l'expérimenter.

RÉSUMÉ

Dans ce chapitre, nous avons vu que l'enfant de la maternelle pouvait être perçu de façon différente par son éducatrice. Ainsi, l'enfant est perçu comme un *bébé* dont il faut prendre soin, comme un *enfant* qui profite de sa liberté pour répondre à son besoin d'agir, comme un *écolier* qui est capable d'assumer des responsabilités dans sa classe ou, enfin, comme un *élève* qui peut réaliser des exercices d'apprentissage en lecture, en écriture et en calcul.

Par la suite, nous avons passé en revue les valeurs associées à l'enfant qui sous-tendent le *Programme d'éducation préscolaire* du ministère de l'Éducation du Québec (1981b). Ces valeurs témoignent du fait que l'on considère l'enfant comme une personne digne de respect et comme premier agent de son développement.

Nous avons aussi accordé beaucoup d'importance à la gamme de comportements observables chez l'enfant de quatre, cinq et six ans. Cette rencension de comportements nous a permis de voir comment l'enfant progresse dans sa connaissance de lui-même, dans ses relations avec les autres et dans ses interrelations avec l'environnement.

Enfin, nous avons présenté les caractéristiques de l'enfant de cinq ans, notamment en ce qui concerne sa compréhension des concepts de temps et d'espace.

QUESTIONS

1. Indiquez en quoi la représentation de l'enfant peut influencer les interventions et les stratégies de l'éducatrice de maternelle ?
2. Expliquez en vos mots trois des valeurs qui sous-tendent le *Programme d'éducation préscolaire* du MEQ (1981b).
3. Décrivez les principales caractéristiques de l'enfant de cinq ans.

MISE EN SITUATION

Claude à la maternelle

Claude est un enfant qui bouge sans arrêt dans la classe.

Pistes d'exploration

— Que signifie pour vous « bouger » ?

— Qu'est-ce qu'un enfant de cinq ans ?

— Est-il important de laisser Claude s'activer à la maternelle et pourquoi ?

— Que ferez-vous pour amener Claude à s'asseoir calmement et à écouter les consignes ?

— Quelles stratégies et interventions adopterez-vous pour aider Claude à prendre part aux activités que vous avez prévues ?

Présentation

Vous avez à présenter votre façon de concevoir le besoin de bouger de l'enfant de la maternelle et à expliquer de quelle manière vous amènerez Claude à participer aux activités que vous avez planifiées. Les moyens que vous pouvez utiliser sont le jeu de rôle, la conférence, le conte ou tout autre moyen qui vous semble pertinent.

LECTURES SUGGÉRÉES

BAULU-MACWILLIE, M., et SAMSON, R. (1990). *Apprendre... c'est un beau jeu,* Montréal, Éditions de la Chenelière.

DUCKWORTH, É. (1972). *Avoir des idées merveilleuses,* trad. par L. Lamartine et O. Bonnard, Genève, École de psychologie et des sciences de l'éducation.

HENDRICK, J. (1993). *L'enfant, une approche globale pour son développement,* trad. par C. Fontaine, Québec, Presses de l'Université du Québec.

MINISTÈRE DE L'ÉDUCATION DU QUÉBEC (2001). *Programme de formation de l'école québécoise,* Québec, MEQ.

PIAGET, J. (1936). *La naissance de l'intelligence chez l'enfant,* Neuchâtel, Delachaux et Niestlé.

Chapitre 7

Le programme d'éducation préscolaire et le jeu

OBJECTIFS

Au terme de ce chapitre, le lecteur devrait pouvoir :

- définir le concept de compétence transversale ;
- nommer et expliquer les six compétences auxquelles s'attache le programme d'éducation préscolaire ;
- expliquer pourquoi le jeu est vital en maternelle.

INTRODUCTION

Il existe diverses façons de concevoir l'apprentissage. En fait, dans le milieu scolaire, l'apprentissage obéit la plupart du temps à un ensemble d'objectifs organisés selon un ordre donné et en relation avec des périodes déterminées dans l'année. Mais comment l'enfant apprend-il à la maternelle si l'on considère que les programmes ont de tout temps mis l'accent sur l'approche développementale plutôt que sur l'apprentissage formel ?

C'est à cette question que s'attache le présent chapitre. Nous verrons, dans un premier temps, ce que signifie apprendre en maternelle et la façon dont cela se réalise dans le cadre du programme d'éducation préscolaire. Nous examinerons ensuite les objectifs du programme, en l'occurrence les compétences que doit acquérir l'enfant au fil de ses apprentissages. Nous traiterons enfin de la place du jeu dans l'éducation préscolaire et de son rôle dans la démarche d'autonomisation.

7.1 L'APPRENTISSAGE

Legendre (1993, p. 67) définit ainsi l'apprentissage :

> Acte de perception, d'interaction et d'intégration d'un objet par un sujet. Acquisition de connaissances et développement d'habiletés, d'attitudes et de valeurs qui s'ajoutent à la structure cognitive d'une personne.

L'apprentissage ne se produit pas tout d'un coup et une fois pour toutes et, chez le jeune enfant, le jeu est indissociable de l'apprentissage. Les prises de conscience idiosyncrasiques de plus en plus claires des relations entre les expériences variées permettent à l'enfant de faire des rapprochements, de construire, de déduire, de projeter, etc. Ce qui importe, c'est de proposer aux enfants des activités diverses pour favoriser des prises de conscience multiples et variées. Le programme d'éducation préscolaire (Ministère de l'Éducation du Québec, 2001) qui s'articule autour du développement de compétences déterminées, ouvre la voie à des connaissances provenant de sources variées et de nature transdisciplinaire.

Le programme d'éducation préscolaire confie à la maternelle trois missions :

> faire de la maternelle un rite de passage qui donne le goût de l'école ; favoriser le développement global de l'enfant en le motivant à exploiter l'ensemble de ses potentialités ; et jeter les bases

de la scolarisation, notamment sur le plan social et cognitif, qui l'inciteront à continuer à apprendre tout au long de sa vie (Ministère de l'Éducation du Québec, 2001, p. 52).

Ainsi, l'enfant de quatre ou cinq ans sera amené à « développer des compétences d'ordre psychomoteur, affectif, social, langagier, cognitif et méthodologique relatives à la connaissance de soi, à la vie en société et à la communication » (Ministère de l'Éducation du Québec, 2001, p. 52). En d'autres mots, le programme vise le développement de la personnalité de l'enfant.

7.2 LES COMPÉTENCES TRANSVERSALES ET LEURS COMPOSANTES

Le *Programme d'éducation préscolaire* de 1981 mettait l'accent sur l'atteinte d'*objectifs*, généraux, intermédiaires et terminaux, tandis que le *Programme de formation de l'école québécoise* dont fait partie le programme d'éducation préscolaire (chap. 4), adopte l'expression *compétences transversales,* que le ministère de l'Éducation du Québec (MEQ) [2001, p. 4] définit de la façon suivante :

> [...] **un savoir-agir fondé sur la mobilisation et l'utilisation efficaces d'un ensemble de ressources**.
>
> Par *savoir-agir,* on entend la capacité de recourir de manière appropriée à une diversité de ressources tant internes qu'externes, notamment aux acquis réalisés en contexte scolaire et à ceux qui sont issus de la vie courante [...].
>
> La notion de *ressources* réfère non seulement à l'ensemble des acquis scolaires de l'élève, mais aussi à ses expériences, à ses habiletés, à ses intérêts [...].
>
> Enfin, les idées de *mobilisation* et d'*utilisation efficaces* suggèrent que le savoir-agir propre à la compétence dépasse le niveau du réflexe ou de l'automatisme. Ce savoir-agir suppose, dans la poursuite d'un objectif clairement identifié, une appropriation et une utilisation intentionnelles de contenus notionnels et d'habiletés tant intellectuelles que sociales. [...]

Le MEQ (2001, p. 7) précise par ailleurs que :

> Le Programme de formation reconnaît la nécessité de développer, chez tous les élèves, des compétences intellectuelles, méthodologiques, personnelles et sociales ainsi que la capacité à communiquer.
>
> Ces compétences sont dites transversales en raison de leur caractère générique et du fait qu'elles se déploient à travers les divers domaines d'apprentissage.

Le programme d'éducation préscolaire est « structuré autour de compétences définies en fonction du développement global de l'enfant » (*ibid.*). En fait, cette vision développementale a toujours été au centre des programmes d'éducation préscolaire. Le changement majeur qui s'opère actuellement est dû au fait que, dorénavant, ce programme fait maintenant partie intégrante du *Programme de formation de l'école québécoise*. Il n'est plus un document tiré à part, mais il s'insère dans le programme de formation comme premier échelon du système scolaire. Un de ses objectifs est de créer des liens avec la première année.

Selon Perrenoud (2000), ce changement aura un effet bénéfique sur la maternelle. En effet, étant donné que le programme est destiné à l'ensemble des enfants de la maternelle et aux élèves du primaire, il y voit une démarche intéressante qui favorisera l'intégration de la maternelle dans le système éducatif.

Le programme d'éducation préscolaire (Ministère de l'Éducation du Québec, 2001, p. 53) vise le développement de six compétences associées au processus de développement global de l'enfant (voir la figure 7.1, p. 133) :

1. Agir avec efficacité dans différents contextes sur le plan sensoriel et moteur ;
2. Affirmer sa personnalité ;
3. Interagir de façon harmonieuse avec les autres ;
4. Communiquer en utilisant les ressources de la langue ;
5. Construire sa compréhension du monde ;
6. Mener à terme une activité ou un projet.

7.2.1 Agir avec efficacité dans différents contextes sur le plan sensoriel et moteur

Selon le MEQ (2001, p. 54) :

> Cette compétence contribue au *développement psychomoteur*. Par les jeux d'action et la pratique quotidienne d'activités physiques, l'enfant développe ses sens et ses habiletés de motricité globale et de motricité fine. Il bouge, explore l'espace qui l'entoure et manipule divers objets. Il découvre les diverses réactions et possibilités de son corps…

Graduellement, l'enfant a plus confiance dans ses possibilités corporelles ; il raffine ses mouvements, adapte sa gestuelle, adopte des postures appropriées et utilise des outils et du matériel adéquatement. Finalement, il se pose comme individu ayant des caractéristiques particulières et possédant un corps individuel.

FIGURE 7.1 Les visées de l'éducation préscolaire

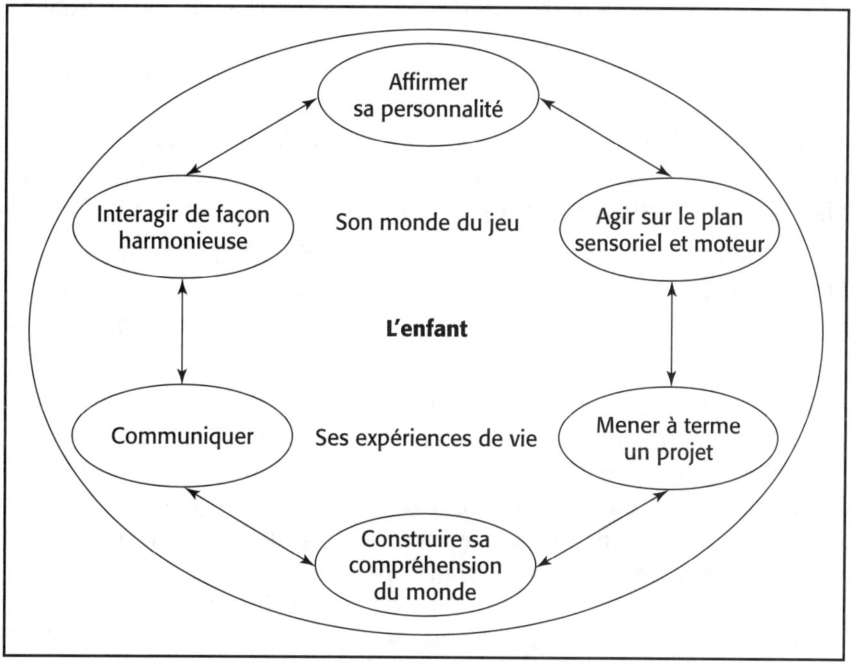

En acceptant l'enfant dans sa globalité, on accepte du même coup sa vie active. Cette vie active, si elle est bien comprise par l'entourage, devrait aider l'enfant à surmonter le stress et les difficultés d'adaptation aux diverses situations. L'éducatrice doit donc démontrer une attitude positive face au besoin de bouger de l'enfant, qui peut parfois déranger, mais dont la satisfaction n'en demeure pas moins essentielle à son développement. Privilégier les jeux actifs et les exercices physiques encourage l'enfant à dépenser son *trop-plein d'énergie*. Cela crée un contexte propice aux relations interpersonnelles, ce qui favorise le développement des aptitudes sur le plan social. Toutefois, dans la perspective de son entrée prochaine en première année, l'enseignante ne doit pas perdre de vue la nécessité de développer, chez l'enfant, une plus grande capacité de concentration et de lui faire acquérir une meilleure discipline.

7.2.2 Affirmer sa personnalité

Au fur et à mesure que l'enfant agit, il s'approprie son corps. Ce corps qui, au départ, n'était qu'un organisme, donc un corps *quelconque* si l'on peut dire, est devenu sien parce qu'il a appris à le connaître, à le sentir et à l'utiliser, avec tout ce que cela comporte sur les plans physique, socio-affectif, cognitif et psychomoteur.

Le *Programme d'éducation préscolaire* (Ministère de l'Éducation du Québec, 1981b, p. 15) affirme que la connaissance de soi s'actualise quand « l'enfant arrive à reconnaître ce qui lui appartient en propre, ce qui lui arrive (sentiments), ce qu'il veut (besoins) et qu'il en vient à prendre les décisions conséquentes ». Cette progression vers la découverte de soi se fait autour de la reconnaissance de ses goûts, de ses intérêts, de ses sentiments, de ses émotions et de ses capacités. Tout cela le distingue réellement des autres, le rend unique, singulier et particulier.

En ce sens, le programme d'éducation préscolaire (Ministère de l'Éducation du Québec, 2001, p. 56) associe la compétence « affirmer sa personnalité » au « *développement affectif* de l'enfant par la construction de l'estime de soi ».

Pour que l'enfant s'affirme comme individu distinct ayant une personnalité propre, encore faut-il qu'il se sente bien dans sa peau. À cet égard, les personnes de l'entourage jouent un rôle crucial auprès de l'enfant en ce qui concerne sa sécurité physique, matérielle et affective, pour l'amener pas à pas à une autonomie intégrale. Celle-ci l'aidera à se propulser vers l'avant, à agir d'abord, peu importent les résultats ; cela lui donnera l'estime de soi et la confiance nécessaires pour entreprendre de nouvelles actions. Toutes ces initiatives permettent ainsi à l'enfant d'explorer, d'imiter, de recommencer, de se tromper, toujours avec le sentiment qu'on l'accepte pour ce qu'il est, avec ses forces et ses faiblesses.

Tout s'enchaîne. Si l'enfant évolue dans un milieu où il se sent en sécurité, aimé, respecté et accepté, il est probable qu'il réussira à surmonter les épreuves, à vaincre les difficultés et à se développer sans trop de problèmes. Ayant confiance en lui, et stimulé par un milieu motivant, l'enfant sera porté à s'exprimer, à tenter de nouvelles expériences, à aller vers les autres, à prendre des responsabilités. Sa stabilité affective lui permettra de s'attacher aux adultes, de communiquer avec les autres et de se poser comme personne ayant des idées à débattre et à défendre, tout en étant capable d'accepter les imprévus. Il pourra gérer la controverse et les conflits sans nécessairement user de comportements agressifs.

Cette compétence est étroitement reliée aux compétences d'ordre personnel et social, plus particulièrement à la compétence « structurer son identité » (Ministère de l'Éducation du Québec, 2001, p. 56).

7.2.3 Interagir de façon harmonieuse avec les autres

Établir des relations avec les autres ne se fait pas du jour au lendemain et déborde le cadre de l'école. Comme l'enfant de cinq ans a souvent déjà parcouru un bon bout de chemin lorsqu'il commence la maternelle, on pourrait penser qu'il a franchi l'étape de sa reconnaissance comme entité distincte et indépendante des autres et qu'il est capable d'établir des relations avec les adultes et les pairs de son nouveau milieu. Mais il ne faut pas se faire d'illusions. Dans une perspective développementale, le vécu individuel en témoigne, les enfants ne se situent pas tous au même point. En principe, plus l'enfant aura entrepris d'actions, plus il devrait être avancé dans le processus de socialisation. Ainsi, « progressivement, il concilie ses intérêts et ses goûts avec ceux d'autrui et il apprend à régler des conflits dans un esprit de respect mutuel et de justice. Il s'identifie à son milieu culturel, s'intéresse aux autres et s'ouvre à de nouvelles réalités [...] Cette compétence est associée au *développement social* de l'enfant. » (Ministère de l'Éducation du Québec, 2001, p. 58.)

7.2.4 Communiquer en utilisant les ressources de la langue

Même si les enfants possèdent au départ des capacités linguistiques semblables, les conditions de vie influencent le *développement langagier*. Entre autres, dans les groupes défavorisés, le langage servirait davantage à faire comprendre en vue d'une action immédiate plutôt qu'à expliquer, à réfléchir et à analyser. En fait, on chercherait à nommer les choses ou les actions brièvement, afin de répondre aux besoins du moment et de faciliter une compréhension immédiate, rapide et concrète. Or, cette façon d'utiliser la langue dans sa plus simple expression a des répercussions au-delà du seul développement langagier de l'enfant.

En effet, il ne faut pas oublier qu'apprendre à parler est un geste social et constitue en soi une manière privilégiée de s'intégrer à un groupe. En principe, plus l'enfant parle et s'exprime, plus la qualité des conversations augmente. Ainsi, il finira probablement par dépasser le moment présent, l'expérience personnelle et la réalité et toucher au monde de l'imaginaire. Alors, les compétences à transmettre à l'enfant seront de l'ordre de la pensée, de l'analyse, de la résolution de problèmes, de la prévision, de l'anticipation, de l'imagination et du raisonnement.

Le programme d'éducation préscolaire souligne que :

> Le langage est un outil important de son [à l'enfant] développement cognitif, un moyen nécessaire à sa socialisation et à sa connaissance du monde. Placé dans un environnement riche et stimulant, l'enfant développe, à l'oral et à l'écrit, des habiletés de communication qui lui permettent d'affirmer sa personnalité, d'entrer en relation avec les autres, de construire sa compréhension du monde et de mener à terme une activité ou un projet. (Ministère de l'Éducation du Québec, 2001, p. 60.)

7.2.5 Construire sa compréhension du monde

Construire sa compréhension du monde passe d'abord par l'affectif, c'est-à-dire par les émotions, les sensations et les perceptions, bref tout ce qui constitue l'être dans sa globalité. Lorsque l'enfant commence à explorer son corps par ses divers mouvements, il devient capable de mieux en saisir les fonctions. Par cet agir, il avance graduellement vers des modes d'organisation de plus en plus complexes, ses gestes devenant plus appropriés et cohérents. En outre, le contact sensoriel avec l'objet combiné à la motricité entraîne des réactions qui, à leur tour, sont à l'origine d'une prise de conscience des dimensions corporelles de mieux en mieux ressenties.

La meilleure façon pour l'enfant de construire sa compréhension du monde consiste dans le jeu. À la maternelle, nous retenons plus particulièrement le jeu symbolique ou de *faire semblant*. En tant que moyen privilégié d'appropriation de son corps, ce type de jeu signifie essentiellement que les objets possédés ou connus servent de symboles pour représenter les objets absents. Les enfants font *comme si* l'objet était en leur possession, ce qui les aide à s'insérer dans un rôle qu'ils créent au fur et à mesure de leur cheminement dans l'action. De ce point de vue, le jeu symbolique et le langage sont intimement liés. Nous reviendrons sur la question du développement par le jeu dans la dernière section.

Comme le mentionne le programme d'éducation préscolaire :

> Cette compétence [construire sa compréhension du monde] est étroitement associée au *développement cognitif* de l'enfant. Par ses actions et ses interactions, l'enfant développe des stratégies et acquiert des connaissances. Il se familiarise avec les différents domaines d'apprentissage et entre en relation avec le monde qui l'entoure pour le découvrir, le comprendre et s'y adapter. (Ministère de l'Éducation du Québec, 2001, p. 62.)

7.2.6 Mener à terme une activité ou un projet

L'enfant pourra s'investir dans un projet si les conditions suivantes sont satisfaites :

— connaître le fonctionnement de son corps (motricité) et de ses parties (reconnaissance individuelle), en connaître les limites ;

— se reconnaître comme un être ayant des affinités (affectivité) et des aptitudes particulières (cognition) ;

— avoir exploré différents objets (essais et erreurs) et évolué dans des environnements diversifiés (adaptation) ;

— respecter des règles de vie commune (discipline) ;
— se référer à des activités déjà réalisées ou encore à son expérience passée ;
— communiquer avec l'adulte et les pairs pour demander des informations, mais aussi pour informer les autres ;
— accepter les idées des autres et se situer par rapport à eux ;
— partager des tâches et des rôles et les assumer jusqu'au bout ;
— prendre des décisions et des responsabilités par rapport à un groupe ;
— coopérer dans une vision commune.

Morin et Brief (1995) soulignent que c'est le développement de l'enfant qui doit influencer le choix de l'inscrire ou non dans un projet. En effet, faute parfois d'exploration et d'investigation, tous ne sont pas prêts à entreprendre une telle démarche, que les auteurs décrivent ainsi :

> La démarche pour élaborer un projet consiste à entamer une réflexion préalable, à définir les objectifs à atteindre dans un laps de temps déterminé, à organiser les actions, à considérer l'environnement et à permettre le plus d'interactions possible en vue d'enrichir le projet concerné. Par le projet, l'enfant élargit sa perspective et s'inscrit dans un engagement envers lui-même et les autres, tout en se projetant vers l'avenir. (Morin et Brief, 1995, p. 148.)

Selon ces auteurs, avant d'engager l'enfant dans un projet, il faut d'abord l'avoir observé afin de s'assurer qu'il est réellement en mesure de se lancer dans une telle entreprise :

> Il est donc préférable, pour ceux qui ont peu exploré les objets, de leur permettre de jouer afin de les amener graduellement à travailler dans un atelier ou dans un projet. En favorisant le jeu libre, on permet à l'enfant d'être réactif et d'aller d'un jeu à l'autre, pour l'amener petit à petit à travailler seul dans une activité donnée ; ensuite, avec les autres et, finalement, parmi les autres en se joignant au projet réfléchi. (Morin et Brief, 1995, p. 149.)

Le programme d'éducation préscolaire explique :

> Cette compétence [mener à terme une activité ou un projet] se rattache au *développement de méthodes de travail*. Par son désir d'explorer et de comprendre le monde, l'enfant s'engage dans un projet personnel, d'équipe ou de groupe. Le projet émerge de ses champs d'intérêt, de ses jeux, de ses expériences ou de son imagination. (Ministère de l'Éducation du Québec, 2001, p. 64.)

Cette compétence touche aux univers :

— affectif, où se manifestent des réactions qui se rattachent aux sentiments et à la sensibilité ;

— psychomoteur, où s'exprime la vitalité sous la forme d'un besoin irrépressible de bouger, dont la satisfaction mène à la formation du schéma corporel et à l'utilisation des différentes parties du corps au bon moment et à bon escient ;
— cognitif, qui implique des actions plus conscientes, des comportements de mieux en mieux définis et intégrés ;
— social, qui s'exprime par des conduites de mieux en mieux organisées et en rapport les unes avec les autres ;
— esthétique, qui émane de l'appréciation et de l'estime de soi en relation avec l'environnement.

Un autre élément qu'il est important de prendre en considération concerne l'équilibre nécessaire au développement. Cet *équilibre* ne peut être atteint que dans la mesure où l'enfant peut se réaliser par des jeux ou des activités qu'il choisit. Sinon, il risque de devenir anxieux et d'éprouver un sentiment d'insécurité, et, par conséquent, de manquer de motivation pour entreprendre et mener à terme des activités plus complexes. Cette motivation pousse à aller plus loin, à prendre des décisions, à faire preuve d'initiative, à s'exprimer avec conviction et à *avoir des idées merveilleuses* (Duckworth, 1972).

7.2.7 Les composantes liées aux compétences et les critères d'évaluation

De toute évidence, si l'on considère les compétences mises en relief, on s'attend à ce que l'enfant de la maternelle fasse des apprentissages. À partir du moment où l'enfant entreprend des activités et accomplit des gestes concrets, l'éducatrice doit intervenir de manière à l'amener un peu plus loin dans son cheminement. Dans certains cas, cela pourrait vouloir dire amener l'enfant à lire, à écrire, à reconnaître les chiffres, à compter et à identifier des formes, des couleurs ou des animaux. Le tout doit se réaliser non pas de manière déconnectée de la réalité, mais en relation avec le vécu immédiat de l'enfant et sa participation personnelle dans l'action. En fait, autant à la maison qu'en classe, de nombreuses situations de la vie quotidienne incitent l'enfant à apprendre et favorisent son développement : l'habillage et le déshabillage, les repas, la sieste, etc.

De façon que l'enseignante puisse apprécier le cheminement de l'enfant, le MEQ (2001) associe aux six compétences précédemment décrites certaines composantes qui mettent en jeu des critères d'évaluation. C'est ce que présente le tableau 7.1.

TABLEAU 7.1 **Les compétences, les composantes et les critères d'évaluation**

Compétences	Composantes	Critères d'évaluation
Agir avec efficacité dans différents contextes sur le plan sensoriel et moteur	• Élargir son répertoire d'actions • Adapter ses actions aux exigences de l'environnement • Reconnaître des façons d'assurer son bien-être	• Exécution de diverses actions de motricité globale et de motricité fine • Ajustement de ses actions en fonction de l'environnement • Reconnaissance d'éléments favorisant le bien-être (santé et sécurité)
Affirmer sa personnalité	• Répondre progressivement à ses besoins physiques, cognitifs, affectifs et sociaux • Partager ses goûts, ses intérêts, ses sentiments et ses émotions • Faire preuve d'autonomie • Développer sa confiance en soi	• Utilisation de moyens appropriés pour répondre à ses besoins • Expression de ses goûts, de ses intérêts, de ses idées, de ses sentiments, de ses émotions d'une façon pertinente • Manifestation de son autonomie à travers les jeux, les activités, les projets et la vie quotidienne de la classe • Manifestations diverses de sécurité affective (se donner des défis, prendre la parole)
Interagir de façon harmonieuse avec les autres	• S'intéresser aux autres • Participer à la vie de groupe • Appliquer une démarche de résolution de conflits • Collaborer avec les autres	• Manifestation de gestes d'ouverture aux autres • Participation à la vie de groupe • Respect des règles de vie du groupe • Application de la démarche de résolution de conflits avec de l'aide • Implication personnelle avec les autres
Communiquer en utilisant les ressources de la langue	• Démontrer de l'intérêt pour la communication • Comprendre un message • Produire un message	• Intérêt pour la communication • Manifestation de compréhension du message • Production d'un message
Construire sa compréhension du monde	• Démontrer de l'intérêt et de la curiosité pour les arts, l'histoire, la géographie, la mathématique, la science et la technologie • Exercer sa pensée • Organiser l'information • Raconter ses apprentissages	• Manifestation d'intérêt, de curiosité, de désir d'apprendre • Expérimentation de différents moyens d'exercer sa pensée • Utilisation de l'information pertinente à la réalisation d'un apprentissage • Description de la démarche et des stratégies utilisées dans la réalisation d'un apprentissage →

TABLEAU 7.1 Les compétences, les composantes et les critères d'évaluation (*suite*)

Compétences	Composantes	Critères d'évaluation
Mener à terme une activité ou un projet	• S'engager dans l'activité ou le projet en faisant appel à ses ressources • Faire preuve de ténacité dans la réalisation de l'activité ou du projet • Manifester de la satisfaction à l'égard de l'activité ou du projet • Transmettre les résultats de son projet	• Engagement dans une activité ou un projet • Utilisation de ses ressources dans la réalisation d'une activité ou d'un projet • Persévérance dans l'exécution de l'activité ou du projet • Description des stratégies utilisées dans l'exécution de l'activité ou du projet • Appréciation des apprentissages faits et des difficultés éprouvées • Expression de sa satisfaction d'avoir réalisé l'activité ou le projet

Source: Ministère de l'Éducation du Québec, *Programme de formation de l'école québécoise*, Québec, MEQ, 2001, p. 54-65.

7.3 LE JEU : UN MOYEN PÉDAGOGIQUE PRIVILÉGIÉ

Pendant longtemps, les éducateurs se sont référés à l'image classique selon laquelle l'enfant s'amuse comme il respire, dort ou mange. De là à dire que jouer est une marque distinctive et même fonctionnelle de l'enfance, il n'y a qu'un pas. Peu importe où, quand, comment et pourquoi, pourvu que l'enfant soit occupé et qu'il s'adonne assidûment à un jeu, l'éducateur s'en trouve comblé, puisque c'est le propre de l'enfance. En conséquence, tous les jeux sont valables, qu'il s'agisse de jeux d'équipe, de jeux de manipulation individuelle, de dessin, de casse-tête ou encore de jeux programmés par ordinateur. Il faut cependant ne jamais perdre de vue que le jeu a un rôle cognitif et qu'il module l'affectivité. En ce sens, il moule toute la réalité construite dans l'enfance. En liant l'affectif au cognitif, le jeu devient un mode de réalisation corporelle et il contribue fortement au développement. En cela, il importe de le favoriser plus que jamais à la maternelle, puisqu'il faut *agir pour penser* avant de *penser agir*.

On peut d'ores et déjà espérer que le corps reprendra la place qu'il mérite dans les jeux. L'enfant commence à explorer le monde au moyen de son corps, par des mouvements et des touchers, avant d'en arriver à réellement prendre conscience de ce qui l'entoure. Cette façon de faire rejoint l'évolution du jeu qui, selon Piaget, passe par quatre étapes : la manipulation, la symbolisation, l'organisation et la construction (voir le tableau 7.2).

TABLEAU 7.2 L'évolution du jeu selon Piaget

Manipulation	0	***Le jeu libre*** L'enfant explore les matériaux.	Le jeu sensorimoteur, de manipulation ou d'exploration est le jeu du tout-petit. Dans ce type de jeu, l'apprentissage s'effectue par différents moyens. Le bébé apprend plus particulièrement à utiliser ses bras, ses jambes, ses mains, ses pieds et tout ce qui constitue l'appareil sensoriel. De plus, en répétant des activités de motricité globale et de motricité fine, celui-ci apprend à intégrer les gros et les petits muscles, acquérant ainsi le contrôle de son corps et de ce qu'il peut faire pour le pur plaisir de maîtriser des situations. Ce jeu de manipulation persiste jusqu'à la deuxième année de vie et permet à l'enfant de se différencier des objets extérieurs, de sortir de lui-même et de se voir d'une perspective différente.
	6 mois ⇓	***Le jeu concret*** L'enfant utilise les matériaux pour explorer des relations et se livre à différentes activités.	
	12 mois ⇓	***Le jeu d'association*** L'enfant relie des concepts à des symboles connus et peut associer des modèles, des images et des illustrations à la réalité.	On peut subdiviser le jeu de manipulation de la manière suivante : • de 0 à 3 mois, l'enfant joue avec ses propres membres : • de 3 à 6 mois, l'enfant joue avec des objets ; • de 6 à 18 mois, l'enfant imite les activités observées dans l'environnement ; • de 18 à 24 mois, l'enfant commence à explorer la fantaisie et le jeu dramatique.
Symbolisation	2 ans ⇓	***Le jeu symbolique*** L'enfant commence à comprendre et à utiliser les symboles courants pour créer. Il découvre l'utilité des matériaux et fait des liens entre les choses. L'imagination et la fantaisie commencent à apparaître.	Le jeu symbolique et dramatique se développe lorsque l'enfant commence à faire semblant et à créer des illusions. Il fait appel à ce type de jeu pour essayer de faire face aux événements et aux choses qu'il ne comprend pas ou qui l'effraient dans la vie. Le jeu dramatique émerge vers l'âge de deux ans et se développe jusqu'à son apogée vers l'âge de six ans. À ce stade, ce développement s'explique par la capacité d'encoder symboliquement les expériences à travers le langage et les images mentales. →

TABLEAU 7.2 L'évolution du jeu selon Piaget (*suite*)

Organisation	6 ans ⇓	***Le jeu organisationnel*** L'enfant planifie et structure des événements pour atteindre un but en utilisant des symboles qui lui permettent de créer et d'étendre ses expériences. Il découvre que le jeu peut comporter certaines règles et il apprend ainsi à les respecter.	Une troisième division du jeu commence vers l'âge de six ans, lorsque l'enfant se trouve en première année scolaire. Le jeu organisationnel est celui qui comporte des règles formelles. Or, à six ans, l'enfant peut saisir les concepts sociaux de coopération et de compétition. Capable de plus d'objectivité, ce dernier peut faire face aux jeux régis par des règles extérieures qui engagent une coopération à l'intérieur d'une équipe et une compétition contre une équipe rivale.
Construction	⇓	***Le jeu de construction*** L'enfant fabrique des objets mécaniques ou artistiques qui reflètent la réalité.	Les jeux de construction se développent à partir du jeu symbolique et se concrétisent par des réalisations mécaniques et des créations artistiques.

Source : M. Baulu-McWillie et R. Samson, *Apprendre... c'est un beau jeu,* Montréal, Éditions de la Chenelière, 1990, p. 22-23.

Une place importante est accordée au jeu à la maternelle. Le MEQ (1997a) le situe au cœur des apprentissages. Il est vu comme un excellent moyen de faire acquérir à l'enfant de nombreuses habiletés, de développer sa créativité, son imagination et sa communication avec les autres. Le MEQ définit quatre catégories de jeux : le jeu d'exercice, le jeu symbolique, le jeu de règles et les jeux de construction (voir le tableau 7.3).

Le jeu peut devenir une situation d'apprentissage naturelle. En plus de contribuer au développement de la personne, le jeu peut aussi favoriser l'acquisition de connaissances liées à certaines compétences. En fait, dans le monde de l'éducation, le jeu est la plupart du temps utilisé pour *faire apprendre* une notion précise à l'enfant. Par ailleurs, quand l'activité est qualifiée de ludique, elle donne à l'enfant l'occasion d'agir à sa guise, sans qu'on s'attende nécessairement à des résultats concrets de sa part. Il ne faut pas croire pour autant que l'enfant perd son temps et n'apprend pas dans ce type d'activité. Plutôt, il apprend ce qu'il veut comme il le veut et quand il le veut, naturellement, à sa manière, sans avoir de comptes à rendre à personne. Le jeu, dans cette optique, est résolument développemental.

Ainsi, le MEQ (2001, p. 52) insiste sur le fait que, « par le jeu et l'activité spontanée, l'enfant s'exprime, expérimente, construit ses con-

TABLEAU 7.3 Catégories de jeux et définitions

Catégorie	Particularités
Jeu d'exercice	Il consiste à « s'exercer » en répétant une activité. Il permet à l'enfant d'apprendre, entre autres, que le même geste entraîne la même conséquence. Exemples : sauter à la corde ou lancer une balle.
Jeu symbolique	Il permet à l'enfant, par le « faire semblant », d'exprimer la réalité telle qu'il la perçoit et la ressent, puis de faire appel à ses connaissances. Il facilite l'apprentissage du langage. Exemple : jouer à l'épicerie.
Jeu de règles comme jeu de société ou jeu d'équipe	Il exige que l'enfant se conforme à des règles et à des rôles particuliers et interdépendants. L'enfant doit se mettre à la place de l'autre pour pouvoir mieux jouer son propre rôle et connaître les stratégies de celui qui cherche à atteindre le but avant les autres. Les jeux de règles contribuent au développement de l'autonomie et de la coopération. Exemple : jeu d'association.
Jeu de construction	Il consiste dans l'assemblage de matériaux de tous formats et de toutes formes. Il permet à l'enfant d'acquérir plusieurs habiletés liées, entre autres, aux mathématiques et à la géométrie. Il favorise aussi la coopération, de même que la motricité globale et la motricité fine. Exemples : bricolage ou jeu de blocs.

Source : Ministère de l'Éducation du Québec, *Parents : des réponses à vos questions à propos du Programme d'éducation préscolaire*, Québec, MEQ, 1997, p. 6-7.

naissances, structure sa pensée et élabore sa vision du monde. Il apprend à être lui-même, à interagir avec les autres et à résoudre des problèmes ».

Morin et Brief (1995) reconnaissent que le jeu occupe une place importante dans le développement de l'enfant, particulièrement en ce qui concerne le processus d'autonomisation qui, progressivement, prend des colorations affectives, cognitives et socioculturelles. Ce processus se caractérise par quatre phases récurrentes qu'on peut associer au jeu : l'initiation, l'intégration, la réalisation et l'autonomie intégrale. Du point de vue éducationnel, chacune de ces phases appelle des stratégies particulières qui peuvent être mises en œuvre dans le milieu préscolaire et dans d'autres milieux. Le tableau 7.4 présente quelques-unes de ces stratégies, de même que les caractéristiques principales des phases de processus d'autonomisation en relation avec le jeu.

TABLEAU 7.4 Les phases d'autonomisation, le jeu, les stratégies

Phase du processus d'autonomisation associée au jeu	Caractéristiques	Stratégies
1. Initiation (jouer pour jouer)	• Contact immédiat avec l'objet • Activités décousues, sans but, tous azimuts • Agir enclenché par l'organisme	Laisser toute liberté d'action à l'enfant dans un espace assez vaste pour qu'il puisse jouer ; le surveiller pour éviter les accidents ; lui accorder de l'attention ; adopter des attitudes propres à l'inciter à l'exploration ; l'amener dans des parcs récréatifs où il pourra bouger à sa guise ; répondre à ses besoins
2. Intégration (jouer pour soi)	• Prise en considération de l'objet • Activité axée sur ses propres intérêts • Agir en fonction de son corps	Offrir plusieurs possibilités à l'enfant d'agir et de jouer dans des espaces qui se prêtent à des activités auxquelles il peut s'adonner seul ; lui faire confiance tout en observant ses comportements ; lui permettre de s'organiser seul dans les ateliers
3. Réalisation (jouer avec les autres)	• Choix de l'objet en fonction de soi et des autres • Activités réfléchies en vue de partages et de collaboration • Agir en se responsabilisant par rapport aux autres	En plus d'offrir des choix, proposer à l'enfant des jeux d'équipe dans lesquels il peut échanger et se situer par rapport aux autres ; encourager la communication et les relations avec autrui ; lui faire prendre conscience du rôle du personnel de l'école auquel il peut recourir au besoin ; l'amener à s'intégrer au groupe et à participer à des jeux collectifs
4. Autonomie intégrale (jouer en tenant compte du contexte ou de l'environnement)	• Choix de l'objet en fonction de soi, des autres et du contexte • Activité réalisée en pensant à l'ensemble des composantes en cause et à leurs effets sur l'environnement • Agir impliquant une participation qui mène à des conduites délibérées	Permettre à l'enfant de s'adonner à des jeux fondés sur la coopération en s'assumant à la fois comme être qui se connaît, comme personne consciente de son corps et comme citoyen qui comprend les répercussions de ses actions dans la société actuelle et future ; encourager les engagements et les projets axés sur les activités ludiques

L'élément majeur à retenir concernant le processus d'autonomisation est que l'autonomie n'est pas un état arrêté lié à la maturité de l'individu ; il s'agit plutôt d'un état en perpétuel devenir, se redéfinissant au gré des nouvelles activités ou situations.

RÉSUMÉ

L'approche non « scolarisante » de la maternelle à laquelle est associée une certaine liberté d'action en faveur de l'exploration et de la découverte par le jeu donne une orientation bien particulière à la notion d'apprentissage. En effet, le *Programme de formation de l'école québécoise* qui intègre le programme d'éducation préscolaire (Ministère de l'Éducation du Québec, 2001) vise le développement global de l'enfant. Pour ce faire, il propose six compétences d'ordre intellectuel, personnel, social, méthodologique et communicationnel. Chaque situation ou activité fait appel à des connaissances, à des habiletés et à des attitudes. En agissant, l'enfant découvre ses façons personnelles d'aborder la réalité, d'entrer en relation avec les autres, de découvrir l'environnement, d'élargir ses connaissances. Dans ces conditions, le jeu devient un moyen privilégié pour apprendre et développer son autonomie.

QUESTIONS

1. Nommez les six compétences visées par le programme et expliquez-les à la lumière de leurs composantes.
2. Pourquoi faut-il privilégier la pédagogie par le jeu à la maternelle ?
3. En quoi le jeu peut-il être associé à l'autonomie ?

MISE EN SITUATION

Apprentissage ou développement

Vous êtes éducatrice à la maternelle et vos collègues considèrent qu'il est préférable de planifier des exercices ponctuels pour que l'enfant apprenne à lire et à écrire. D'après vous, c'est en tâtonnant, en faisant des expériences diverses et en jouant que l'enfant va apprendre et non pas en effectuant des exercices préparés d'avance et imposés.

Pistes d'exploration

— Quelle différence faites-vous entre apprentissage et développement ?

— Comment planifierez-vous les activités en vue de respecter le développement de l'enfant de cinq ans ?

— Que répondrez-vous aux éducatrices qui diront que les enfants n'apprennent pas dans votre classe ?

— Comment expliquerez-vous à la directrice de votre école et aux parents le bien-fondé des activités que vous favorisez dans votre classe.

Présentation

Vous avez à présenter les arguments que vous invoquerez pour convaincre vos collègues sceptiques et ainsi leur montrer comment les activités que vous proposez permettent aux enfants d'apprendre. Les moyens que vous pouvez utiliser sont le jeu de rôle, la table ronde, le panel ou tout autre moyen qui vous semble pertinent.

LECTURES SUGGÉRÉES

DE GRANDMONT, N. (1995). *Le jeu ludique,* Montréal, Éditions Logiques.

DELORS, J. (présidé par) (1996). *L'éducation, un trésor est caché dedans,* Rapport à l'UNESCO de la Commission internationale sur l'éducation pour le vingt et unième siècle, Paris, Éditions Odile Jacob.

GUIDE PARENTS HACHETTE (1989). *Mon enfant en maternelle,* Paris, Hachette Éducation.

MINISTÈRE DE L'ÉDUCATION DU QUÉBEC (2001). *Programme de formation de l'école québécoise,* Québec, MEQ.

Chapitre 8

L'enseignante, les parents, les spécialistes et les autres intervenants

OBJECTIFS

Au terme de ce chapitre, le lecteur devrait pouvoir :

- définir l'intervention de l'enseignante ;
- décrire les formes d'intervention ;
- distinguer les caractéristiques de l'intervention ;
- expliquer les stratégies propres à aider l'enseignante à mieux intervenir ;
- indiquer les principes fondamentaux de la collaboration parents-enseignante ;
- indiquer les fonctions des professionnels spécialistes qui interviennent à la maternelle.

INTRODUCTION

L'enseignante doit travailler en étroite collaboration avec des personnes susceptibles de lui apporter un appui pour favoriser l'intégration et l'adaptation de l'enfant à la maternelle. Plusieurs personnes peuvent jouer un rôle utile dans le milieu préscolaire, à commencer par les parents, qui demeurent les premiers éducateurs de l'enfant. Si l'on ajoute le personnel enseignant et les autres professionnels de l'école, ainsi que le personnel de soutien et les enfants des autres degrés, on se trouve face à un large éventail de personnes susceptibles d'influencer la dynamique de la classe maternelle.

Dans ce chapitre, après avoir parlé de l'enseignante et exposé les formes que peuvent prendre ses interventions, nous présentons chacun de ces intervenants, en prenant soin d'indiquer leurs rôles respectifs en ce qui a trait aux possibilités de participation à l'école en général et à la maternelle en particulier. Il est à signaler qu'en tout temps, lorsqu'il est question de ces diverses collaborations, une attitude d'ouverture de la part de l'enseignante constitue un facteur déterminant de l'insertion d'autres personnes dans la classe. En effet, bien que l'ensemble de ces collaborations soient souhaitables, elles peuvent, dans certains cas, ne pas être désirées.

8.1 L'ENSEIGNANTE

Sans vouloir revenir sur les discussions concernant les rôles des personnes qui prennent en charge de jeunes enfants dans des contextes de garderie ou de maternelle, disons que « enseignante » est le terme adopté pour désigner les responsables des classes maternelles. Il y a quelques années, cette appellation était exclusivement réservée aux personnes chargées de l'enseignement dans les classes primaires et secondaires, mais elle est maintenant attribuée également aux personnes œuvrant en classe maternelle. La conjoncture sociale et le contexte scolaire semblent s'y prêter, car, d'une part, la garderie utilise le terme « éducatrice » pour désigner son personnel et, d'autre part, le programme d'éducation préscolaire fait maintenant partie intégrante du *Programme de formation de l'école québécoise*, ce qui n'était pas le cas avant 2001. Cette appellation, qui fait l'unanimité dans le système éducatif, ne doit toutefois pas masquer le fait que la tâche éducative et les responsabilités qui en découlent relèvent plus de l'éducation que de l'enseignement.

Le *Programme d'éducation préscolaire* (Ministère de l'Éducation du Québec, 1981b, p. 10) précise que :

> Les bases de ce programme reposent sur un choix de valeurs qui appelle, d'une part, une conception humaniste et existentielle du développement de l'enfant et qui nécessitera, d'autre part, une interprétation propre à chaque classe de maternelle.
>
> On peut donc adhérer théoriquement à un ensemble de valeurs, mais, dans la pratique, cette adhésion se caractérise par une actualisation qui tient compte de la personne même de l'éducateur.

Par cette citation, on peut comprendre que la représentation que l'enseignante se fait du développement de l'enfant influence sa façon d'intervenir auprès de lui. En d'autres mots, la personnalité de l'enseignante, ainsi que sa motivation et l'importance qu'elle accorde à sa propre autonomie, aura nécessairement un effet sur sa façon de concevoir la classe et sur ses interventions auprès des enfants. À cet égard, le *Guide général d'interprétation et d'instrumentation pédagogique pour le Programme d'éducation préscolaire* (Ministère de l'Éducation du Québec, 1982b, p. 7) fait observer que :

> L'influence désirée par l'intervention est le reflet de l'échange dynamique qui s'établit entre la conception pédagogique de l'éducateur et sa compréhension de la réalité. À travers l'intervention, on peut voir :
>
> — ce que l'éducatrice juge important (valeurs, objectifs)
>
> — son attitude et le sens de l'activité (modes et contenus)
>
> — la qualité de son contact avec l'enfant ou le groupe (attitude)
>
> — son interprétation de l'observation des faits (évaluation).

Tous ces éléments se reflètent dans l'aménagement physique de la classe maternelle. Par exemple, si, pour l'enseignante, l'agir de l'enfant est prioritaire, elle lui offrira du matériel varié dans un espace qui laisse place aux mouvements et au besoin de bouger, de jouer et de circuler.

En fait, la majorité des classes maternelles sont aménagées sur la base de *coins* ou d'*aires* qui présentent une organisation matérielle spécifique. Nous reviendrons sur cette question dans le chapitre 9 où nous traitons de l'organisation de la classe. Mais soulignons tout de suite qu'il est important que l'enfant puisse disposer d'un matériel riche, varié, polyvalent et stimulant, qui lui permette de faire semblant, de manipuler, de classer, d'inventer, d'observer, de prédire. Ce qu'il faut retenir ici, c'est qu'au-delà de son propre pouvoir personnel l'enseignante doit être parfaitement consciente de l'effet du matériel sur le développement de l'enfant.

8.1.1 Définition de l'intervention de l'enseignante

Legendre (1993, p. 756) définit l'intervention de l'enseignante comme étant une « action pédagogique consciente qui a pour but de soutenir, de stimuler ou de modifier une situation, une attitude ou une action ».

Le *Guide général d'interprétation et d'instrumentation pédagogique pour le Programme d'éducation préscolaire* (Ministère de l'Éducation du Québec, 1982b, p. 8-13) donne des définitions contextuelles des verbes *stimuler* et *soutenir*, et ajoute *confronter*.

— *Stimuler*. C'est une intervention qui a pour but d'inciter l'enfant à explorer une nouvelle voie, à exploiter une idée, à essayer quelque chose de nouveau pour lui ou à exploiter de manière différente une situation habituelle.
  - Moyens : apporter du matériel nouveau, questionner, offrir des choix d'activités, comprendre et utiliser l'idée d'un enfant [...].

— *Soutenir*. C'est une intervention qui a pour but d'appuyer ou de maintenir ce que l'enfant ou le groupe pense, ressent ou fait.
  - Moyens : encourager la spontanéité de l'enfant, l'écouter, le laisser décider, l'aider, l'encourager, éviter de le juger [...].

— *Confronter*. C'est critiquer, juger, imposer une règle, ou avoir une attitude qui met l'enfant devant une réalité qui ne lui plaît pas, mais qu'il doit affronter.
  - Moyens : vérifier un plan de travail, demander à deux bagarreurs de s'expliquer, exprimer un désaccord, laisser l'enfant subir les conséquences de ses actes[...].

Selon nous, la confrontation, pour être efficace, doit toujours être accompagnée de marques d'affection.

Peu importe le type d'intervention, la qualité du contact est importante. Elle relève essentiellement de l'acceptation, de la réceptivité et de l'ouverture à l'autre. C'est ce qui permet d'établir des liens de confiance, de connivence et de collaboration.

8.1.2 Les formes d'intervention

Avant de présenter les différentes formes d'intervention, précisons que celle-ci peut être *directe* ou *indirecte*.

L'intervention directe est celle où l'enseignante fait un geste ou dit des paroles en vue, par exemple, de modifier un comportement.

L'intervention indirecte est celle qui se réalise par le biais d'un intermédiaire. Par exemple, l'aménagement de l'espace pourrait être considéré comme étant un moyen d'intervention indirecte.

Ces interventions directes et indirectes peuvent à leur tour prendre plusieurs formes :

— L'intervention *individuelle,* qui consiste à s'intéresser à un enfant singulier, dans une situation particulière ; par exemple, l'aide que l'enseignante apporte à l'enfant qui éprouve de la difficulté à faire des boucles ;

— L'intervention *collective* ou de groupe, qui consiste à s'adresser à l'ensemble du groupe ou à un petit groupe d'enfants ; par exemple, en vue de calmer l'excitation excessive des enfants qui arrivent dans la classe, l'enseignante chante avec eux une chanson, ce qui ramène le calme ;

— L'intervention *planifiée,* c'est-à-dire conçue dans un contexte d'objectifs précis à atteindre ; par exemple, proposer des activités pour faire acquérir la notion de triangle à l'enfant ;

— L'intervention *spontanée,* qui se produit de façon imprévue et sans avoir été préalablement planifiée ; par exemple, l'enfant apporte un papillon à l'école, ce qui donne lieu à une causerie improvisée sur le sujet avec les enfants ;

— L'intervention *verbale,* qui implique des paroles ; par exemple, « Bravo ! tu as réussi » ;

— L'intervention *non verbale,* qui s'appuie sur des gestes ; par exemple, une caresse sur l'épaule.

Peu importe la forme qu'elle prend, l'intervention reste un acte complexe, car elle oblige l'enseignante à tenir compte autant de la personne individuelle et de son vécu que du contexte particulier. En outre, même quand elle vise un seul enfant, l'intervention peut avoir des effets sur l'ensemble du groupe. Par ailleurs, on peut choisir à certains moments de ne pas intervenir. Cela se produit, par exemple, lorsque la situation est répétitive et qu'on préfère se donner le temps de réfléchir avant de faire quoi que ce soit ; ou encore lorsqu'on juge que ce n'est pas le bon moment pour intervenir ou que, tout simplement, on ne se sent pas disposé à le faire à ce moment précis. La non-intervention devient alors un type d'intervention.

8.1.3 Les caractéristiques de l'intervention

L'enseignante doit toujours garder à l'esprit que, pour bien évoluer, le jeune enfant a besoin de gestes affectueux et de paroles réconfortantes plutôt que de critiques et de désapprobation. À ce sujet, le *Programme d'éducation préscolaire* (Ministère de l'Éducation du Québec, 1981b, p. 29) attribue à l'intervention des caractéristiques particulières. Elle doit être :

— *appropriée au besoin dans le « quand » et le « comment » :* avant d'intervenir, il faut tenir compte de la situation, de la personne, de son vécu et de son expérience et du contexte entier. Aussi, une analyse des autres interventions qui ont été faites dans des situations semblables s'impose, que ces situations se rapportent à cet enfant ou à d'autres ;
— *conséquente :* il faut fonder l'intervention sur une certaine logique et sur la continuité par rapport aux actions passées. Il s'agit d'une démarche sans cesse remise en question à la lumière des décisions antérieures et de leurs effets sur le comportement de l'enfant ;
— *significative pour l'enseignante et l'enfant :* l'intervention doit se résumer à donner du sens à ce qui est fait. Une intention sous-tend l'intervention, qui concerne tant l'enfant et son cheminement que l'enseignante et son mode d'action ;
— *respectueuse :* l'intervention est menée en tenant compte de la personne individuelle, de ses valeurs et de son cheminement ;
— *chaleureuse, affectueuse et sympathique :* l'intervention fait appel aux sentiments et à l'affection nécessaires à l'enfant, de façon à favoriser l'estime de soi et la confiance en soi. Un milieu qui *enveloppe* pour amener à mieux se *développer*.

8.1.4 Les stratégies d'intervention

Compte tenu de toutes ces caractéristiques de l'intervention de l'enseignante, nous pouvons affirmer que la façon d'intervenir auprès du jeune enfant influe certainement sur la réussite de ce dernier. Pour cette raison, une très grande vigilance s'impose, qui passe par l'analyse réflexive et l'écoute active.

L'analyse réflexive comme stratégie d'intervention signifie :

— observer l'enfant dans sa globalité et tenir compte de son cheminement individuel ; noter ses comportements, ses contacts avec les autres, etc. ;
— tenir compte du cheminement antérieur de l'enfant, l'analyser sous tous les angles, tant en ce qui concerne son comportement à la maison (commentaires des parents) qu'en ce qui concerne son comportement à l'école (évaluation formative) ;

— analyser les actions et les conduites de l'enfant, tant sur le plan de leur réalisation que sur le plan de leurs résultats ;
— tenir compte du comportement actuel de l'enfant dans la classe : discipline, écoute, organisation ;
— faire une synthèse des interventions et des résultats obtenus ;
— anticiper les décisions futures par rapport au développement d'un *tel* enfant, dans *telle* situation et selon *tel* contexte.

Quant à l'écoute active, elle exige une capacité d'empathie. Il faut être en mesure de mettre en parallèle ce que l'enfant dit aujourd'hui et ce qu'il a déjà dit. À cet égard, les causeries à la maternelle constituent des moments propices pour écouter ce que les enfants ont à dire et pour déceler certains problèmes chez un enfant, par exemple une faible estime de soi ou un milieu familial difficile. Mais par-dessus tout, les discussions spontanées, qui surviennent à l'entrée, au cours des jeux libres ou pendant la collation, représentent des moments d'écoute par excellence.

8.2 LES PARENTS/LA FAMILLE

L'intervention éducative, loin de se restreindre à l'école, trouve d'abord sa source chez les parents. Les parents sont en général les premières personnes qui interagissent avec leur enfant et qui, par conséquent, impriment un sens et une direction aux actions de celui-ci. Dans les activités journalières et familiales, l'enfant apprend à agir sur les objets, à les sentir et à imiter les gestes des parents. Ceux-ci transmettent, par leurs propres attitudes, leurs perceptions des choses. Ils exercent donc une forte influence sur l'enfant. De ce fait, ils doivent être reconnus en tant que partenaires essentiels et indispensables dans la démarche visant à une meilleure compréhension de l'enfant. Par exemple, en ce qui a trait au vécu de l'enfant, à son comportement dans les activités, à ses relations avec d'autres enfants et adultes, les parents constituent une source exceptionnelle d'informations. Ces renseignements donnés par les parents sont d'autant plus importants qu'ils permettent d'intervenir plus rapidement et plus adéquatement, dans l'esprit d'une continuité éducationnelle.

Un autre aspect essentiel de la famille est qu'elle est le lieu des premiers contacts que l'enfant établit avec les autres. En tant que premier groupe d'appartenance de l'enfant, elle constitue le milieu par excellence pour l'établissement de rapports affectifs et sociaux qui influenceront ses relations futures. Graduellement l'enfant bâtit son identité à travers les représentations, les croyances, les valeurs et les modèles que lui offre son milieu familial. La famille exerce donc une grande influence sur l'organisation même de l'agir de l'enfant et sur ses façons d'aborder la vie de tous les jours. Soulignons que, réciproquement, « l'enfant par sa présence, ses exigences, son identité constitue un élément non négligeable d'influence sur les membres de sa famille » (Allès-Jardel et Ciabrini, 2000, p. 77).

8.2.1 Les principes fondamentaux de la collaboration parents-enseignante

Le ministère de l'Éducation du Québec (MEQ) accorde une importance capitale à la collaboration et à la participation des parents à tous les niveaux scolaires, tout particulièrement au niveau préscolaire. Pour le MEQ, l'action éducative est bénéfique si la famille la seconde. Cependant, l'intégration des parents à la vie de l'école exige une action réfléchie, sur la base de quelques principes fondamentaux, à savoir :

— la reconnaissance du principe de responsabilité première des parents ;
— le caractère essentiel de la relation parents-enseignante dans le développement de l'enfant ;
— la reconnaissance des deux institutions (famille et école) comme entités distinctes ;
— le caractère délicat de la tâche de collaboration et de communication entre le parent et l'enseignante, qui ne doit pas être prise à la légère ;
— le fait que les rencontres doivent s'inscrire dans un processus de communication où l'un et l'autre ont des choses importantes à s'apprendre ;
— la reconnaissance des rôles distincts des parents et de l'enseignante : chacun d'eux peut s'enquérir du programme ainsi que de l'expérience de l'enfant, de son comportement et des attentes envers lui ;
— l'importance de la coopération avec les parents qui, de la part de l'enseignante, exige un engagement de tous les instants et une capacité d'adaptation à chacun d'eux (Ministère de l'Éducation du Québec, 1982b, p. 101-102 ; 1997b, p. 17).

Un des enjeux majeurs de la participation du parent à l'école est la communication interactive entre celui-ci et l'enseignante. Cette communication doit se dérouler dans le respect des rôles de chacun afin que s'établisse le climat de confiance indispensable au bon fonctionnement de l'enfant.

8.2.2 Les avantages de la collaboration parents-enseignante

La collaboration entre les parents et l'enseignante présente des avantages tant pour les parents que pour l'enfant, l'école et l'enseignante (Ministère de l'Éducation du Québec, 1982b, p. 101).

Parmi les avantages que peuvent retirer les parents de leur collaboration, mentionnons :

— recevoir de l'information sur le système scolaire, les ressources disponibles ;
— connaître les mécanismes de consultation et de participation scolaire (par exemple, le comité d'école, le projet éducatif) ;
— devenir partie prenante de certaines décisions orientant l'avenir de l'école ;
— développer des habiletés de coopération et de partage ;
— acquérir des connaissances sur le développement des enfants, sur la communication, etc., leur permettant d'améliorer leur relation parent-enfant.

Pour l'enfant, la collaboration entre les parents et l'enseignante peut faire en sorte :

— qu'il se sente accepté ;
— qu'il se sente bien et ait confiance dans le milieu ;
— qu'il s'intéresse aux activités et s'efforce de réussir ;
— qu'il accepte les difficultés et essaie de les surmonter.

La collaboration des parents profite aussi à plusieurs points de vue à l'école, qui :

— s'enrichit de la multiplicité des expériences des parents ;
— est stimulée par l'expression de leurs besoins et de leurs visées ;
— est amenée à s'améliorer.

Quant à l'enseignante, la collaboration lui permet :

— d'obtenir des informations complémentaires sur le vécu de l'enfant ;
— de recevoir de l'aide pour certaines activités ;
— d'avoir des discussions constructives avec les parents.

D'une façon globale, la collaboration amène l'enseignante, les parents et l'enfant à établir une complicité et une continuité dans l'action éducative et à conjuguer leurs efforts pour régler les problèmes de façon cohérente.

8.2.3 Les difficultés de la collaboration parents-enseignante

Une des principales difficultés qui se posent dans la collaboration entre les parents et l'école est souvent due à la méfiance. En effet, les parents craignent souvent de ne pas être à la hauteur des attentes de l'école et redoutent les jugements qui pourraient être portés sur leur enfant ou sur eux-mêmes. Quant à l'enseignante, elle ne se sent pas toujours à l'aise face aux parents, car elle appréhende leurs réactions et leurs comportements par rapport à sa propre façon d'aborder les enfants et les situations de la classe.

En fait, la perception qu'ont les partenaires l'un de l'autre fait parfois obstacle à l'établissement d'une réelle communication entre eux. Ainsi, certains parents s'en remettent à l'école pour résoudre la majorité des problèmes et certaines enseignantes sont d'avis que les parents sont à l'origine de plusieurs des difficultés qu'éprouve leur enfant.

Il arrive également que, malgré l'ouverture d'esprit et la bonne volonté des enseignantes, des parents ne veuillent pas s'impliquer de façon régulière à l'école, par manque soit de temps, d'intérêt ou d'information. De même, des parents prêts à s'engager se heurtent parfois à un manque d'ouverture et de réception de la part des enseignantes. Cet état de choses nous amène à la nécessité d'identifier les attitudes susceptibles de favoriser une meilleure participation des parents.

8.2.4 Les attitudes favorables à la participation des parents à la vie scolaire

Les attitudes de l'enseignante sont primordiales pour que s'établisse un climat de confiance qui incitera les parents à vouloir participer activement à la vie scolaire. Ces attitudes peuvent se traduire par différentes initiatives, que l'on pourrait résumer ainsi :

— Informer les parents sur le fonctionnement de la maternelle et de l'école ;
— Établir un climat de confiance qui empêche les jugements ;
— Démontrer un réel intérêt envers les parents eux-mêmes et envers leur enfant : activités, loisirs, etc. ;
— Parler de l'enfant en des termes favorables ;
— Inviter les parents à observer avant de les engager dans les activités de la classe ;

— Faire choisir par les parents les activités qu'ils voudraient animer ou diriger, tout en leur expliquant bien les limites de leur rôle ;
— Accepter que les parents viennent observer les comportements de leur enfant dans la classe ;
— Donner des exemples concrets (faits) du comportement de l'enfant et non des interprétations ;
— Écouter les parents en faisant preuve d'empathie ; manifester de la compréhension ;
— Éviter les jugements accusateurs et les comparaisons avec d'autres enfants ;
— Accepter les idées des parents tout en les amenant à comprendre son propre point de vue en tant qu'enseignante, cela dans le but d'arriver à des objectifs communs ;
— Laisser de côté certains préjugés tels que la croyance selon laquelle les parents ne veulent pas collaborer en raison de compétences différentes.

Dans les cas spécifiques où un parent souhaite animer une activité en classe, l'enseignante doit au préalable :
— le préparer à faire face au groupe ;
— l'informer des réactions que pourrait avoir son enfant face à sa visite ;
— le rassurer par rapport à l'activité qu'il a choisi d'animer ;
— tenir compte de ses idées.

Finalement, ce n'est pas tout d'adopter des attitudes qui favorisent la participation des parents à la vie scolaire, encore faut-il que l'enseignante cultive les qualités qui entretiennent cette collaboration. Elles sont exposées dans le tableau 8.1 (p. 158).

En définitive, la collaboration entre les parents et l'enseignante s'avère exigeante, mais aussi très enrichissante.

8.2.5 Les formes de participation

Plusieurs facteurs entrent en jeu quand vient le temps de participer aux activités scolaires. Mentionnons, entre autres, le facteur de disponibilité : plusieurs parents travaillent et ne peuvent s'engager à long terme dans les activités scolaires. Pour suppléer à leur absence dans la classe, on peut se tourner vers d'autres formes de participation, qui sont aussi très valables (voir le tableau 8.2, p. 159).

TABLEAU 8.1 Les qualités associées à la collaboration et leurs manifestations

Qualité	Signification	Manifestations
Authenticité	Sincère, transparent	• Se parler franchement • Ne pas essayer de cacher la vérité
Ouverture	Accueillant, accessible, accepte les nouvelles idées	• Vouloir innover, participer à des changements • Essayer de nouvelles façons de faire
Inconditionnalité	Sans réserve, évite les objectifs absolus	• Accepter les parents tels qu'ils sont • Faire confiance
Constance	Persévérant dans l'action, stable	• S'engager dans des activités à long terme • Assurer un certain suivi • Faire des retours et annoncer la suite à donner
Progressivité	Développement régulier, petit à petit	• Aller toujours un peu plus loin dans l'action • Éviter de sauter des étapes • Ne pas exiger trop au début (objectifs progressifs)
Accessibilité	Compréhensif, intelligent, bonnes relations	• Être capable de se mettre à la place de l'autre • Pouvoir discuter avec l'autre
Adaptation aux gens et au milieu	Capable de répondre à ce qui est demandé	• Tenir compte du contexte et des personnes • Individualiser les attentes

TABLEAU 8.2 Les formes de participation des parents à l'action éducative

Rencontres individuelles	Rencontres de groupe	Ateliers parents-enfants
But : Obtenir la collaboration des parents afin d'aider l'enfant dans son développement **Sujets abordés :** • Comportement général de l'enfant à la maternelle et à la maison • Bons coups de l'enfant à la maternelle et à la maison • Difficultés décelées chez l'enfant et pistes d'action possibles ; pertinence de s'associer des personnes-ressources (p. ex., orthophoniste) **Conditions de succès :** • Être planifiées pour s'assurer de la disponibilité des parents et permettre de bons échanges de vues. • Avoir lieu pour faire état des succès et des situations difficiles **Occasions privilégiées :** • À la première réunion de parents, en début d'année • À la remise des bulletins • Pour le suivi d'un plan d'intervention auprès d'un enfant en difficulté Il est aussi conseillé de profiter de rencontres non planifiées (p. ex., quand le parent vient conduire l'enfant à l'école) pour avoir des échanges informels.	**But :** Favoriser la participation active des parents **Thèmes de rencontre suggérés :** • Le développement de l'enfant et les objectifs du programme d'éducation préscolaire • L'importance du jeu dans le développement de l'enfant • Les règles de vie de la classe, les consignes et l'encadrement de l'enfant • La lecture d'une histoire à son enfant	**But :** Permettre aux parents de connaître l'intervention faite auprès des enfants **Modalités :** • Des parents : – participent à l'activité, observent le comportement des enfants et interviennent à des moments précis – prennent la responsabilité d'un atelier (p. ex., présentation de leur métier ou d'une habileté particulière qu'ils possèdent)

Mentionnons que les occasions de festivités et les sorties éducatives sont aussi des moments privilégiés pour favoriser la participation des parents.

Source : D'après Ministère de l'Éducation du Québec, *Programme d'éducation préscolaire*, Québec, MEQ, 1997, p. 16.

8.2.6 L'organisation de la participation

Bien qu'il puisse arriver qu'un parent prenne part spontanément aux activités de la classe, en règle générale, sa participation nécessite un minimum de planification et d'organisation. Il y a donc lieu de prévoir la participation des parents dès le début de l'année et de les en informer à la première rencontre générale. Après leur avoir expliqué le fonctionnement de la classe et les différentes tâches et activités, l'enseignante peut inviter les parents à s'inscrire au tableau des disponibilités préparé à cet effet (voir le tableau 8.3).

Le tableau des disponibilités contient une liste de responsabilités ou de tâches dont voici la description :

— *Activité, atelier ou projet.* Les parents peuvent animer des activités en classe. Ces activités sont suggérées soit par les parents, soit par l'enseignante. Selon le cas, celle-ci peut organiser des rencontres

TABLEAU 8.3 Tableau des disponibilités

Responsabilités						
Ateliers, activités ou projets	**Sorties éducatives**	**Tâches à réaliser à la maison**	**Chaîne télépho-nique**	**Observa-tion dans la classe**	**Personnes-ressources**	**Disponibilité**

Source : D'après Ministère de l'Éducation du Québec, *Guide pédagogique. Préscolaire. Guide général d'interprétation et d'instrumentation pédagogique pour le Programme d'éducation préscolaire*, 1982b, p. 145.

préalables pour expliquer aux parents ses attentes en ce qui concerne l'activité et pour clarifier leur rôle avec eux.

— *Sorties éducatives.* Les parents peuvent accompagner le groupe à l'occasion de sorties, soit à titre de surveillants, soit à titre d'accompagnateurs ou de guides.

— *Tâches à réaliser à la maison.* Ces tâches sont reliées le plus souvent à la production de matériel. Par exemple, on peut demander à des parents de fabriquer des marionnettes, de construire un petit théâtre pour les spectacles de marionnettes, de réaliser des travaux de couture ou de réparer des jouets.

— *Chaîne téléphonique.* Un parent se charge de la chaîne téléphonique, de manière que chaque parent soit tenu au courant au fur et à mesure des activités et des événements spéciaux qui ont lieu à la maternelle et dans l'école.

— *Observation.* Un parent qui souhaite être présent à l'école sans nécessairement participer activement aux activités pourrait faire de l'observation. Celle-ci peut être centrée sur le niveau de fonctionnement global de l'enfant et de la classe ou encore viser une évaluation objective de faits prédéterminés ou une meilleure compréhension du discours de l'enfant quand il revient à la maison.

— *Personne-ressource.* Le parent qui désire parler de sa profession, de sa culture (autres pays) ou de tout autre sujet de nature à intéresser les enfants peut offrir ses services de conférencier-animateur.

Outre le tableau des disponibilités en vue d'organiser la participation des parents, d'autres moyens peuvent être mis en place pour les inciter à prendre part aux activités de la maternelle. Ces moyens peuvent revêtir différentes formes selon les milieux et les besoins de l'enseignante. Il s'agit surtout d'outils de liaison qui visent à entretenir l'intérêt des parents pour ce qui se passe à la maternelle et, parfois, à piquer leur curiosité. Le tableau 8.4 présente quelques exemples de ces outils de liaison.

TABLEAU 8.4 Moyens pour stimuler la participation des parents

Moyens	Description
Journal de classe	Petit journal pour, entre autres choses : • informer les parents des activités à la maternelle et dans l'école ; • souligner les *bons coups* des enfants et leur anniversaire respectif ; • demander de l'aide pour les sorties ou activités de la classe.

→

TABLEAU 8.4 Moyens pour stimuler la participation des parents (*suite*)

Moyens	Description
Agenda de l'enfant ou journal de bord	Cet agenda ou journal de bord peut prendre diverses formes, mais il est intéressant d'y voir consigné le déroulement de la journée de l'enfant. Il peut contenir : • le calendrier du mois : date des sorties, anniversaire des enfants, etc. ; • les activités réalisées ; • les particularités de la journée ; • l'évaluation des activités : commentaires de l'enfant et de l'enseignante ; • les remarques des parents (pour les obtenir, faire parvenir l'agenda aux parents chaque fin de semaine et demander à l'enfant de le rapporter à l'école le lundi).
Portfolio	Pochette ou cahier servant à conserver les réalisations les plus significatives de l'enfant.
Appels téléphoniques	Coup de fil pour annoncer un événement important ou encore rendre compte de l'évolution du comportement de l'enfant.
Questionnaire	Outil ponctuel pour compléter les observations de l'enseignante.
Feuille d'information	Note transmise aux parents pour : • rappeler des événements à venir (exposition, pièce de théâtre, etc.) ; • demander leur participation.

Source : D'après Ministère de l'Éducation du Québec, *Programme d'éducation préscolaire,* 1997, p. 17.

Finalement, peu importe la forme que prend la participation des parents, les répercussions sur le comportement global de l'enfant sont en soi significatives, autant à la maison qu'à l'école. En effet, les observations du parent et de l'enseignante, qui permettent de mieux comprendre l'enfant, donnent à chacun l'occasion d'adapter les interventions et les décisions.

8.3 LES SPÉCIALISTES

Malgré toute la bonne volonté de l'enseignante, il arrive que des situations ou certaines attitudes de l'enfant dépassent le champ de ses compétences. Comme il est de son devoir de tout mettre en œuvre pour apporter des solutions aux problèmes rencontrés, la présence de spécialistes peut alors être un atout précieux pour l'aider à mieux intervenir auprès de certains types d'enfants.

Les *spécialistes* sont des personnes qui, en raison de leur formation universitaire, sont habilitées à intervenir dans un domaine spécifique (par exemple, les psychologues, les psychoéducateurs, les orthophonistes, les travailleurs sociaux) ou encore à donner un enseignement dans une discipline particulière, comme la musique, l'expression dramatique ou l'éducation physique.

Le recours à un spécialiste relié à un domaine particulier doit être justifié. Cela exige, de la part de l'enseignante, une observation attentive de l'enfant en vue de déterminer précisément les difficultés qu'il éprouve. En tout temps, il faut garder à l'esprit que les difficultés considérées comme légères ont habituellement tendance à s'atténuer en cours d'année. En revanche, les problèmes persistants exigent l'aide de spécialistes formés dans un domaine particulier. Le tableau 8.5 donne une liste des principaux spécialistes avec les fonctions qu'ils remplissent.

TABLEAU 8.5 Les spécialistes et leurs fonctions*

Spécialiste	Fonctions
Psychologue	• Évalue les comportements de l'enfant (par des tests, etc.) • Analyse les comportements • Propose des modes d'intervention et parfois un classement plus approprié
Orthopédagogue	• Évalue les difficultés qu'éprouve l'enfant • Soutient l'enfant dans son apprentissage • Recherche les moyens pour aider l'enfant à bien s'intégrer dans la classe
Psychoéducateur	• Évalue les difficultés auxquelles fait face l'enseignante • Recherche les moyens pour l'aider à bien gérer son groupe • Analyse les comportements de l'enseignante et les attitudes des enfants dans la classe • Outille l'enseignante pour lui permettre d'intervenir plus adéquatement dans son groupe
Orthophoniste	• Analyse les difficultés de langage qu'éprouve l'enfant • Suggère des moyens d'amélioration
Travailleur social	• Analyse les comportements sociaux de l'enfant en vue de favoriser son intégration et son adaptation dans le groupe, dans sa famille ou dans la société

* Ces spécialistes ne travaillent pas exclusivement dans le milieu préscolaire.

Source: D'après R. Legendre, *Dictionnaire actuel de l'éducation*, 2e éd., Montréal, Guérin, 1993.

Par ailleurs, l'enseignement à la maternelle de disciplines spécialisées telles que la musique, les arts plastiques, l'expression dramatique où l'éducation physique varie selon le projet éducatif de chaque école et, souvent, selon la tâche d'enseignement de ces professeurs spécialisés auprès des enfants des autres degrés.

Dans la réalité, toutefois, on constate que la majorité des classes maternelles bénéficient d'un cours d'éducation physique auquel s'ajoute parfois un cours de musique. En fait, rien n'est jamais assuré à ce sujet ; tout peut varier d'un milieu à un autre et d'une année à l'autre.

8.4 LES AUTRES INTERVENANTS

Outre les spécialistes, d'autres personnes interviennent auprès des enfants de la maternelle. Le tableau 8.6 les identifie et précise leur contribution :

TABLEAU 8.6 Les autres intervenants et leur contribution

Intervenant	Contribution
Directeur d'école ou directeur adjoint	• Alloue le budget et les ressources matérielles nécessaires au bon fonctionnement de la maternelle • Participe à des activités spéciales (fêtes, expositions, etc.) • Conseille et soutient l'enseignante dans ses interventions auprès d'élèves en difficulté et, le cas échéant, dans ses relations avec les parents
Infirmière	• Reçoit les enfants qui présentent des problèmes particuliers relevant de ses compétences (obésité, surdité, etc.) • Conseille l'enseignante sur certains sujets (alimentation, santé, sécurité, cas de malpropreté, cas de mauvais traitements, maladies contagieuses, etc.) • Fait un travail de prévention auprès des enfants et des parents
Secrétaire	• Fournit à l'enseignante les adresses et numéros de téléphone des enfants • Fournit la liste des enfants qui voyagent en autobus, qui dînent à l'école, etc. • Vérifie auprès des parents ou des gardiens les motifs d'une absence prolongée d'un enfant
Surveillant de dîner ou animateur du milieu de garde en milieu scolaire	• Agit en continuité avec les règles de conduite en vigueur dans la classe maternelle • Tient compte des particularités de certains enfants (p. ex., enfant handicapé) • Choisit des jeux et des activités adaptés à l'enfant de la maternelle • Se concerte avec l'enseignante lorsqu'il lui faut intervenir auprès d'un enfant ayant des problèmes de comportement et, le cas échéant, informer les parents de ces problèmes

Intervenant	Contribution
Suppléant	• Au préalable, obtient de l'enseignante des informations pertinentes (règles de vie de la classe, horaire, routine, noms des enfants, transport, etc.) • S'informe sur le programme, les approches pédagogiques privilégiées et les stratégies d'intervention appropriées • Discute avec l'enseignante de ses réussites et des difficultés auxquelles il s'est heurté, afin d'être en mesure de mieux intervenir lors d'une prochaine suppléance
Conseiller pédagogique	• Agit auprès de l'enseignante comme une personne-ressource en ce qui concerne : – le contenu du programme d'éducation – le matériel pédagogique disponible – l'aménagement de l'espace – les approches, interventions, observations, évaluations, etc. – son perfectionnement
Autre enseignante de la maternelle dans l'école	• Contribue à la création d'un climat de travail harmonieux et à l'établissement de règles de vie commune (discipline dans les corridors et dans la classe) • Discute des approches pédagogiques à privilégier et des modalités d'intégration des parents dans la classe • Partage certaines tâches (surveillance, communiqués aux parents, etc.) • Fait profiter les autres enseignantes de ses talents, de ses habiletés ou de ses expériences (animer un groupe pour certaines activités et vice versa) • Crée des activités de grand groupe réunissant les enfants de toutes les classes de la maternelle (fêtes [Halloween, Noël], sorties éducatives, etc.)
Conducteur d'autobus	• Aide l'enseignante à amener les enfants à reconnaître leur autobus • Indique à l'enseignante les changements qui n'apparaissent pas nécessairement sur la liste officielle des enfants qui prennent l'autobus • Donne son nom ou son prénom aux enfants, ainsi que le numéro de son autobus, pour qu'ils établissent les liens nécessaires • Informe l'enseignante du comportement des enfants dans l'autobus • Fait respecter les règles relatives à la sécurité, à la discipline et à la propreté dans l'autobus
Autres enseignants de l'école	• Élaborent avec l'enseignante de maternelle des projets communs • S'intéressent aux activités se tenant à la maternelle • Établissent, dans le cas des enseignantes de première année, un rapport privilégié avec les enfants de la maternelle afin de faciliter leur passage en première année
Concierge	• Se présente aux enfants • Aide l'enseignante à sensibiliser les enfants à certaines conduites propres à faciliter sa tâche – mettre les papiers dans la poubelle – placer les chaises sur les tables avant de quitter la classe afin de lui permettre de balayer, etc. →

TABLEAU 8.6 Les autres intervenants et leur contribution (*suite*)

Intervenant	Contribution
Stagiaire	• Demande des informations pertinentes (règles de vie de la classe, horaire, noms des enfants, routine, etc.) • Observe les enfants • Participe à certaines activités • Dispense son enseignement selon les approches pédagogiques conformes aux orientations définies dans le programme
Élèves des autres classes	• Aident les enfants de la maternelle à réaliser certains travaux • Agissent comme tuteurs pour les activités à l'ordinateur • Animent des activités dans la cour de récréation ou dans la classe • Dans le cas des élèves de première année, expliquent aux enfants de maternelle ce qu'ils font dans leur classe, qui sera bientôt la leur

En ce qui concerne la collaboration d'autres intervenants, soulignons le travail des gens qui agissent pour la sécurité des enfants, tels les brigadiers et les policiers, de ceux qui effectuent un travail de sensibilisation aux soins de santé, tels les hygiénistes dentaires, ou de ceux qui viennent à l'école pour expliquer leur métier ou l'importance de leur fonction au sein de la communauté, tels le policier-éducateur, le pompier, le plombier, le médecin, le facteur, un grand-parent. Le rôle de l'enseignante par rapport à ces intervenants consiste essentiellement à éveiller l'intérêt des enfants relativement au visiteur, soit en leur expliquant sa tâche et en animant des discussions au sujet de celle-ci, ou en leur fournissant toutes les informations jugées pertinentes en prévision d'activités avec lui.

RÉSUMÉ

Dans les maternelles, on peut compter sur diverses collaborations, mais encore faut-il qu'elles répondent aux besoins de l'enseignante et qu'elles remplissent certaines conditions. En gros, ce que le MEQ souhaite, c'est qu'une relation plus étroite s'établisse avec les parents en vue d'aider l'enfant à progresser dans sa démarche d'apprentissage. Dans le même esprit, la collaboration entre les parents et l'école assure la complémentarité des actions éducatives et des interventions et a un effet bénéfique sur le développement de l'enfant. Enfin, les professionnels spécialistes et les professeurs spécialisés contribuent grandement au développement de l'enfant.

QUESTIONS

1. Définissez l'intervention éducative et dites comment elle peut s'actualiser dans la classe maternelle.
2. Énumérez les avantages de la collaboration avec les parents des enfants de la classe maternelle.
3. Quelles attitudes l'enseignante doit-elle adopter pour favoriser la participation des parents dans la classe ?
4. Décrivez d'autres collaborations possibles et dites en quoi elles sont profitables pour le développement de l'enfant.

MISE EN SITUATION

Un parent à la maternelle

Vous êtes parent d'un enfant qui fréquente la maternelle et vous désirez offrir votre collaboration aux activités dans la classe.

Pistes d'exploration

— Que signifie collaborer aux activités dans la classe maternelle ?

— Comment l'enseignante devrait-elle vous accueillir pour vous mettre à l'aise ?

— Comment pensez-vous que votre enfant va réagir à votre présence dans la classe ?

— Quels sont les talents que vous possédez qui vous permettront d'apporter une aide intéressante ?

— Comment comptez-vous mettre à profit cette journée par rapport au développement de votre enfant ?

Présentation

Vous avez à présenter la façon dont vous allez vous y prendre pour vous rendre utile en classe maternelle, à indiquer vos attentes par rapport à l'enseignante et à expliquer comment, d'après vous, votre enfant tirera profit de cette journée. Les moyens que vous pouvez utiliser sont le jeu de rôle, l'entrevue télévisée ou tout autre moyen qui vous semble pertinent.

LECTURES SUGGÉRÉES

GAGNIER, J.-P., et CHAMBERLAND, C. (sous la dir. de) (2000). *Des initiatives communautaires novatrices dans les secteurs de la famille, de l'école et de la communauté*, Québec, Presses de l'Université du Québec.

PLAISANCE, É. (1986). *L'enfant, la maternelle, la société*, Paris, PUF.

Chapitre 9

L'organisation de la classe

OBJECTIFS

Au terme de ce chapitre, le lecteur devrait pouvoir:

- décrire le milieu de la maternelle;
- dessiner le plan d'une classe maternelle en y intégrant les différents coins;
- décrire l'organisation matérielle et pédagogique d'une maternelle;
- comprendre les principes de base qui doivent présider à l'aménagement d'une classe pour les enfants de cinq ans;
- expliquer l'importance d'un milieu motivant pour faciliter l'apprentissage des jeunes enfants.

INTRODUCTION

La classe de maternelle se situe dans un ensemble scolaire et dans un milieu socioéconomique qui déterminent sa place au sein de la communauté. Comme nous l'avons mentionné précédemment, les valeurs auxquelles adhère l'enseignante se reflètent à la fois dans sa manière d'intervenir et dans l'aménagement de sa classe.

Des normes d'aménagement des classes de maternelle ont été publiées en 1981 par le ministère de l'Éducation du Québec (MEQ) concernant la construction de nouveaux locaux. Malheureusement, ces normes n'ont pas toujours été appliquées faute de temps, d'espace ou d'argent.

Les principaux éléments à considérer dans l'analyse du milieu éducatif de la maternelle sont d'abord et avant tout l'attention prêtée à l'enfant, la variété des activités offertes et les possibilités d'action.

9.1 LES PRINCIPES DE BASE

Certains principes de base sont incontournables lorsqu'on planifie l'aménagement d'une classe maternelle. Mais par-dessus tout, il faut se rappeler que, pour se développer sur les plans physique, émotif, social, intellectuel et psychomoteur, l'enfant a besoin de stimulations visuelles, de sécurité et, surtout, de sentir qu'on l'accepte pour ce qu'il est. Cela étant dit, voici résumés en cinq points quelques principes sur lesquels doit se fonder l'aménagement pratique d'une classe de maternelle :

1. Satisfaire le besoin de bouger et d'explorer de l'enfant en offrant un espace suffisamment grand pour qu'il puisse agir avec tout son corps et ainsi s'approprier sa façon personnelle de s'organiser dans les activités. Cela l'amènera ultimement à connaître les différentes parties de son corps, à distinguer ses besoins, ses émotions, ses goûts et ses intérêts, et à devenir de plus en plus conscient de ses capacités et de ses limites.
2. Offrir un milieu stimulant et enrichissant par sa variété d'activités, en permettant à l'enfant de choisir parmi elles, ce qui contribuera à l'acquisition d'habiletés précises.
3. Refléter la personnalité de l'enseignante et de l'enfant, en favorisant le respect mutuel et le développement de l'autonomie intégrale de chacun. Tout en prenant conscience de son unicité, l'enfant sera plus à même de comprendre qu'il fait partie d'un groupe et qu'à ce titre il doit se conformer à certaines règles en

vertu desquelles il devra négocier, faire des compromis, attendre son tour.

4. Créer un environnement que l'enfant peut faire sien, voir comme un milieu d'appartenance. En prenant conscience de son milieu de vie, l'enfant est amené à se représenter comme membre actif de cette micro-société et à se plier à des règles ou encore à participer à leur établissement. *Établir des règles* pour un enfant signifie qu'il est conscient de ses limites, de celles de ses pairs et des attentes du milieu. D'abord, il procédera par essais et erreurs, puis il se situera par rapport au contexte environnemental.
5. Fournir des espaces structurellement organisés qui rendent possible un certain encadrement, en mettant l'accent sur les responsabilités et le rôle que l'enfant aura à assumer pour le bon fonctionnement de la classe. Étant donné la variété des activités et des moyens mis à la disposition de l'enfant, il faut lui donner la possibilité de s'y retrouver dans la classe. C'est pourquoi, le plus souvent, le local de la classe maternelle comporte plusieurs aires ou coins destinés à des activités identifiables par le matériel précis qui s'y trouve.

9.2 L'AMÉNAGEMENT DE LA CLASSE DE MATERNELLE

L'aménagement de la classe de maternelle comporte deux volets : l'organisation de l'espace et la planification du temps.

9.2.1 L'organisation spatiale

En principe, le local de la maternelle est divisé en coins ou en aires, ce qui influe naturellement sur la planification et l'organisation des activités de la classe. Avant même de délimiter les aires spécifiques d'activités, chaque enseignante réserve habituellement un espace comme lieu de rassemblement du groupe, désigné le plus souvent comme étant le *cercle magique* ou simplement le *cercle de rassemblement*. Certaines enseignantes, aidées des enfants attribuent un nom plus particulier à cet emplacement.

Le cercle de rassemblement est un espace libre de mobilier où l'enseignante peut réunir l'ensemble du groupe. Cet espace, souvent délimité par un grand cercle tracé sur le plancher, sert habituellement pour les causeries, la collation, la sieste ou la détente. L'enseignante peut y enseigner des notions particulières ou expliquer des règles ; elle peut aussi y faire exécuter des exercices de motricité, des danses ou des chants. Également, ce lieu peut servir à regrouper les enfants pour une évaluation de la journée.

Dans la majorité des classes maternelles, les aires ou coins de la classe se répartissent autour du cercle de rassemblement. Le MEQ (1982b, p. 273) définit ainsi les aires ou coins :

> Lieux prédéterminés et habituellement permanents, souvent disposés en périphérie du local et dans lesquels se retrouvent des objets souvent caractéristiques de ces « coins ».

L'aménagement de la classe oblige l'enseignante à tenir compte d'une foule de petits détails, tels que :

— l'emplacement du robinet et de l'évier, en vue de l'installation du coin peinture ;

— l'emplacement des prises de courant, pour l'équipement audiovisuel (magnétophone, tourne-disque, téléviseur, ordinateurs, etc.) ;

— les caractéristiques du mobilier existant et la quantité de meubles. Ordinairement, on trouve de petites tables de différentes formes (rondes, carrées, rectangulaires, losanges), des chaises de couleurs variées, des bacs, des bahuts, des boîtes de classement, des tableaux d'affichage et des meubles d'appoint pour le rangement du matériel.

L'organisation spatiale a des effets sur le fonctionnement de la classe. Elle a une incidence sur le climat qui y règne, sur les stratégies pédagogiques utilisées et sur l'intérêt des enfants. La figure 9.1 présente, sous forme de plan, deux illustrations d'une telle organisation. Il s'agit de modèles parmi d'autres, adaptables selon les besoins et les possibilités.

Les différents coins ou aires permettent de disposer le matériel de manière à répondre aux besoins de l'enseignante et des enfants. Dans la majorité des maternelles, ces coins ou aires d'activités sont bien définis et organisés de façon que l'enseignante ait une vue globale de la classe afin de surveiller les allées et venues des enfants.

Il existe deux types de coins :

— les coins permanents, qui demeurent en place du début jusqu'à la fin de l'année scolaire. C'est le cas, par exemple, du coin de lecture ;

— les coins temporaires, qui sont aménagés à un moment précis dans l'année et pour une durée restreinte. Par exemple, un projet sur l'alimentation entraîne la mise en place du coin magasin ou du coin restaurant, qui disparaîtra à la fin du projet. De même, après

FIGURE 9.1 Exemples d'aménagement spatial

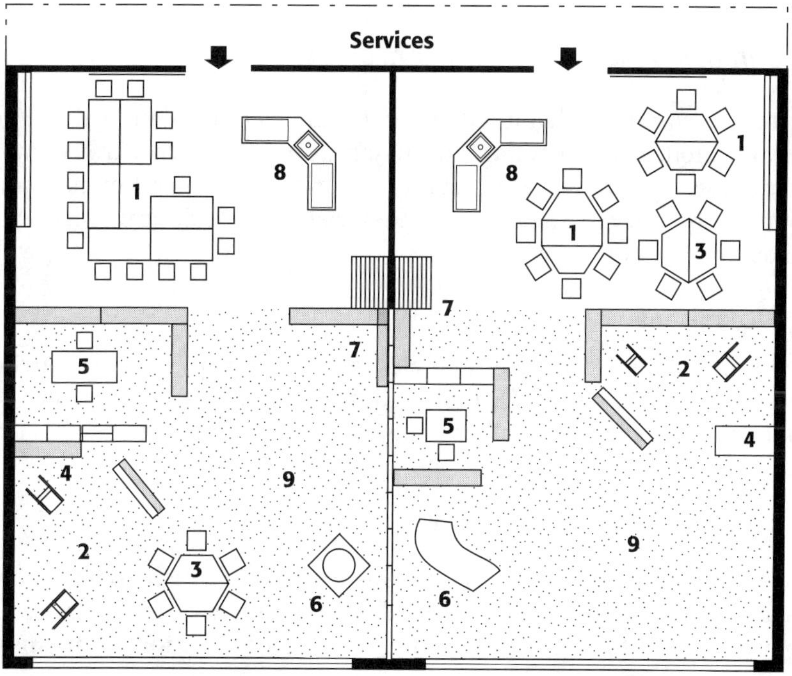

1. Bricolage et peinture
2. Lecture et observation de la nature
3. Jeux de table
4. Musique
5. Jeux de rôle
6. Jeux moteurs
7. Jeux de blocs de construction et de menuiserie
8. Jeux d'eau et de sable
9. Regroupement

Source : Ministère de l'Éducation du Québec, *Guide pédagogique. Préscolaire. L'aménagement des maternelles,* Québec, MEQ, Direction générale de développement pédagogique, 1981, p. 45.

Noël ou Pâques, plusieurs enseignantes aménagent un coin *première année* ou un coin *écriture et mathématiques,* l'objectif étant de faire cheminer les enfants vers des apprentissages concrets et de faciliter ainsi le passage en première année.

Tous ces coins se caractérisent par le mobilier et le matériel qu'on y trouve et visent, chacun, à faire acquérir des habiletés particulières aux enfants. C'est sur ces aspects que nous nous penchons dans les pages qui suivent. Cependant, il ne faut pas perdre de vue que l'exploitation et l'organisation des aires et du matériel dépendent essentiellement des préoccupations et des habiletés de chaque enseignante et qu'en conséquence elles varient d'une classe à une autre.

Le coin d'arts plastiques ou du bricolage

Cette aire comprend habituellement des tables pour réaliser du bricolage, du modelage, du collage, du tissage, du dessin. On y trouve aussi du mobilier pour ranger et classer du matériel de récupération jugé utile pour inventer et créer, en plus du matériel courant dont une liste non exhaustive est donnée ci-dessous.

- **Le matériel**

Des crayons (feutre, cire, craies, etc...), du papier, de la feutrine, de la laine, de la corde, du raphia, des nettoie-pipes, de la paille, des bouchons de liège, des retailles de tissu, etc. En somme, à peu près tout matériel.

- **Les habiletés visées**

La manipulation d'outils (crayons, ciseaux), la maîtrise et la coordination des gestes, l'usage adéquat de matériaux, la reconnaissance des textures et des formes, la créativité, la prise de décision, l'enrichissement de l'imaginaire, etc.

Le coin peinture

Grâce au coin peinture, l'enfant, en plus de se familiariser avec le maniement d'outils et l'utilisation de matériaux, apprend de nouvelles techniques, qu'il pourra ensuite intégrer à d'autres activités ou situations. En outre, par ses réalisations, l'enfant peut représenter ce qu'il vit au moment présent dans toute son intensité et sa réalité. Il peut exprimer ce que parfois il n'ose révéler.

Ce coin est idéalement situé à proximité d'un robinet, dans une aire où le plancher est facilement lavable. On y trouve des tables et des chevalets.

Selon Arno Stern (1966), l'*éducation artistique* veut amener l'enfant à s'exprimer, ce qui est très différent de l'*enseignement du dessin* où le maître transmet des notions. Les techniques créatrices, la peinture libre en particulier, ont, pour cet auteur réputé, des vertus éducatives. Stern préconise toutefois un matériel adapté ; il vaut mieux, soutient-il, renoncer à tout mobilier plutôt que d'utiliser un équipement qui fausse les conditions de travail. Il décrit ainsi l'installation adéquate :

> Au centre de l'atelier peinture, la table-palette est comme un clavier de couleurs. Selon les dimensions du lieu, elle porte une gamme de 10 à 18 couleurs. Dans ce dernier cas, elle mesure 2 m de long et 0,20 de large, a une hauteur de 0,60 à 0,70 du sol. C'est donc un plateau très long et très étroit (permettant l'accès des deux côtés), percé d'une double rangée de trous, dans lesquels sont encastrés d'une part des godets pour la peinture, d'autre part des gobelets pour l'eau ; ces paires de récipients sont flanquées de moulures rainées portant les pinceaux, au moins un par couleur, de préférence deux pour les couleurs les plus utilisées. Cela fait donc un porte-pinceau à côté d'un gobelet. (Stern, 1966, p. 35.)

- **Le matériel**

De la peinture (gouache, peinture à l'eau, etc.), des pinceaux (coniques, plats, etc.), des crayons (feutre, cire, craies, etc.), du papier, etc.

- **Les habiletés visées**

La manipulation d'outils (crayons, pinceaux, ciseaux), la maîtrise et la coordination des gestes, l'usage adéquat de matériaux, la reconnaissance des textures et des formes, la créativité, la prise de décision, l'enrichissement de l'imaginaire, etc.

Le coin de musique

On trouve dans le coin de musique divers instruments (tambourins, triangles, etc.) que l'enfant peut manipuler et utiliser. Ce coin contient aussi des appareils dotés d'écouteurs dont l'enfant peut se servir pour écouter de la musique ou une histoire.

La musique proposée à l'enfant peut être de différents genres : musique de détente, chansons enfantines, musique de danse ou comptines.

- **Le matériel**

Un tourne-disque ou un lecteur laser, un magnétophone, des cassettes, des disques, des écouteurs, des instruments de musique variés, etc.

- **Les habiletés visées**

L'écoute, l'attention, la coordination, la motricité, l'imagination, la sensibilité, la discrimination auditive, l'expression, le rythme.

Le coin des sciences

L'enfant peut, dans le coin des sciences, développer ses sens et exploiter du matériel varié. L'étude du « vivant » constitue sans contredit un attrait pour l'enfant. Par conséquent, dans la mesure du possible, on aura dans la classe des petits animaux et des plantes. La vie végétale et animale nécessite une certaine responsabilisation relativement aux soins en général et à l'entretien.

Soulignons que promenades dans la cour d'école ou dans les alentours (jardin, parc, forêt, prairie, verger) sont de bonnes occasions de multiplier les contacts directs avec les diverses plantes, les insectes, les pierres, et ce dans leur habitat le plus naturel possible.

Si les sorties dites éducatives bien organisées constituent de bonnes occasions de découvertes, encore faut-il que le choix du milieu et la préparation matérielle soient adéquats. Une visite préalable effectuée par l'enseignante permet de s'assurer des possibilités d'accès, des conditions de sécurité et de la présence de la vie animale ou végétale si tel est le thème de la sortie.

- **Le matériel**

De petits animaux comme des poissons ou des hamsters, des coquillages, des plantes, une balance à plateaux, une tasse à mesurer, une loupe, de la terre, du sel, du sucre, du colorant et tout autre matériel utile pour faire de petites expériences. Le bac à sable qui peut aussi contenir de l'eau ou de la terre.

- **Les habiletés visées**

La manipulation, l'observation, la comparaison, la classification, l'association, l'expérimentation, les prises de décision, l'anticipation, la prévision.

Le coin bibliothèque (coin lecture-écriture)

Idéalement, la bibliothèque devrait se situer dans un coin calme de la classe, afin de permettre à l'enfant de se détendre et de se concentrer. Dans ce lieu, l'enfant peut prendre un livre, regarder les images et découvrir les messages associés à celles-ci. Il peut aussi prendre un livre que l'enseignante a déjà lu à haute voix et le *relire,* c'est-à-dire raconter l'histoire en suivant les images et en tournant les pages.

Le coin bibliothèque incite l'enfant à rechercher des informations pour une activité ou un projet qui lui tient à cœur. À ce titre, les dictionnaires visuels devraient occuper une place privilégiée.

Ce coin doit donner à l'enfant le goût et l'envie de lire et d'écrire. En fait, il éveille la conscience à l'écrit.

- **Le matériel**

Des livres illustrés pour enfants (contes, légendes, etc.), des dictionnaires visuels, des abécédaires, des revues, des journaux, des catalogues, des affiches, une machine à écrire, un carnet contenant les numéros de téléphone des enfants de la classe, un cahier des règles de vie de groupe illustrées, un ordinateur, des crayons, des gommes à effacer, des calepins pour prendre des notes.

- **Les habiletés visées**

La reconnaissance d'images, de lettres et de mots, la mémorisation, l'imitation, la curiosité, l'observation, l'imagination.

Le coin construction

Le coin construction, habituellement délimité par un tapis, permet à l'enfant de réaliser des installations à l'aide de cubes et de pièces de différentes formes et grosseurs. La variété des pièces donne la possibilité de faire des assemblages diversifiés, par exemple des réseaux routiers, des magasins, des villages, des châteaux.

- **Le matériel**

Des jeux de construction (Lego et autres), des camions et des autos jouets, des petits personnages, des casques de sécurité, etc.

- **Les habiletés visées**

Le travail d'équipe, la sociabilité, le leadership, l'appropriation d'un rôle, la mesure, le classement, la comparaison, la correspondance, la sériation, les relations.

Le coin maison (poupées)

Le coin maison est constitué de petits espaces délimités par des meubles qui représentent l'aménagement miniaturisé de la maison. Les objets prédisposent l'enfant à adopter un rôle et à reproduire des activités familiales. Concrètement, l'enfant s'imprègne du personnage en entrant véritablement dans sa peau et en adoptant des comportements (expressions, mimiques et paroles) qui reflètent des choses déjà vues ou vécues dans la *vraie vie*. Ainsi, le *papa* et la *maman* circuleront dans le salon, la cuisine et la chambre d'enfants, tout en s'investissant dans leurs rôles, en utilisant le matériel approprié et en s'occupant du bébé (poupée).

- **Le matériel**

Des poupées, un landau, une chaise haute, un évier, des armoires, une table, des chaises, un fauteuil, des commodes, de la vaisselle, des vêtements pour les poupées, des costumes, des colliers, des chaussures, des sacs à main, un miroir.

- **Les habiletés visées**

Le travail d'équipe, la sociabilité, le leadership, l'appropriation d'un rôle, l'expression dramatique, la communication, la planification, l'organisation, la prise de décision.

Le coin des jeux de table

L'aire des jeux de table est délimitée par des bahuts et des casiers où sont rangés les jeux et elle comprend des tables et des chaises. L'enfant peut choisir d'y travailler seul ou avec d'autres.

Jouer sans contraintes, à deux ou en groupe, cela permet de créer une ambiance intime, agréable et détendue. Une nouvelle tension se fait sentir (Vais-je réussir ? Qui y parviendra ?...), qui incite l'enfant à une saine compétition. Ainsi que le souligne De Graeve (1996, p. 111) :

> Les jeux de société constituent une manière privilégiée pour l'enfant de s'exercer aux interactions sociales, de comprendre et accepter l'importance et la sûreté de règles de jeu stables, de l'honnêteté dans le jeu, du respect poli des autres, du pouvoir d'acceptation de la défaite, du partage de la joie de la victoire du gagnant, etc.

- **Le matériel**

Des casse-tête, des lotos, des jeux d'encastrement, d'association, de classement, en somme une variété infinie de jeux auxquels on peut s'adonner seul ou avec d'autres.

- **Les habiletés visées**

L'observation, la mémorisation, l'association, la déduction, l'imagination, la sériation, la classification, la reconnaissance de mots.

9.2.2 La planification du temps

La planification du temps à la maternelle diffère de celle des classes primaires, car le programme n'est pas axé sur les matières scolaires. Un des principaux facteurs à considérer dans la planification du temps tient à la difficulté qu'éprouve l'enfant de cinq ans à se situer dans le temps, d'où l'importance, pour les enseignantes, d'organiser les journées en y intégrant des activités de routine.

L'activité de routine est une activité qui revient presque tous les jours, approximativement à la même heure, et qui s'insère dans la vie quotidienne de la classe. C'est le cas, par exemple, de la collation, que l'on prend d'ordinaire avant les jeux libres, ou encore de la période d'évaluation, placée avant l'habillage pour le départ. Ces activités de routine fournissent à l'enfant des repères d'après lesquels il peut se situer dans le temps et planifier ses activités en conséquence.

En plus de prévoir les activités dans un certain ordre, l'enseignante les présente habituellement en intercalant des comptines ou des chansons dans le but d'annoncer qu'il est temps de ranger ou de changer d'activité.

Les comptines et les chansons sont de courtes activités qui retiennent l'attention des enfants. On peut y recourir pour enseigner de nouveaux concepts, introduire des thèmes, faire apprendre des mots, déclencher et animer des activités en général.

L'enfant apprend rapidement les chansons et les comptines, surtout si elles sont accompagnées par une gestuelle appropriée et si le corps est mis à contribution. Ainsi, il mémorise, intègre de nouvelles expressions et s'amuse en apprenant.

Les comptines et les chansons peuvent également être considérées comme des activités de transition. Par exemple, lorsque certains enfants sont occupés à ranger leur matériel, l'enseignante entonne une chanson avec les autres enfants. On commencera l'activité suivante une fois que tous les enfants seront prêts.

Tout en respectant les activités de routine, l'enseignante doit se préoccuper du temps global. Ce temps global est relié à : hier (*ce que j'ai fait*) ; aujourd'hui (*ce que je fais*) ; demain (*ce que je veux faire*). En conséquence, le déroulement du temps s'inscrit dans un cadre qui tient compte des activités antérieures ou *préalables*, qui serviront de référence pour faire progresser l'enfant dans son cheminement. L'enseignante doit donc avoir une vision à court, moyen et long terme des apprentissages que l'enfant est appelé à faire. Sans rejeter les activités spontanées, elle veille à ce que l'organisation du temps soit en accord avec le développement de chacun des enfants. Le carcan que constitue un emploi du temps trop morcelé ou trop rigide risque d'entraîner une perte d'intérêt chez l'enfant et de l'amener à abandonner ce dans quoi il commençait à s'engager pleinement. C'est aussi le cas lorsqu'on propose trop de choix à l'enfant. En somme, toute organisation du temps trop routinière est susceptible de s'appauvrir rapidement et d'engendrer de l'éparpillement.

Dans la section qui suit, nous nous intéresserons au déroulement d'une journée à la maternelle. Sans vouloir établir un modèle statique, nous entendons décrire, selon un horaire fictif, la planification d'une journée de classe. Bien que les matières scolaires comme le français, les mathématiques, les sciences ou autres ne soient pas inscrites nommément, elles sont intégrées à l'intérieur même des activités. Ainsi, *écrire son nom* ne se réalisera pas dans le cadre d'une leçon d'écriture formelle ; à la place, lorsque l'enfant aura terminé son dessin, on lui demandera de signer sa copie. S'il ne sait pas écrire son nom, il devra s'efforcer de reproduire du mieux qu'il peut le modèle qu'on mettra à sa disposition.

La planification d'une journée à la maternelle

En pratique, l'horaire de la maternelle couvre une période approximative de cinq heures. L'horaire fictif reproduit dans le tableau 9.1 illustre la planification d'une journée à la maternelle. Avant tout, il faut relier les activités à un intérêt ou un thème précis. Pour les besoins de notre exemple, ce thème se rattache à la Semaine de l'alimentation.

Travailler par thème signifie retenir un sujet précis sur lequel on portera plus particulièrement notre attention pendant un laps de temps donné. Ce thème peut provenir des intérêts des enfants ou de ceux de l'enseignante, ou encore se rapporter à des événements particuliers, comme le temps des Fêtes, des sucres, Pâques.

Toujours pour les besoins de notre exemple, nous avons choisi une journée du mois de mars. Traditionnellement, au cours de ce mois, une semaine est dédiée à l'alimentation. Pour bien répartir l'ensemble des activités sur ce thème à réaliser au cours de la semaine, l'enseignante doit avoir une bonne compréhension du thème général et de ses multiples dimensions. Par exemple, elle peut décider d'aborder le thème de l'alimentation globalement dans un premier temps, puis s'intéresser plus particulièrement à un de ses aspects, tels les *légumes*, lequel formera finalement le thème retenu.

Les activités planifiées peuvent varier quant à leur nature, mais aussi quant à la modalité de l'approche privilégiée, qui peut aller de l'activité collective au travail en équipe ou au travail individuel.

TABLEAU 9.1 L'organisation d'une journée sur le thème des légumes

Heure	Titre de l'activité	Type d'activité	Description	Notes pratiques
9 h	Entrée		L'enfant dépose ses vêtements d'extérieur au vestiaire.	S'assurer que l'enfant entre en toute sécurité.
	Accueil	Activités de routine	L'enseignante accueille, écoute et aide au besoin.	
	Présences			Déterminer les enfants absents pour faire le suivi.
	Responsabilités (1*)		L'enfant accomplit les tâches pour lesquelles il est désigné : par exemple, arroser les plantes, s'occuper d'un petit animal.	Le temps est alloué aux responsabilités sur une base journalière ou hebdomadaire.
9 h 10	Causerie (2)	Activité de routine dirigée (3)	Causerie dirigée sur les légumes, à partir de la collation des enfants (vécu). • Quelles sont les caractéristiques des légumes ? • etc.	L'enseignante anime la discussion, donne le droit de parole. L'enfant doit apprendre à attendre son tour.
9 h 25	Ronde *Tous les légumes*	Activité collective dirigée dite déclencheur (4)	L'enseignante montre la chanson tout en expliquant chacun des légumes qui y sont mentionnés. Avec les enfants, elle cherche les gestes appropriés à cette chanson.	L'enseignante utilise la gestuelle des enfants et l'intègre à la chanson. Plus tard dans la semaine, elle pourra écrire les mots de la ronde que les enfants pourront illustrer.

→

* Les chiffres entre parenthèses renvoient à des définitions ou à des descriptions données à la suite du tableau.

TABLEAU 9.1 L'organisation d'une journée sur le thème des légumes (*suite*)

Heure	Titre de l'activité	Type d'activité	Description	Notes pratiques
10 h	Calendrier (5)	Activité de routine dirigée	L'enseignante repère la date du jour avec les enfants et vérifie s'il y a un anniversaire. (Souvent, on y inscrit le temps qu'il fait dehors.)	Il faut profiter de cette activité pour introduire les mots *hier, aujourd'hui* et *demain* et présenter les différentes saisons. Le calendrier permet aussi de souligner les moments forts du programme de la semaine.
	Tableau de programmation (6)	Activité collective	Le tableau de programmation force l'enfant à réfléchir sur les activités qu'il a déjà entreprises et sur celles qu'il veut réaliser ce jour-là.	L'enseignante s'attarde particulièrement sur les nouvelles activités et sur leurs règles.
10 h 15	Collation	Activité de routine et activité collective	Les enfants prennent leur collation.	L'enseignante peut profiter de ce moment pour regarder les collations et faire des retours sur le thème de l'alimentation.
10 h 25	« Touche-à-tout »	Activité de transition (7) dirigée	Dans un sac, on a déposé différentes sortes de légumes que l'enfant doit identifier seulement au moyen du toucher, en disant si c'est un légume qu'il aime ou pas. Plus tard, on pourra introduire des légumes moins connus pour que les enfants puissent apprendre leur nom.	L'enseignante pourra proposer à l'enfant de reprendre cette activité quand il aura un moment libre dans la journée. Cette activité sera alors désignée comme *déversoir* (8).

Heure	Titre de l'activité	Type d'activité	Description	Notes pratiques
10 h 35	Les activités (9), ateliers (10) ou projets (11)	Activité dirigée individuelle, en équipe ou collective	L'enfant choisit une activité qui l'intéresse. Quand il a terminé, il peut, dans certains cas et selon les directives de l'enseignante, s'inscrire à une autre activité ou simplement choisir un jeu de table (12).	L'enseignante peut choisir de se faire aider des parents pour répondre aux besoins des enfants et assurer le suivi dans les activités.
11 h	Chanson sur le rangement (13)	Activité de routine	L'enfant doit ranger les objets ou les jeux dont il s'est servi. Il peut aider ses amis s'il le désire.	L'enseignante observe si l'enfant procède au rangement et comment il le fait.
11 h 05	L'auto-évaluation (14)	Activité de routine	L'enfant doit procéder à son évaluation.	L'enseignante voit à ce que chaque enfant le fasse correctement. Si un enfant éprouve des difficultés à s'évaluer, il peut recevoir de l'aide. L'enseignante se réserve la possibilité d'écrire une note aux parents, si le travail de l'enfant est insatisfaisant.
11 h 10	Conte ou histoire	Activité de routine et activité collective	L'enseignante choisit et lit un livre qui traite de l'alimentation. Elle a créé un certain rituel et s'assure que tous les enfants la voient et l'écoutent pendant la lecture.	Après la lecture, l'enseignante revient sur des mots qu'elle désire faire comprendre et assimiler aux enfants. →

TABLEAU 9.1 L'organisation d'une journée sur le thème des légumes (*suite*)

Heure	Titre de l'activité	Type d'activité	Description	Notes pratiques
11 h 20	Habillage	Activité de routine et activité collective		Tandis que les enfants s'habillent, l'enseignante peut rappeler à ceux qui dînent à l'école les règles de circulation dans les corridors et, à ceux qui dînent à l'extérieur, les règles de sécurité usuelles.
	Départ		L'enseignante s'assure que les enfants qui dînent à la garderie s'y rendent en toute sécurité.	
Dîner				
13 h	Entrée Accueil		L'enfant se déshabille au vestiaire	S'assurer que l'enfant entre en toute sécurité.
	Présences	Activités de routine	L'enseignante accueille l'enfant, l'écoute et l'aide au besoin.	Déterminer les enfants absents pour faire le suivi.
13 h 10	Repos Détente (15)	Activité de routine et activité collective	L'enfant va chercher un petit tapis ou une serviette et s'étend pour se reposer. L'enseignante peut animer cette activité : • massages • musique	Voir à ce que les enfants respectent les moments de silence.
13 h 40	Jeux libres (16) ou suite des activités de la matinée	Activité de routine	Les enfants peuvent terminer ce qu'ils ont commencé en matinée ou choisir un jeu.	L'enseignante fait des rappels concernant certaines activités et elle insiste pour que les enfants terminent ce qu'ils ont commencé.

Heure	Titre de l'activité	Type d'activité	Description	Notes pratiques
14 h 15	Rangement	Activité de routine	Les enfants rangent leur matériel.	L'enseignante peut proposer une activité de transition.
14 h 20	Collation	Activité de routine	Les enfants mangent leur collation.	L'enseignante observe leur langage oral (phrases, mots, etc.).
14 h 30	Activité au gymnase	Activité collective	Les enfants se rendent au gymnase avec le professeur d'éducation physique.	L'enseignante en profite pour revoir le cahier d'évaluation de l'enfant et prendre des notes au besoin.
15 h	Retour sur les activités de la journée	Activité collective	Les enfants parlent à tour de rôle de ce qu'ils ont trouvé facile ou difficile à faire pendant la journée.	L'enseignante vérifie ce que les enfants ont réalisé au gymnase.
	Présentation d'activités (17)	Activité individuelle ou d'équipe	Les enfants qui se sont inscrits aux présentations peuvent s'exécuter devant les autres enfants qui deviennent les évaluateurs des réalisations.	L'enseignante prend des notes dans son journal de bord concernant les présentations des enfants.
15 h 15	Objectivation de la journée (18)	Activité collective	L'enseignante donne un tour de parole afin de vérifier le degré de satisfaction de chaque enfant par rapport à la journée qui se termine.	L'enseignante crée l'ambiance qui incite à se questionner sur ses actions et à modifier les comportements au besoin.
15 h 20	Habillage	Activité de transition	L'enseignante est présente et observe.	L'enseignante rappelle certains points pour le lendemain. →

TABLEAU 9.1 L'organisation d'une journée sur le thème des légumes (*suite*)

(1) Les responsabilités sont des tâches que l'enfant doit accomplir qui se trouvent parfois inscrites au *tableau des responsabilités* dans la classe. L'enseignante vérifie auprès des enfants lequel assumera telle ou telle responsabilité au cours de la journée ou même tout au long de la semaine. Cela peut consister, par exemple, à aller porter les fiches d'absence au bureau de la secrétaire, à sortir les nouveaux livres de la bibliothèque, à ranger les crayons. Les responsabilités sont souvent données à tour de rôle aux enfants.

(2) La causerie est un moment privilégié où l'enfant peut s'exprimer sur un sujet. Elle peut prendre deux formes :

- la causerie libre, qui, comme son nom l'indique, laisse toute latitude à l'enfant quant au sujet dont il veut parler ;
- la causerie dirigée, qui est axée sur un sujet précis, en vue de connaître les intérêts de l'enfant par rapport à cette question, de vérifier ses acquis, de lui apprendre de nouvelles notions, de l'évaluer, de faire des retours.

(3) L'activité dirigée est « une activité prévue par l'éducateur et souvent vécue par tous les enfants en même temps et portant parfois sur des contenus notionnels ». (Ministère de l'Éducation du Québec, 1982b, p. 273). Le *Guide général d'interprétation et d'instrumentation pédagogique pour le Programme d'éducation préscolaire* (*ibid.*, p. 38) souligne toutefois que :

> Ces activités ne sont pas à privilégier en soi, parce qu'il est rare qu'elles répondent adéquatement aux objectifs de développement personnel et individualisé de chacun des enfants [...]. Par ailleurs, ces activités sont une nécessité pour la régulation de la vie de groupe ; on y retrouve, entre autres, les activités de routine, les activités de transition. On pourrait inclure dans cette catégorie les activités de planification, d'organisation et d'évaluation : elles sont dirigées, mais elles ne sont pas toujours vécues en groupe.

(4) Le déclencheur est une activité dynamique et motivante qui amène l'enfant à s'intéresser dès le départ à l'activité qui est proposée. Chez le jeune enfant, certains moyens sont plus susceptibles que d'autres d'éveiller sa curiosité. C'est le cas, notamment, de la marionnette, du déguisement, du trésor caché.

(5) Le calendrier consiste en la reproduction graphique à grande échelle de chaque mois, qui comprend les jours, les semaines et la saison. Les activités privilégiées durant un mois donné y figurent, comme les anniversaires des enfants, les activités et les sorties spéciales. Dans le cadre du thème qui nous intéresse ici, celui de l'alimentation, les enfants peuvent prendre connaissance des activités qui se dérouleront tout au long de la semaine.

(6) Le tableau de programmation indique les activités de la journée, de la semaine et parfois même du mois. Suivant chaque enseignante, le tableau peut prendre diverses formes. Dans plusieurs maternelles, il est divisé en trois parties : les activités collectives, les activités d'équipe ou les activités individuelles. Pour que l'enfant puisse s'y repérer, on différencie chaque type d'activités au moyen de pictogrammes (images représentatives de mots). Bien entendu, lorsque de nouvelles activités sont proposées, l'enseignante donne les explications sur leur déroulement, le matériel mis en place et ses attentes personnelles.

En début d'année, on doit s'attendre à un tableau de programmation présentant des activités plus simples. Par exemple, il faut d'abord enseigner aux enfants à utiliser adéquatement les instruments et à respecter les règles de leur usage avant de les laisser aller librement. Au fur et à mesure que l'année avance, les activités sont appelées à devenir plus complexes, exigeant de plus amples habiletés de la part des enfants.

(7) L'activité de transition est une activité simple et courte, souvent dirigée, qui regroupe les enfants et qui sert de « tampon » entre deux activités importantes (Ministère de l'Éducation du Québec, 1982b, p. 273).

feuille cpt -D Suppléance anglais

(8) L'activité « déversoir » est une activité que l'enfant peut faire seul, sans aide ni supervision, et qui lui permet d'attendre activement que les autres aient terminé une activité en cours ; elle régularise le rythme de la routine (Ministère de l'Éducation du Québec, 1982b, p. 274).

(9) L'activité consiste dans un exercice, un jeu ou un travail quelconque :

> Les activités sont suscitées par les lieux, les objets, les personnes [...]. L'activité proposée joue un rôle de stimulus dans le développement de l'enfant. Le souci de qualité professionnelle impose pour l'éducatrice des principes de choix de ces activités, tant pour leurs formes que pour leur contenu. (Ministère de l'Éducation du Québec, 1982b, p. 29.)
>
> On peut imaginer une autre façon de voir, de penser les activités à la maternelle de telle sorte qu'il y aura une plus grande exploitation de l'environnement physique et humain : des activités qui visent à utiliser l'expérience des enfants, à multiplier l'exploitation des objets, à provoquer l'émergence d'idées. (*Ibid.,* p. 38.)

(10) Les activités en atelier sont des activités qui exigent du matériel, des outils et une organisation spécifiques. Elles impliquent un regroupement d'enfants, qui travaillent seuls ou avec d'autres.

L'activité-atelier présente, en règle générale, les caractéristiques suivantes : elle demande un aménagement particulier (momentané ou plus durable) de l'espace et une sélection du matériel ; elle donne aux enfants la possibilité de faire des choix selon leurs intérêts ; elle permet de faire diverses expériences et ouvre de nouveaux horizons ; elle exige l'établissement de règles ; elle favorise l'exploitation de matériaux multiples ; elle encourage les initiatives individuelles ou de groupe ; elle est proposée soit par l'enfant, soit par l'enseignante ; elle requiert une organisation souple du temps ; elle est permanente ou occasionnelle (Ministère de l'Éducation du Québec, 1982b, p. 39).

Suivant la méthode pédagogique de l'enseignante, les activités reliées aux différents coins peuvent prendre la forme d'ateliers.

(11) Le projet est une activité qui se déroule selon un processus continu qui amène l'enfant à amorcer une réflexion préalable, à développer certaines compétences dans un laps de temps déterminé, à organiser ses actions, à tenir compte de l'environnement et à avoir le plus d'interactions possible en vue d'enrichir ledit projet. L'enfant peut réaliser son projet seul ou en équipe. Dans le projet, l'accent est mis non pas sur le produit final, mais bien sur l'ensemble de la démarche de l'enfant pour s'organiser dans le temps et dans l'espace. En outre, comme le soulignent Morin et Brief (1995, p. 149), « par le projet, l'enfant élargit sa perspective et s'inscrit dans un engagement envers lui-même et les autres tout en se projetant vers l'avenir ».

Il faut se rappeler que chaque enfant est unique et est marqué par ses expériences passées. Par l'observation, l'enseignante peut reconnaître l'enfant qui a peu exploré ou celui qui reste centré sur la tâche à accomplir plutôt que d'envisager la réalisation de l'ensemble du projet à long terme. Il est alors préférable de le laisser jouer, pour l'amener petit à petit, grâce à des interventions appropriées, à une démarche de mieux en mieux intégrée.

(12) Les jeux de table sont habituellement regroupés dans un endroit précis de la classe. Ces jeux développent le sens de l'observation, la mémoire visuelle et l'imagination constructive, et rendent l'enfant plus habile quant aux associations d'idées, à la déduction, à la sériation et à la classification.

Grâce aux jeux de table, l'enfant apprend à jouer en groupe, à socialiser, à attendre son tour, à respecter la lenteur de l'autre, à accepter de perdre, à aider un ami en difficulté, mais sans se substituer à lui.

Il acquiert aussi des notions d'ordre, de respect des autres et de l'environnement. Il affronte des difficultés. Il apprend la confiance en lui, la persévérance, la patience. (Ministère de l'Éducation du Québec, 1982b, p. 119.)

→

TABLEAU 9.1 L'organisation d'une journée sur le thème des légumes (*suite*)

(13) Le rangement constitue un élément très important, sur lequel l'enseignante doit insister dès le début de l'année. Pour chacun des coins, il existe des règles relatives à l'utilisation et au rangement du matériel, que l'enfant doit connaître et respecter, à défaut de quoi le désordre aura tôt fait de s'installer. Il convient donc de prévoir plusieurs périodes de rangement au cours d'une journée et de trouver des stratégies pour encourager les enfants à ranger le matériel le plus spontanément possible. L'enseignante peut, par exemple, les inviter à faire *le petit aspirateur* ou à se transformer *en tamanoir,* ou encore chanter avec eux une chanson ou réciter une comptine qui incitent au rangement.

Notons ici que les règles établies dépendent des valeurs personnelles et du degré de tolérance de l'enseignante.

(14) L'auto-évaluation est essentiellement centrée sur l'enfant qui pose un diagnostic personnel quant à sa façon de travailler. Il peut dire si, oui ou non, il est satisfait de son activité. Cette étape est très importante pour évaluer les réussites de chacun et discuter des difficultés éprouvées.

(15) Le repos vise à amener l'enfant à une détente globale du corps, soit par la relaxation, le massage, soit par la position couchée. L'enseignante peut utiliser différents moyens qui facilitent la détente, comme une musique douce, une histoire lentement racontée sur un thème et avec une tonalité de voix qui invitent au calme par la représentation mentale d'une situation relaxante : « Je suis couché sur un nuage… nous allons écouter le silence... » Les enfants sont habituellement répartis dans l'espace sur le sol, allongés sur une serviette ou sur un petit tapis, éloignés les uns des autres pour éviter toutes distractions. L'enseignante peut circuler parmi eux et intervenir au besoin.

(16) Le jeu libre consiste dans une activité que l'enfant choisit dans l'un ou l'autre des coins de la classe. Il peut s'y livrer seul ou avec d'autres.

(17) Les présentations se tiennent habituellement en fin de demi-journée ou de journée. L'enfant ou l'équipe présente d'abord son travail à l'enseignante et, si celle-ci estime qu'il est terminé, il y a alors inscription pour le présenter à l'ensemble du groupe qui réagira à son tour en apportant des commentaires.

(18) L'objectivation est définie par Legendre (1993, p. 930) comme un « processus de rétroaction par lequel le sujet prend conscience du degré de réussite de ses apprentissages, effectue le bilan de ses actif et passif, se fixe de nouveaux objectifs et détermine les moyens pour parvenir à ses fins ». Pour l'enseignante, il s'agit d'un jugement appréciatif qu'elle porte sur l'évolution de l'enfant par rapport à ce qu'il a fait et comment il l'a réalisé, le tout en vue d'apporter des améliorations la prochaine fois.

La planification d'une activité à la maternelle

Planifier des activités en maternelle exige de la réflexion, puisque cela met en jeu tous les éléments de la démarche d'enseignement et du processus d'apprentissage. Le tableau 9.2 présente un modèle de plan de travail qui pourrait ultimement servir à créer une situation d'apprentissage. Précisons tout de suite que, même avec la meilleure planification possible, il ne faut pas s'attendre à ce que tous les enfants profitent pareillement d'une activité donnée. L'évaluation doit prendre en considération le vécu expérientiel de chacun.

TABLEAU 9.2 Planification d'une activité ou d'une situation d'apprentissage

Étape initiale
A. Trouver un titre à l'activité ou à la situation d'apprentissage qui éveillera la curiosité et l'intérêt de l'enfant. Choix du sujet : • En quoi le sujet m'intéresse-t-il en tant qu'enseignante et en quoi est-il susceptible d'intéresser l'enfant ? • Pourquoi vouloir proposer cette activité ? • Quelles sont les notions qui seront explorées ? • Où aller chercher l'information, les références ?
B. Préparer l'environnement Réfléchir à l'aménagement en relation avec l'activité : • Faut-il prévoir un environnement spécial (coins ou aires) ? • Est-il nécessaire d'ajouter du matériel ? Si oui, lequel ? • Faut-il inscrire l'activité dans le tableau de programmation (repères visuels) ? • Quels moyens seront mis à la disposition des enfants ? • Y a-t-il des règles particulières à fixer ou des conseils pédagogiques à formuler pour la bonne marche de l'activité ? • Des personnes-ressources sont-elles requises ? Si oui, lesquelles ?
C. Tenir compte de l'enfant • Comment, par cette activité, tenir compte du vécu et du développement de l'enfant ? • Quelles compétences et habiletés cette activité vise-t-elle ? • Quels éléments seront observés et évalués (grille d'observation) ?
Étape de réalisation
A. Présentation de l'activité • Choisir un déclencheur ou une situation de départ qui incite l'enfant à entreprendre l'activité • Déterminer la façon de présenter cette activité au groupe (mime, improvisation, livre, etc.) • Déterminer le moment où elle sera présentée
B. Déroulement à court, à moyen et à long terme (stratégies et interventions) • Déterminer les étapes à respecter et les stratégies à mettre en œuvre • Déterminer la durée approximative de chaque étape • Préciser les rôles de l'enseignante et de l'enfant tout au long de la situation d'apprentissage →

TABLEAU 9.2 Planification d'une activité ou d'une situation d'apprentissage (*suite*)

Étape d'évaluation
A. Auto-évaluation de l'enfant L'auto-évaluation est à privilégier, car elle vise à faire réfléchir l'enfant sur ses satisfactions et insatisfactions par rapport à son travail et également sur les différents éléments qui ont pu perturber sa réalisation. Plus important encore, elle permet à l'enfant de s'exprimer et à l'enseignante, de faire au bon moment des interventions appropriées. B. Auto-évaluation de l'enseignante L'auto-évaluation oblige l'enseignante à réfléchir sur l'ensemble de la situation d'apprentissage : • Comment l'activité s'est-elle déroulée ? • Les interventions ont-elles été appropriées ? • Quel type de difficultés les enfants ont-ils éprouvé ? • Les solutions trouvées pour résoudre ces difficultés étaient-elles pertinentes ?
Variations et enrichissement
• Comment peut-on étendre les apprentissages résultant de cette activité à d'autres situations ?

Tout au long de l'activité, l'enseignante doit s'interroger sur l'activité elle-même (pertinence du choix, intérêt, motivation), de même que sur ses interventions et sur les stratégies qu'elle met en œuvre.

En principe, il faut que l'activité qui se termine puisse introduire d'autres activités définies en fonction d'objectifs plus avancés. Ainsi, d'autres activités en découleront, qui pourront soit renforcer les habiletés et les compétences acquises, soit en faire acquérir de nouvelles.

RÉSUMÉ

Soucieuse du développement de l'enfant, l'enseignante de maternelle s'efforce, dans son aménagement de l'espace, de diversifier les aires (coins) d'activités, d'abord pour satisfaire le besoin de bouger de l'enfant de cinq ans, lui laisser plus de liberté. Une place de choix doit être donnée au jeu symbolique, qui est propice au développement du langage, du corps (mimiques et postures), de l'imaginaire.

Répartis autour du cercle de rassemblement, la plupart des coins ou aires d'activités demeurent en place toute l'année. D'autres sont aménagés de façon temporaire, souvent en relation avec un événement ou un thème particulier.

Par ailleurs, l'enseignante doit, dans sa planification du temps, tenir compte du fait que l'enfant de cinq ans a de la difficulté à se situer dans le temps. C'est pourquoi il est important d'entrecouper la journée d'activités de routine, c'est-à-dire des activités qui reviennent presque tous les jours et approximativement à la même heure.

Quant aux autres activités, elles sont élaborées à partir de thèmes ou de sujets d'intérêt spécifiques. Elles peuvent prendre la forme d'activités dirigées et collectives ou prendre la forme d'ateliers ou de projets. Pour s'assurer qu'elles portent leurs fruits, ces activités doivent être choisies et préparées avec soin et comprendre une étape d'évaluation.

QUESTIONS

1. Faites un plan de ce que pourrait être une classe maternelle en y intégrant les principaux coins ou aires d'activités.
2. À partir d'un thème de votre choix, planifiez une journée de classe en maternelle.
3. Quelle distinction faites-vous entre les activités dirigées, les jeux libres, les activités déversoirs et les activités de transition ?
4. Donnez des exemples concrets du matériel qu'on pourrait trouver dans les coins de construction, de poupées, de lecture, de musique, de jeux de table.

MISES EN SITUATION

1. Approche par ateliers

Vous êtes engagée pour enseigner à la maternelle selon une approche pédagogique par ateliers.

Pistes d'exploration

— Que signifie travailler selon une approche par ateliers ?

— Quels genres d'ateliers mettrez-vous sur pied ?

— Qu'est-ce que cela implique sur le plan de l'aménagement du temps et de l'espace et sur le plan de l'organisation de classe ?

— Quelles seront vos attitudes par rapport à l'enfant, aux parents et aux différents intervenants ?

Présentation

Vous avez à présenter de quelle façon vous comptez mettre en place des ateliers dans votre classe et à expliquer comment ils pourront répondre aux besoins de l'enfant, du milieu et à vos propres besoins. Les moyens que vous pouvez utiliser sont le jeu de rôle ou la conférence.

2. Approche par projets

Vous êtes engagée pour enseigner à la maternelle selon une approche par projets.

Pistes d'exploration

— Que signifie travailler selon une approche par projets ?

— Quels types de projets proposerez-vous ?

— Qu'est-ce que cela implique sur le plan de l'aménagement du temps et de l'espace et sur le plan de l'organisation de classe ?

— Quelles seront vos attitudes par rapport à l'enfant, aux parents et aux différents intervenants ?

Présentation

Vous avez à présenter de quelle façon vous comptez mettre en place des projets dans votre classe et à expliquer comment ils pourront répondre aux besoins de l'enfant, du milieu et à vos propres besoins. Les moyens que vous pouvez utiliser sont le jeu de rôle ou la conférence.

3. Une classe fantastique

Vous êtes engagée pour enseigner dans une classe de maternelle que l'on veut innovatrice.

Pistes d'exploration

— Qu'est-ce qu'une classe de maternelle innovatrice ?

— Comment organiserez-vous votre classe sur le plan de l'aménagement de l'espace, du temps et des activités ?

— Qu'est-ce que cela signifie quant à l'implication de l'enfant, des parents, des intervenants et quant à votre propre implication ?

— Qu'est-ce qui fait que votre classe sera différente des autres classes de maternelle ?

Présentation

Vous avez à présenter les raisons pour lesquelles les parents devraient inscrire leur enfant dans votre classe plutôt que dans une autre et à expliquer ce qui la rend fantastique comparativement aux autres. Les moyens que vous pouvez utiliser sont le jeu de rôle ou la conférence.

LECTURES SUGGÉRÉES

GROUPE DE TRAVAIL POUR LES JEUNES (1991). *Un Québec fou de ses enfants*, Québec, ministère de la Santé et des Services sociaux.

POMERLEAU, A., et MALCUIT, G. (1983). *L'enfant et son environnement*, Québec, Presses de l'Université du Québec.

PY, G. (1993). *L'enfant et l'école maternelle : les enjeux*, Paris, Armand Colin.

Chapitre 10

La gestion de la classe maternelle en relation avec les domaines d'apprentissage

OBJECTIFS

Au terme de ce chapitre, le lecteur devrait pouvoir :

- décrire les principaux éléments de la gestion de la classe maternelle ;
- expliquer ce que signifient, dans le contexte d'une classe maternelle, enseigner, apprendre et organiser les moyens didactiques ;
- expliquer comment l'enseignante tiendra compte des domaines d'apprentissage dans sa planification de classe ;
- décrire le processus et les méthodes d'évaluation à la maternelle ;
- expliquer l'utilité du portfolio dans l'évaluation des enfants de la maternelle.

INTRODUCTION

La gestion de classe se définit, selon le modèle de la situation pédagogique défini par Legendre (1993, p. 1168), comme la mise en œuvre de moyens visant à articuler la relation d'enseignement (entre l'enseignant et l'enfant), la relation d'apprentissage (entre l'enfant et l'objet d'apprentissage) et la relation didactique (entre l'enseignant et l'objet d'apprentissage). À la maternelle, cette gestion n'est pas simple à cause du caractère particulier de la situation pédagogique. Entre autres choses, il faut tenir compte du fait que l'enfant est jeune, qu'il n'a pas un bagage énorme d'expériences et qu'il a besoin d'un environnement sécurisant où il pourra satisfaire son besoin de bouger, d'explorer, de découvrir. De nombreux éléments doivent donc être pris en considération dans la gestion de classe à la maternelle, de façon que l'enfant puisse se développer harmonieusement et s'épanouir.

La situation pédagogique dont il est question intègre également le milieu dans lequel évolue l'enfant. Par conséquent, il faut concevoir les lieux de la maternelle en prenant en considération les besoins et les intérêts de l'enfant dans l'optique des activités de jeu. À ce titre, les interventions de l'enseignante exigent souplesse et flexibilité. En ce qui a trait à la souplesse, disons que les techniques doivent pouvoir s'adapter et s'harmoniser aux situations en tenant compte de l'enfant individuel. Conséquemment, elles ne doivent pas être appliquées de façon rigide et uniforme. Quant à la flexibilité, elle se rapporte à la qualité de l'enseignante qui respecte le rythme de l'enfant en adaptant ses interventions et ses stratégies.

La personnalité de l'enseignante et son style d'intervention ont donc un effet direct sur la façon de *faire* la classe. Ce n'est pas tout d'avoir un tempérament doux et avenant, encore faut-il offrir un environnement « sécurisant », ce qui signifie une certaine constance des situations qui se répètent (activités de routine), à partir desquelles l'enfant se familiarise avec le milieu, se situe dans le temps et l'espace, ce qui contribue à lui faire prendre confiance en ses propres moyens.

Afin de mieux cerner la complexité de la gestion de la classe maternelle, nous examinerons de près la situation pédagogique qui met en cause la relation d'enseignement, la relation d'apprentissage et la relation didactique.

10.1 ENTRE L'ENFANT ET L'ENSEIGNANTE : LA RELATION D'ENSEIGNEMENT

Enseigner signifie essentiellement transmettre un savoir et décider des moyens propres à favoriser l'apprentissage. Cette transmission des savoirs ne peut se réaliser auprès du jeune enfant à la maternelle sans que soit pris en considération tout son être, sans omettre l'affectivité qui le caractérise. Comme nous l'avons déjà mentionné, l'enfant est avant tout un être actif qui bouge avec tout son corps, d'où l'importance, à la maternelle, de lui proposer des activités ludiques, motrices, de découvertes, d'expressions plastiques, musicales, langagières. Évidemment, cela n'empêche pas l'apprentissage de la lecture, de l'écriture, des sciences, des mathématiques.

Soulignons que ce qui compte dans l'approche privilégiée par l'enseignante, c'est de permettre à l'enfant d'explorer, de s'exprimer et de travailler à son rythme. Parmi les différentes approches, les ateliers et les projets sont les plus couramment utilisés à la maternelle.

À la maternelle, l'approche par ateliers a été populaire pendant les années 70. Encore aujourd'hui, elle est présente dans plusieurs maternelles.

L'atelier est un lieu où se déroule une activité précise, avec du matériel spécifique et selon des règles bien définies. C'est le cas, par exemple, des ateliers de peinture, de modelage ou de bricolage. L'enfant peut choisir l'activité, mais il doit aussi assumer son choix et terminer ce qu'il commence, cela en se conformant aux règles particulières de fonctionnement. Le rôle de l'enseignante est de voir à la bonne marche et à la rotation des ateliers, tout en observant les enfants et en entretenant une communication efficace avec chacun d'eux. Souvent, les ateliers se confondent aux aires d'activités. Il n'est donc pas rare que l'on parle d'*atelier maison*, d'*atelier de construction*, etc.

Dans l'approche par ateliers, il arrive que l'enseignante sollicite l'aide d'intervenants extérieurs, particulièrement celle des parents.

Il convient de préciser que l'approche par ateliers n'est pas limitée à l'éducation préscolaire. Elle se pratique également à d'autres niveaux du primaire. Là aussi des règles de fonctionnement sont établies. En général, le décloisonnement des matières est favorisé et les élèves peuvent choisir des ateliers à l'intérieur desquels leurs compétences particulières s'avéreront utiles à l'ensemble du groupe.

L'approche par projets est celle que préconise le *Programme de formation de l'école québécoise* (Ministère de l'Éducation du Québec, 2001) dans lequel s'inscrit le programme préscolaire. L'idée de projet a été lancée par le mouvement des écoles nouvelles, souvent appelées écoles alternatives ou à vocation particulière. Selon le MEQ (2001, p. 64), « le projet émerge de ses champs d'intérêt [à l'enfant], de ses jeux, de ses expériences ou de son imagination. Il représente un défi réel et lui permet de faire des essais et des erreurs, de faire appel à sa créativité et d'apprendre à terminer une tâche ».

De façon générale, le terme « projet » évoque une réalisation à venir. Dans cette perspective, on peut définir des stratégies qui concourent à l'atteinte des objectifs envisagés. L'élaboration d'un projet passe par plusieurs étapes :

— la réflexion sur ce qu'on désire faire (choix du projet) et avec qui (coéquipiers) ;
— l'analyse des besoins et de la situation ;
— la définition d'objectifs dans un échéancier réaliste ;
— la détermination des stratégies, moyens et matériel nécessaires ;
— la détermination des personnes-ressources à s'adjoindre ;
— la définition des tâches et des responsabilités des divers partenaires ;
— l'évaluation et la présentation du projet.

Ces deux formes d'approches, par ateliers et par projets, ont une incidence sur la façon dont l'enseignante organise sa classe.

Dans le cas de l'approche par ateliers, l'accent est mis sur l'organisation des lieux, la planification des tâches, le matériel nécessaire et sur les moyens de réalisation pour arriver à terminer la tâche demandée. L'objectif est d'amener l'enfant à une autonomie fonctionnelle. On parle d'autonomie fonctionnelle quand l'enfant est capable de répondre à ses besoins par lui-même, sans toujours recourir à l'adulte. Autrement dit, il se prend en charge.

Dans le cas de l'approche par projets, on fait appel à la créativité en misant sur les capacités de l'enfant à produire des idées originales. On le place au cœur de son cheminement, l'objectif étant de l'amener à l'autonomie intégrale, c'est-à-dire de l'amener à se responsabiliser, à prendre position et à s'engager vis-à-vis de lui-même, des autres et de l'environnement.

10.2 ENTRE L'ENFANT ET L'OBJET D'APPRENTISSAGE : LA RELATION D'APPRENTISSAGE

Apprendre signifie essentiellement assimiler et intégrer de l'information pour ensuite l'adapter à un contexte donné. L'apprentissage tient à la capacité de créer des liens entre un nouveau savoir et ce qu'on connaît déjà. C'est le fait de pouvoir « incorporer des données nouvelles à une structure cognitive interne déjà existante » (Legendre, 1993, p. 66). Pour le jeune enfant, l'apprentissage doit demeurer très concret, donc intimement lié à ses états affectifs et à son entourage. Rappelons que, tout comme le milieu social, l'école joue un rôle capital dans l'apprentissage.

10.2.1 Les domaines d'apprentissage

Le *Programme de formation de l'école québécoise* (Ministère de l'Éducation du Québec, 2001, p. 7) regroupe 14 programmes disciplinaires dans 5 domaines, auxquels sont rattachées des compétences à acquérir. Ces domaines sont :

1) le domaine des langues ;
2) le domaine des mathématiques, de la science et de la technologie ;
3) le domaine de l'univers social ;
4) le domaine des arts ;
5) le domaine du développement personnel.

Dans cette section, nous présentons chacun de ces domaines et indiquons comment l'enseignante peut en tenir compte à la maternelle. Ce qu'il importe de retenir, c'est que l'enfant de la maternelle se développe en explorant, en construisant, en exerçant et en validant ses connaissances à différents niveaux. En ce sens, l'accent est mis sur son développement intégral et non sur des objectifs à atteindre dans le cadre de disciplines ponctuelles.

Nous n'examinons pas chacun de ces domaines de façon exhaustive ; nous les abordons simplement pour rappeler que ceux-ci peuvent naturellement s'insérer dans les activités courantes de la classe, sans avoir nécessairement fait l'objet d'une planification en vue de faire acquérir des connaissances précises dans un domaine donné. Dans cet esprit, il faut se rappeler que ce n'est pas le domaine d'apprentissage qui importe, mais plutôt l'activité elle-même, qui amène à explorer parfois plusieurs champs disciplinaires.

Le domaine des langues

Le domaine des langues comporte deux volets : la communication orale ainsi que la lecture et l'écriture.

- **La communication orale**

Le MEQ (2001, p. 80) précise que « la communication orale constitue un véhicule de la pensée et des sentiments de même qu'un outil d'apprentissage. La langue orale permet au locuteur de préciser ou de nuancer ses idées, ses points de vue ou ses sentiments au cours d'interactions diverses ». Plus précisément :

> En utilisant de plus en plus la communication orale, l'enfant affirme sa personnalité, élargit ses relations avec son entourage

> et enrichit ses connaissances; il apprend à exprimer ses idées, ses sentiments, à informer les personnes qui l'entourent, à s'informer auprès d'elles et à amasser des connaissances nouvelles qui contribuent à l'augmentation de ses acquis. (Ministère de l'Éducation du Québec, 1997b, p. 34.)

Lorsque l'enfant arrive à la maternelle, il a déjà plusieurs rudiments de l'acte de la communication, qu'il a acquis lors des activités quotidiennes et variées de la vie familiale. Avant de savoir parler, l'enfant s'exprime par différents moyens, tels les pleurs et les sons; il produit ensuite des syllabes qui deviendront, à force de répétitions, des mots et des bribes de phrases. Plusieurs éléments interviennent dans le progrès du langage, tant des facteurs d'ordre physiologique se rapportant aux capacités de l'organisme et à la maturation que des facteurs liés au milieu familial. Dès lors, on peut affirmer que, dans certains cas, le langage des enfants qui arrivent à la maternelle présente des lacunes importantes qui relèvent soit d'un manque d'intérêt ou de la présence réduite des parents, d'interactions verbales limitées et de la solitude des enfants.

En principe, l'enfant qui reçoit un *bon* langage aura tendance à le reproduire. Aussi, pendant la tendre enfance, une attention spéciale doit-elle être accordée à la communication orale. Il est important de bien parler à l'enfant et de ne pas employer un langage enfantin pour éviter de nuire à l'évolution de son langage. Un milieu qui se soucie d'employer les mots justes, de produire des phrases complètes et structurées et qui encourage l'enfant à parler facilite l'insertion de ce dernier dans le monde social et favorise sa réussite scolaire. Aucune méthode spécifique n'existe en soi pour enseigner à parler, sinon celle qui consiste à parler à l'enfant tout en l'incitant à reproduire des sons qui bientôt deviendront des mots et plus tard des phrases. Chacun apprend à son rythme et selon le moment qu'il choisit. Cependant, le milieu reste un facteur déterminant de l'acquisition et de l'évolution du langage oral. À cet effet, il ne faut pas perdre de vue les origines ethniques diverses chez plusieurs enfants de maternelle, qui demandent un effort de la part de l'enseignante pour trouver des stratégies propices au développement du langage. Il est donc essentiel de prêter une attention particulière à chacun des enfants, pour les amener individuellement à avoir confiance en eux au chapitre de la communication. Ici aussi les jeux sont d'excellents moyens pour enrichir le langage, parce qu'ils obligent les enfants à communiquer entre eux et que c'est en parlant qu'on apprend à communiquer. Toutefois, l'enseignante doit être à l'écoute pour aider l'enfant à utiliser les mots correctement ou pour déceler certaines difficultés d'élocution ou d'expression.

Pour l'enfant de cinq ans, le langage oral représente un instrument de communication. Comme le montre le tableau 10.1, la communication remplit plusieurs fonctions.

TABLEAU 10.1 Fonctions et manifestations de la communication

Fonctions de la communication	Manifestations
Établir et maintenir des relations avec les autres	• Demander aux autres leurs idées et leurs sentiments • Définir ensemble les règles d'un jeu • Demander de l'aide à quelqu'un • Demander à quelqu'un de jouer avec nous • Demander des directives • Demander des informations et des explications • Partager des rôles dans une activité • Organiser une activité avec d'autres
S'exprimer	• Motiver ses gestes, ses choix • Exprimer ses goûts, ses préférences • Exprimer ses idées • Exprimer ses sentiments.
Chercher des réponses aux questions que l'on se pose sur le monde	• Exemple : poser des questions sur : – l'usage des choses – les causes possibles d'un phénomène – les différences entre deux objets – leurs ressemblances – le pourquoi des réactions d'un camarade – etc.
Transmettre de l'information	• Identifier des objets • Décrire des objets • Décrire des phénomènes • Expliquer des phénomènes • Définir des relations de ressemblances, de causalité • Etc.
Parler du monde que l'on imagine, c.-à-d. support de l'imaginaire et de la créativité	• Jeu symbolique : théâtre, marionnettes • Dessin, peinture, modelage • Construction • Etc.

Source : Ministère de l'Éducation du Québec, *Guide pédagogique. Préscolaire. Le langage au préscolaire*, Québec, MEQ, 1982, p. 8.

On peut considérer que la maternelle, par les activités qu'elle propose et la liberté d'expression qu'elle autorise, est un moment privilégié pour réaliser des apprentissages dans le domaine du langage. Toutefois, l'enseignante doit intervenir de façon marquée, de manière à renforcer et à améliorer les structures linguistiques de base, car, comme le souligne le ministère de l'Éducation nationale (1986, p. 56), « le simple usage de la langue pour les besoins de la vie de classe n'est pas suffisant pour développer le langage, notamment chez les enfants qui parlent peu ou qui semblent déjà accuser des difficultés dans ce domaine ».

À la maternelle, certaines activités, comme les causeries, incitent l'enfant à parler, à donner son opinion, à faire valoir ses points de vue. Le conte sous toutes ses formes met l'accent sur la compréhension, l'expression, l'écoute. Bien entendu, cela peut dépendre de l'atmosphère créée par la conteuse pour capter l'attention de son auditoire et éveiller son intérêt pour le message que les mots véhiculent. Dans cette sorte de communion mystérieuse où le monde imaginaire attire les petits, il devient facile pour l'enseignante de prolonger le conte et d'en étendre la portée à d'autres activités comme la pièce de théâtre. On peut dire qu'à sa manière le conte contribue au développement de la communication orale. Ces idées n'ont rien à voir avec une série d'exercices fastidieux et répétitifs auxquels se soumettrait l'enfant. Le MEQ (1997b, p. 81) insiste sur le climat propice à la communication orale :

> Dans un climat favorisant la prise de parole et l'écoute active, l'élève explore en alternance les rôles de locuteur et d'auditeur au cours de situations quotidiennes de communication orale. À l'occasion d'interactions en grand groupe ou en groupes restreints, il peut échanger sur diverses thématiques, associées non seulement au français mais à toutes les disciplines. Grâce aux interventions de l'enseignant et au soutien de ses pairs, il apprend à structurer adéquatement ses énoncés et à utiliser différents registres de langue pour s'adapter aux situations.

On ne saurait nier que les fonctions du langage touchent à plusieurs aspects intimement liés au développement de la personne. Tout en mettant l'accent sur l'importance de l'intervention pédagogique, Girard, en s'inspirant d'Halliday, présente sept fonctions du langage (voir le tableau 10.2).

Le MEQ (1997b, p. 82) associe diverses composantes à la compétence à *communiquer oralement* :

— partager ses propos durant une situation d'interaction ;

— réagir aux propos entendus au cours d'une situation de communication orale ;

— utiliser les stratégies et les connaissances requises par la situation de communication ;

TABLEAU 10.2 Fonctions du langage selon Halliday

Fonction	
Instrumentale : « Je veux. »	• Sert à satisfaire ses besoins
Régulatrice : « Fais cela. »	• Sert à contrôler les comportements
Interactionnelle : « Je t'aime. »	• Sert à entrer en relation avec les autres
Personnelle : « Me voici. »	• Sert à définir, à exprimer ses sentiments
Heuristique : « Qu'est-ce que c'est ? »	• Sert à découvrir, à explorer, à connaître
Imaginative : « Faisons semblant. »	• Sert à créer un univers de fiction
Représentationnelle : « Comment est-ce ? »	• Sert à informer

Source : Cité dans Ministère de l'Éducation du Québec, *Programme d'éducation préscolaire,* Québec, MEQ, 1997, p. 34.

— évaluer sa façon de s'exprimer et d'interagir en vue de les améliorer ;

— explorer verbalement divers sujets avec autrui pour construire sa pensée.

À la maternelle comme dans les autres classes du primaire, l'enseignante peut se servir de ces composantes pour observer l'enfant. Elle doit toutefois prendre en considération le vécu de l'enfant. À cet égard, l'enfant non francophone, par exemple, pour qui la langue parlée à la maison est autre que le français, devra faire l'objet d'une attention spéciale. Le Conseil supérieur de l'éducation (1993, p. 46) précise que :

> De façon générale, l'enseignante devra axer son intervention sur l'exploitation maximale des situations de communication et de mises en situations, car pour développer la compétence à communiquer, l'enfant doit :
>
> – faire une expérimentation active lors de situations de communication ;
>
> – entendre beaucoup de langages pour en dégager les règles de structuration et ce, dans des situations diversifiées ;
>
> – emmagasiner des mots dans un contexte donné et significatif pour lui ;
>
> – apprendre des mots ou des ensembles de mots qu'il pourra réinvestir dans d'autres situations ;
>
> – faire diverses expériences de communication : à caractère social, à caractère cognitif, à caractère ludique.

Incontestablement, plusieurs moyens s'offrent aux enseignantes qui veulent aider les enfants dans l'apprentissage d'une langue. Il s'agit avant tout de créer un environnement chaleureux qui propose des zones de jeux et des activités qui permettent l'échange et la communication. Weitzman (1992, p. 205) fait ressortir trois facteurs pour un apprentissage réussi de la langue seconde et ces facteurs valent aussi pour l'apprentissage de la langue en général :

— le désir d'apprendre ;

— la confiance en soi ;

— un faible niveau d'angoisse.

- **La lecture et l'écriture**

Comme nous l'avons vu dans la première partie de ce livre, plusieurs courants de pensée ont influencé l'évolution des écoles maternelles. Il en est de même en ce qui concerne l'apprentissage de la lecture et de l'écriture. La maternelle, souvent considérée comme un milieu intermédiaire entre la garderie et l'école, est perçue comme un milieu privilégié pour amener l'enfant à acquérir des connaissances préalables reliées aux différentes matières scolaires, particulièrement en lecture et en écriture.

Ainsi, dans les années 70, les exercices de *pré*lecture et de *pré*écriture se sont multipliés dans les classes maternelles. Bien vite, toutefois, on a compris que l'important n'était pas de faire faire des exercices, mais plutôt d'amener l'enfant à observer autour de lui et à s'arrêter à ce qu'il voit, à ce qu'il entend, à ce qu'il dit, de répondre à ses questions et, ainsi, de le pousser toujours un peu plus loin dans les activités qu'il réalise.

Le monde actuel, fortement médiatisé, nous envoie une multitude d'informations à travers les images et les mots diffusés tant par la télévision que par l'ordinateur, les affiches publicitaires, les revues et les livres. Le jeune enfant, avant même d'arriver à la maternelle, évolue dans un univers riche en mots, et certains sont déjà capables de lire lorsqu'ils entrent à la maternelle.

Selon plusieurs recherches (Giasson et Thériault, 1983 ; Girard, 1989 ; Giasson, 1995), l'apprentissage précoce de la lecture est avant tout influencé par un milieu familial et environnemental qui favorise la *littéracie*. Par ce néologisme, nous entendons l'ensemble des expériences, des attitudes et des comportements qui suscitent l'intérêt pour l'écrit.

Dans les années 90 apparaît le mouvement de la *conscience de l'écrit*, traduction de l'expression anglaise *print awareness* (Giasson et

Thériault, 1983). Ce mouvement met l'accent sur le fait que l'enfant, avant même d'entrer à l'école, possède des connaissances relativement à la lecture ainsi que par rapport aux fonctions et aux conventions de l'écrit. À preuve, plusieurs enfants savent déjà écrire leur nom, ils reconnaissent les lettres et ils décodent certains mots. L'omniprésence de l'écrit et des affiches publicitaires très colorées y est pour quelque chose : les enfants s'aperçoivent que les mots ont un sens, ce qui les incite à vouloir lire. La littérature jeunesse alimente aussi ce désir de lire, étant donné sa richesse et la profusion de contes, d'histoires. En principe, plusieurs livres sont mis à la disposition des enfants dans le coin de lecture. Ces livres sont aussi fréquemment utilisés par l'enseignante, qui s'en sert pour soutenir des activités spécifiques dans la classe.

Comme en témoigne Thériault (1995, p. 73) :

> Créer dans la classe un espace bien identifié pour la lecture est un facteur important quel que soit le niveau scolaire mais, à plus forte raison, lorsqu'il s'agit de la maternelle afin de favoriser l'émergence de comportements de lecture avant la lecture conventionnelle.

Cette même auteure suggère d'utiliser le terme « atelier de lecture » de préférence à « coin de lecture », parce que cette dernière expression donne une image plus statique de l'activité qui s'y déroule. Du mot *atelier* se dégage l'idée de mouvement, d'interaction qui peut inciter à être choisi durant la période de jeu libre. Certaines enseignantes identifient ce lieu par le terme « bibliothèque dans la classe ».

Comme l'émergence de la lecture se produit dans un contexte de situations naturelles, réelles et significatives, il va de soi que les activités quotidiennes de la maternelle constituent une excellente façon de faire avancer l'enfant dans sa démarche personnelle de lecture et d'écriture. Ces activités, toutefois, devront tenir compte des expériences de l'enfant et de ses actions présentes afin de l'amener petit à petit à intégrer certaines notions reliées à ce domaine. L'environnement et les activités de la classe maternelle offrent de multiples possibilités pour intéresser l'enfant à la lecture et à l'écriture. Par exemple, le coin magasin peut inciter l'enfant à dresser une liste de ses achats ; le coin des sciences peut proposer des activités où l'enfant doit lire chacune des étapes pour pouvoir réaliser l'expérience. Notons ici que cette lecture se fait d'abord à l'aide de pictogrammes et que ce n'est qu'à la longue que l'enfant apprend à décoder et à lire les mots. D'une manière ou d'une autre, l'important est qu'il apprenne à lire de gauche à droite et de haut en bas, ce qui n'était pas nécessairement acquis au départ. Pour développer les compétences reliées à la lecture, ajoutons que l'enseignante peut écrire les comptines et les chansons, les illustrer (pictogrammes) et les mettre à la disposition de l'enfant dans le coin de lecture. Notons qu'il ne faut pas craindre de mettre l'enfant en contact avec l'univers symbolique de l'écrit sous prétexte que la mission de la maternelle concerne le développement de l'enfant. L'expérience et les études sur le sujet montrent d'ailleurs que, selon qu'ils sont plus ou moins stimulés en bas âge, les enfants peuvent prendre de l'avance ou accuser des retards difficiles à surmonter.

Pour finir, retenons quelques indices qui signalent l'intérêt du jeune enfant pour la lecture et pour l'écriture. Ainsi, démontre un intérêt pour la lecture et l'écriture l'enfant qui :

— consulte les livres du coin de lecture ou coin bibliothèque et s'intéresse aux images d'un livre ;
— désire se faire raconter une histoire ou veut la raconter à son ami ;
— pose des questions par rapport à ce qu'il voit dans un livre ou essaie de traduire le message que véhiculent les images ;
— veut apporter un livre à la maison ou insiste pour aller à la bibliothèque du quartier ;
— communique les découvertes qu'il vient de faire dans un livre ou s'intéresse à ce qu'un autre enfant lui raconte par rapport à un livre ;
— écrit des messages, fait des cartes, invente des histoires, cherche à décoder les mots qu'il voit dans l'environnement ;
— suit du doigt les mots d'un livre sans pour autant pouvoir les lire ;
— reconnaît son nom et celui de ses amis ;
— cherche à lire les jours de la semaine sur le calendrier, à reconnaître le nom des enfants liés aux responsabilités de la classe ;
— peut lire et respecter les règles pour chacun des ateliers, des activités ou des coins de la classe.

Le domaine des mathématiques, de la science et de la technologie

Tout comme le domaine des langues, celui des mathématiques, de la science et de la technologie fait partie de l'univers du jeune enfant.

- **Les mathématiques**

De nombreuses activités réalisées à la maternelle donnent la possibilité à l'enfant d'explorer des concepts mathématiques, que ce soit par des jeux (éducatifs, symboliques), par des ateliers (poupées, construction, magasin, peinture, bricolage) ou encore par des activités motrices et musicales.

L'enfant de cinq ans, à qui l'on reconnaît une certaine maturité perceptivo-motrice, acquiert tout naturellement certaines compétences reliées aux mathématiques. Il importe de profiter des activités libres et spontanées pour le laisser exploiter le matériel et l'environnement à sa guise. En agissant avec et sur les objets, il en vient à intégrer les concepts à sa manière plutôt qu'à l'intérieur d'un cadre systématique.

Il s'agit donc de tirer profit des activités quotidiennes de la classe maternelle pour amener l'enfant à comparer, discriminer, trier, classer, ranger, sérier, partager, regrouper, ordonner, faire des suites, tâtonner, manipuler, transformer, expérimenter, faire des correspondances et de la numération, etc. En fait, bon nombre de situations vécues par les enfants, sans lien apparent avec les mathématiques, contribuent réellement à les faire progresser vers la compréhension de concepts mathématiques.

Tout comme pour la lecture et l'écriture, l'intégration des mathématiques suit un processus de développement. Ainsi, l'enfant commence par s'initier avant d'explorer; par s'organiser avant d'envisager d'autres possibilités; par observer avant de peser le pour et le contre. Il est donc important de privilégier des activités de tâtonnement reposant sur les essais et les erreurs avant de proposer des exercices spécifiques. Le fait pour l'enfant de jouer simplement avec les objets l'amène à se questionner, à établir des liens, à trouver des significations, à comprendre. Bref, tout en accomplissant diverses actions à son rythme, il devient de plus en plus conscient de l'objet lui-même et finit par comprendre les gestes qu'il fait. Une démarche de type exploratoire est à privilégier, car elle fait appel à l'esprit d'initiative de l'enfant. Évidemment, l'enseignante doit mettre à la disposition de l'enfant des objets de formes, de couleurs et de dimensions variées afin de lui permettre de réfléchir sur ce qu'il fait, de reconnaître les analogies, de distinguer des différences et de dégager des notions par une conscience de plus en plus vive des objets. Ce qui semblait complexe au départ devient alors plus simple et, partant, mieux compris. Parallèlement, le vocabulaire évolue, du fait de l'association de mots à des qualités communes ou particulières à plusieurs objets ou personnes (par exemple *grand, moyen, petit*).

Sans entrer systématiquement dans les notions mathématiques telles que les concepts unificateurs, les nombres naturels, la mesure ou la géométrie, il nous semble important ici d'attirer l'attention sur diverses formes d'activités qui font appel aux mathématiques. Étant donné que les thèmes caractérisent souvent l'organisation des activités à la maternelle, on pourrait, par exemple à partir du thème de l'automne, classer les feuilles tombées selon leurs couleurs, leurs formes, leurs textures. Regrouper ainsi les objets d'une espèce donnée conduit à la reconnaissance de leurs propriétés. On peut aussi rassembler les objets de forme carrée ou tous les vêtements de couleur rouge ; disposer les bottes sur le plancher et les manteaux sur un crochet au mur, etc. Tout cela donne lieu à des associations, des répartitions, des rangements, des reconstitutions de séries, des ordonnancements selon certaines règles, des correspondances terme à terme, des observations de divers changements ou transformations, des découvertes de fonctionnement de machines ou autres.

Comme on peut le constater, faire des mathématiques va bien au-delà de la simple mémorisation et de la compréhension des nombres. En fait, avant qu'on lui enseigne le calcul, l'enfant devrait être familiarisé avec certains concepts plus simples d'ordre logique, et ce par le tâtonnement, la manipulation et le jeu. L'enseignante sait très bien que l'enfant, même s'il récite certaines comptines en répétant les nombres les uns à la suite des autres, ne saisit pas nécessairement les nuances et le sens. D'un autre côté, il ne faut pas nier le fait qu'être persuadé que l'on *sait* compter parce qu'on est capable de mémoriser une comptine sur les nombres augmente l'estime de soi et, du même coup, favorise le développement d'habiletés reliées aux mathématiques.

Finalement, tout en retenant surtout que les situations naturellement vécues à la maternelle sont autant d'occasions d'aborder certaines notions mathématiques, il est important comme enseignante d'être à même de bien cerner et de saisir toutes les occasions d'explorer le matériel et de faire des activités mathématiques. À ce chapitre, le tableau 10.3, qui réunit un grand nombre de termes se référant aux notions mathématiques, peut s'avérer fort utile.

Ainsi que le souligne le MEQ (1997b, p. 39) :

> Il importe de placer l'enfant dans des situations où il peut observer, faire des liens et développer des habiletés à trouver des issues aux problèmes rencontrés parce que toute connaissance liée à l'activité mathématique devient signifiante pour l'apprenant ou l'apprenante dans la mesure où elle lui permet de résoudre des problèmes.
>
> Il faut donc, toujours dans un contexte de problèmes réels, soutenir l'enfant dans son exploration et l'amener à :
>
> — reconnaître le problème ;
>
> — représenter le problème ;

— trouver des solutions ;
— communiquer sa solution ;
— confronter ses découvertes ;
— généraliser.

TABLEAU 10.3 Notions et vocabulaire associés aux mathématiques

Notions	Termes
Espace	À droite, à gauche ; au centre, autour, entre ; avant, après ; contre, à côté ; dedans, dehors ; intérieur, extérieur ; dessus, dessous ; derrière, devant, au milieu ; en haut, en bas ; premier, dernier ; près, loin ; sur, sous ; au début, à la fin ; au-dessus, au-dessous, en dessous de ; en avant, en arrière ; plus haut, plus bas ; proche, rapproché ; deuxième, troisième
Dimension	Épais, gros, mince ; grand, petit ; haut, bas ; long, court ; large, étroit ; plus long, plus court
Temps (durée)	Âge, anniversaire ; à temps, en retard ; avant-hier, hier, aujourd'hui, demain, après-demain ; dimanche, lundi, mardi, mercredi, jeudi, vendredi, samedi ; avant, après ; début, fin ; tôt, tard ; tantôt, bientôt ; printemps, été, automne, hiver ; matin, avant-midi, midi, après-midi, soir, nuit, jour ; la semaine prochaine ; heure, minute, seconde
Quantité et contenu	Rien, peu, tant, beaucoup, plus, un peu plus, un de plus ; moins, un peu moins, un de moins ; autant ; un, deux, trois, quatre… ; cuillerée, bouchée ; entier, moitié, demi ; paire, unité, unique ; plein, vide ; plus, moins ; peu, partie ; ajouter, enlever ; ensemble ; différence ; diviser ; multiplier ; fraction, morceau, miette ; foule ; grosseur ; groupe ; jumeau, jumelle ; chaque, plusieurs, quelques ; aucun, assez, égal ; augmenter, diminuer, soustraire ; très, trop ; troupe, troupeau
Forme ou notions relatives	Carré, triangle, rectangle, cercle, losange, ovale ; courbe, droit ; haut, bas ; long, court ; épais, mince ; large, étroit
Comparaison	Moins, plus ; plus grand, plus petit ; plus grand que, plus petit que ; le plus vite, le moins lent ; plus haut, plus bas ; plus long, plus court, de même longueur ; semblable, différent
Autres notions	Chaud, froid ; réchauffé, refroidi ; allumé, éteint ; ouvert, fermé ; rapide, lent ; vite, lentement ; pesant, léger, lourd ; toujours, jamais ; vieux, jeune ; vis-à-vis ; vérifier ; programmer ; rare, fréquent

Source : D'après J.L. Jones et E. Vernon, *Sentiers. Préscolaire,* Laval, Beauchemin, 1986, p. 5-8.

Dans le même esprit, le *Programme de formation de l'école québécoise* (Ministère de l'Éducation du Québec, 2001, p. 124) soutient que :

> Raisonner en mathématiques consiste à établir des relations, à les combiner entre elles et à les soumettre à diverses opérations pour créer de nouveaux concepts et pousser plus loin l'exercice de la pensée mathématique.

- **La science et la technologie**

« L'apprentissage de la science et de la technologie est essentiel pour comprendre le monde dans lequel nous vivons et pour s'y adapter », estime le MEQ (2001, p. 144). Au moyen de tâtonnements, d'observations et d'expérimentations, l'enfant découvre et explore les objets, se les approprie en intériorisant certains éléments qui se coordonneront pour engendrer de nouvelles actions toujours plus complexes.

En fait, l'enfant se développe tout naturellement sur le plan perceptivo-sensori-moteur, animé qu'il est par sa curiosité, sa capacité de s'étonner, son besoin de créer et d'explorer, mais surtout par son besoin d'agir. L'enfant veut tout savoir : il fouine, il cherche, il pose des questions sans arrêt. Également, il veut tout faire lui-même et expérimenter à sa manière. Pourquoi alors ne pas profiter de cet élan et de cette énergie sans bornes de l'enfant pour l'amener à observer, à anticiper, à prévoir, à planifier, à organiser ses données, à établir des liens, à prendre des décisions et à communiquer ses découvertes, le tout à partir de son propre questionnement ?

Très souvent en éducation préscolaire, on a tendance à insister sur l'idée d'*éveil de l'esprit* comme préalable à la démarche scientifique. On semble oublier que ce petit être est déjà habité par la curiosité, l'étonnement, le besoin d'agir. En fait, dès les premières années de sa vie, il réagit et agit sur les choses, ce qui l'amène à se poser des questions et à prendre graduellement conscience de ses actions et de leurs conséquences. À l'âge de cinq ans, les enfants se montrent généralement intéressés par les nombreux phénomènes qui les entourent, que ce soit en relation avec le monde biologique (l'être humain, le monde animal ou végétal), avec le monde physique (l'air, l'eau, la lumière) ou avec le monde technologique (les outils, les machines, etc.).

> Explorer le monde de la science et de la technologie, c'est se familiariser avec des façons de faire et de raisonner, s'initier à l'utilisation d'outils ou à la mise en forme de matériaux à l'aide de procédés simples et apprivoiser divers éléments des langages utilisés par la science et la technologie. L'élève développe cette compétence en apprenant à manipuler des objets pour en découvrir les propriétés ou les caractéristiques. Il observe les

phénomènes de son environnement immédiat, formule des questions et fait appel à ses sens pour trouver les réponses. (Ministère de l'Éducation du Québec, 2001, p. 146.)

Dans plusieurs classes maternelles, pour répondre à ce besoin de découvrir et d'explorer, il existe un coin des sciences, qui comprend généralement des éléments qui se prêtent à l'observation, comme des roches, des coquillages, des feuilles, des insectes, etc. Parfois, c'est l'enfant qui les apporte, d'autres fois, c'est l'enseignante. Ils peuvent servir d'appui à des activités sur un thème, à un projet, à une discussion.

Comme les enfants sont aussi très attirés par les animaux, l'enseignante peut en profiter, après s'être bien informée des possibles allergies, pour introduire certains animaux dans la classe, comme des poissons, des cochons d'Inde, des oiseaux, etc. La présence d'animaux permet aux enfants de découvrir la vie et d'apprendre le respect des êtres vivants, par le biais des responsabilités qu'ils entraînent, telles que les nourrir, les soigner, nettoyer la cage ou l'aquarium, etc.

Le monde préscolaire ouvre la porte à beaucoup d'activités axées sur la science et la technologie, comme la recherche en bibliothèque ou dans Internet sur des espèces animales spécifiques, afin de se renseigner sur les habitats, l'alimentation, les déplacements, les cris, les *amis* et *ennemis*, etc. On peut profiter de toutes ces découvertes pour constituer un album personnalisé que l'on met à la disposition des enfants dans la bibliothèque. Les enfants peuvent aussi inventer leur propre histoire mettant en scène un ou des animaux qu'ils affectionnent plus particulièrement et créer un spectacle avec décors et personnages qu'ils présenteront à d'autres enfants de l'école.

L'ordinateur donne à l'enfant une possibilité inouïe de s'exprimer. On ne peut exclure l'enfant des nouvelles technologies sous prétexte qu'il est trop petit, alors que l'univers en est entièrement imprégné. D'ailleurs, plusieurs enfants de la maternelle ont déjà eu accès à un ordinateur avant même d'entrer à l'école. S'ils n'en possèdent pas un à la maison, ils en voient dans leur environnement et ils imitent des gestes qui y sont associés quand, par exemple, ils jouent le rôle de caissier, de secrétaire, d'aviateur, etc. Les jeux symboliques constitueraient donc une piste naturelle pour introduire le jeu ou le travail à l'ordinateur.

Il n'est pas souhaitable de planifier des activités ponctuelles dans une salle d'ordinateurs, où tous les enfants seraient appelés à faire la même chose en même temps en obéissant à des consignes précises. Il vaut mieux laisser les enfants manipuler librement cet outil, leur permettre de l'explorer à leur guise, avant de leur apprendre à rechercher de l'information. Pour soutenir les enfants qui n'ont jamais utilisé un ordinateur, il est sage de faire appel à une aide personnalisée. Parallèlement, les activités qui touchent au domaine de l'informatique donnent l'occasion d'apprendre un nouveau vocabulaire, des mots comme *souris, écran, clavier, icône, activer, désactiver, logiciel,* etc.

Une fois les rudiments intégrés, l'enfant ne manquera pas de se découvrir des habiletés qu'il voudra exploiter. Là encore, l'enseignante doit guider l'enfant à petits pas vers la découverte de ce monde prodigieux.

On trouve actuellement sur le marché un nombre impressionnant de logiciels ou de cédéroms éducatifs associés au développement du jeune enfant. Encore faut-il que l'enfant puisse s'en servir sans être toujours obligé de faire appel à l'enseignante. En ce sens, il faut favoriser l'autonomie fonctionnelle, de façon que l'enfant puisse utiliser l'outil seul. À ce propos, les enseignantes ne sont pas à court d'imagination pour trouver des stratégies et des interventions qui feront en sorte que les activités à caractère scientifique et technologique ne sont pas que de simples accidents de parcours. Elles doivent s'attacher à des défis réels et accessibles et viser, du même coup, l'approfondissement de certaines notions appartenant à ce domaine.

Le domaine de l'univers social

Plusieurs activités, ateliers ou projets proposés à la maternelle, par l'enseignante ou par les enfants, touchent l'univers social, lequel englobe la géographie, l'histoire et le rôle de citoyen. Toutefois, on trouve peu d'écrits et de programmes reliés à l'éducation préscolaire qui font référence spécifiquement à la géographie, à l'histoire et à l'éducation à la citoyenneté.

La géographie et l'histoire fournissent des occasions d'ouverture sur le monde. Cette ouverture sur le monde est d'autant plus importante que le profil des enfants qui fréquentent la maternelle a été modifié au cours des dernières décennies par la présence accrue d'enfants appartenant à des communautés culturelles diverses, et ce surtout en milieu urbain.

L'enjeu éducatif dont il est ici question concerne directement l'enfant avec son bagage personnel, expérientiel et culturel. Il s'agit donc de démarrer des activités à partir de situations concrètes où l'enfant pourrait parler de son pays ou de sa culture. Cela permet de le situer et de connaître les us et coutumes de son pays d'origine, et amène à faire ressortir les ressemblances et les différences.

À la maternelle, l'enfant découvre les exigences de la vie en collectivité. Il s'initie aux concepts de temps et d'espace. Il développe des attitudes de tolérance et d'ouverture envers les autres. Il apprend à s'accepter comme membre faisant partie d'une communauté. À ce titre, il accomplit des tâches et prend des responsabilités vis-à-vis des autres. Bref, il fait ses premiers pas comme citoyen engagé dans une société.

Pour l'enfant de la maternelle qui se situe dans l'ici et le maintenant, il importe d'adapter les activités en conséquence. L'enseignante doit tenir compte des cadres de référence de l'enfant :

> Le cadre de référence spatial est la classe, l'école, la rue, le quartier et la localité. L'exploration de l'espace s'effectue par observation directe (sur le terrain) ou indirecte (plan simple, illustration, maquette). Le cadre de référence temporel est la vie de l'élève, celle des parents, de ses grands-parents et de ses arrière-grands-parents. L'exploration du passé se fait par le recours aux documents écrits, visuels ou médiatiques et aux ressources du milieu ainsi que par l'utilisation de lignes du temps graduées en jours, semaines, mois, années, décennies et siècles. (Ministère de l'Éducation du Québec, 2001, p. 166.)

Évidemment, il importe que l'enfant de cinq ans ait des points de référence dans l'espace et dans le temps. À cet effet, dès le début de l'année, l'enseignante planifiera des activités avec les enfants afin qu'ils puissent se situer dans l'espace et savoir, par exemple, où est la cour de l'école, la garderie, la classe, etc. Elle leur donnera des repères pour s'orienter et ne pas se perdre. Aussi, les activités de routine qu'elle insérera dans la séquence des activités d'une journée aideront les enfants à se situer dans le temps. Par cette sécurité qu'il acquiert au fil des jours, l'enfant se sent de plus en plus comme un être appartenant à une société.

Différents savoirs essentiels sont reliés au domaine de l'univers social. Les voici présentés dans la figure 10.1 (p. 212).

Le domaine des arts

Les arts ont toujours été très présents dans les classes maternelles. Ils demeurent une excellente façon pour se connaître :

> L'étude et la pratique des arts ouvrent la voie au monde de la sensibilité, de la subjectivité et de la créativité. Elles permettent de découvrir et de construire la signification des choses à partir des sens et de la communiquer par des productions artistiques. Mettant en valeur l'intuition et l'imaginaire, les arts [...] permettent d'appréhender le réel, de comprendre et de l'interpréter. (Ministère de l'Éducation du Québec, 2001, p. 190.)

L'objectif général du domaine des arts est d'« apprendre à créer, à interpréter et à apprécier des productions artistiques dans sa vie ». Dans

FIGURE 10.1 Les savoirs essentiels du domaine de l'univers social

Connaissances

- Faits
  - de la vie de l'élève
  - de celle de ses proches
- Personnes
  - traits physiques à différents moments de la vie
  - activités à différents âges de la vie
  - objets utilisés couramment
- Groupes
  - membres (nombre, rôles)
  - besoins
  - interdépendance dans la satisfaction des besoins
  - règles communes de fonctionnement

  ⇒ auxquels l'élève appartient
- Paysages
  - éléments naturels
  - éléments humains

♦ ici
♦ ailleurs
♦ hier
♦ aujourd'hui

⇒ ressemblances
⇒ différences
⇒ changements

Techniques

- Techniques relatives au temps :
  ⇒ ligne du temps
  ⇒ calendrier
  - construction
  - lecture
  - utilisation de repères
  - calcul de durée
  - situation de faits de la vie de l'élève et de celle de ses proches
- Techniques relatives à l'espace :
  ⇒ plan simple
  ⇒ illustration
  ⇒ maquette
  ⇒ terrain
  - lecture
  - localisation
  - utilisation de repères
  - utilisation des points cardinaux
  - orientation

Source : Ministère de l'Éducation du Québec, *Programme de formation de l'école québécoise*, Québec, MEQ, 2001, p. 168.

les sections qui suivent, nous abordons l'art à la maternelle sous quatre formes précises. L'enfant est ainsi amené à pénétrer dans le domaine des arts en s'ouvrant aux diverses créations artistiques, au moyen de différents langages propres à l'art dramatique, aux arts plastiques, à la danse et à la musique.

• L'art dramatique

L'art dramatique est défini, dans le *Programme de formation de l'école québécoise* (Ministère de l'Éducation du Québec, 2001, p. 196) comme étant :

> La création et l'interprétation d'œuvres dans lesquelles interagissent des personnages en action. Par différentes formes de création, d'expression et de communication, cette discipline permet de représenter des images extérieures de différentes manières et dans des contextes variés ; elle permet aussi d'exprimer une réalité socioculturelle.

Le jeu spontané de l'enfant à la maternelle est l'occasion toute rêvée d'exploiter l'expression dramatique. Nous n'avons qu'à regarder l'enfant jouer dans les différentes aires de la classe pour vite constater qu'il se crée un personnage et en adopte les gestes, la voix et les expressions caractéristiques. Il exploite des jeux de rôle par la répétition de gestes. Cette dynamique provient essentiellement de l'enfant lui-même. Il s'installe comme le maître de ses actions. Il emprunte la voie de la réalité, de la fiction et de l'imaginaire pour s'intégrer dans des personnages et des situations ou encore pour libérer son trop-plein d'énergie. Il expérimente des comportements variés. En fait, le jeu dramatique contribue à la formation globale de l'enfant, celui-ci apprenant ainsi à se connaître lui-même à travers ses actes et ses gestes, bien qu'il ne soit pas encore très conscient de l'effet de ses actions sur son développement. Il se reconnaît comme personne distincte, ayant des émotions et des sentiments qui lui sont personnels. De plus, en communiquant avec les autres, il se démarque, car il devient capable de se situer par rapport à ses pairs.

À côté d'activités ludiques organisées souvent spontanément par l'enfant, l'enseignante peut proposer des activités qui amènent l'enfant à expérimenter des comportements moteurs, affectifs, etc., qui ouvrent la porte à l'imaginaire. L'enseignante peut utiliser un thème ou une situation pour permettre à l'enfant de se situer par rapport à un environnement donné. Il est alors plus facile pour l'enfant de se transporter en pensée dans un monde imaginaire. Elle s'assure que les enfants comprennent bien les consignes et sont capables d'effectuer les transferts qui s'imposent. Par exemple, à partir du thème du poisson d'avril, après avoir montré et identifié certaines variétés de poissons ou de crustacés, on propose à l'enfant de devenir un animal marin. Les enfants se répartissent alors dans *la mer* (cercle de rassemblement) où ils imitent les diverses façons de se déplacer des poissons.

Selon le MEQ (2001, p. 196), « la formation en art dramatique suppose le développement de trois compétences complémentaires et interdépendantes : Inventer, Interpréter et Apprécier ».

À la maternelle, l'enfant invente au fur et à mesure qu'il agit. À partir de ses états affectifs, il se crée des histoires, des situations et donne un sens à ce qu'il fait.

En principe, l'aménagement de la maternelle favorise l'expression dramatique. Certaines classes possèdent un théâtre de marionnettes et des marionnettes que l'enfant anime dans un décor qu'il a imaginé. Il leur prête sa voix, parfois jusqu'à en oublier sa propre identité. Pour cette raison, des thérapeutes et d'autres intervenants ont recours aux marionnettes avec des enfants qui ont subi des traumatismes sur le plan émotif. En plus de constituer un support thérapeutique, la marionnette permet de maîtriser la voix, la manipulation, les rapports sociaux, le langage. En fait, elle est un atout précieux en ce qui concerne le langage verbal et non verbal. Les représentations ou les spectacles qui s'ensuivent contribuent à créer un climat propice à la fête et au plaisir.

- **Les arts plastiques**

Les arts plastiques sont décrits par le MEQ (2001, p. 210) comme suit :

> À la fois expression d'une pensée et matérialisation d'une réalité socioculturelle, les arts plastiques permettent de concrétiser, à des fins d'expression de communication et de création, des images dans la matière à partir de savoir-faire qui varient selon les lieux et les époques.

Les activités reliées aux arts plastiques sont très présentes dans les classes préscolaires. Les grandes fêtes comme l'Halloween, Noël, la Saint-Valentin, Pâques sont des occasions rêvées pour proposer des activités de décoration du local, de fabrication de cadeaux et pour inciter à la création. En mettant l'accent sur la beauté des réalisations de l'enfant, on renforce son estime de soi. L'observation des comportements de l'enfant est primordiale pour évaluer ses progrès, non seulement sur le plan de la dextérité et de l'utilisation du matériel, mais aussi sur le plan de ses relations avec les autres.

Actuellement, le marché abonde en matériel raffiné et attrayant et qui exige moins de préparation comparativement à autrefois. Mais encore faut-il savoir comment s'en servir et s'assurer qu'il répond réellement au besoin d'exploration des jeunes enfants. N'oublions pas que le but des activités manuelles est souvent la fabrication de cadeaux pour des personnes aimées. Il ne s'agit donc pas simplement d'accomplir un travail en faisant appel à son imagination, sa créativité, son intelligence et son adresse. La motivation vient du plaisir de donner et surtout de recevoir des rétroactions positives : « Tu as bien travaillé… Montre-moi comment tu as fait… C'est très beau… » La valorisation intensifie la motivation, encourage et incite l'enfant à réaliser d'autres choses et lui donne confiance en lui.

Comme en témoignent les différents guides d'arts plastiques et ainsi qu'on peut le constater dans les catalogues de matériel éducatif, il existe une panoplie de matériaux associés à différentes activités en arts plastiques. Parmi les activités proposées le plus souvent à la maternelle, mentionnons : le dessin (fusain, crayon de cire, feutre, pastel gras, pastel sec, encre), la peinture (peinture digitale, gouache liquide, gouache en pain, encre), le collage (papier déchiré, papier découpé, papier plié, corde, laine), la gravure (crayon de cire, pâte à modeler, cartogravure), l'impression (monotype, impression avec des objets, légumes, éponges), le modelage (pâte à modeler, terre glaise, papier bouchonné), le façonnage (papier façonné, papier frisé, papier plié, papier enroulé, papier froissé, papier sculpté, papier bourré) et l'assemblage (papier façonné). Toutes ces activités peuvent prendre la forme d'ateliers.

> Dans les ateliers d'arts plastiques, l'enfant découvre son pouvoir de création, en développant « sa propre gestuelle » à travers l'exploration des matériaux, des gestes et des techniques, dans le but de réaliser une image personnelle et authentique. (Ministère de l'Éducation du Québec, 1997b, p. 38.)

Toute réalisation en arts plastiques nécessite un entraînement du geste qui concourt au développement de la motricité fine en particulier, mais aussi de la pensée en général. Par conséquent, plus l'enfant exécutera un geste donné, mieux il pourra reproduire ce qu'il désire.

- **La danse**

Le MEQ (2001, p. 224) définit la danse comme :

> […] l'art de produire et d'agencer des mouvements à des fins d'expression, de communication et de création. Elle permet à l'individu d'entrer en relation avec lui-même et avec son environnement en faisant appel à sa pensée intuitive, à l'imagination, au jeu et à l'analogie.

À vrai dire, l'enseignante de la maternelle n'est en règle générale pas une spécialiste de la danse, ni des autres arts d'ailleurs. Cependant, comme elle sait que la danse fait appel à la connaissance du schéma corporel à travers les mouvements, la gestuelle, et que, de plus, elle met en jeu le vécu de l'enfant, l'imaginaire et la créativité, elle s'assure de planifier des activités dans ce sens dans sa classe.

L'approche thématique est une bonne façon d'aborder la danse, ainsi que l'explique le MEQ (1983, p. 9) :

> Elle ouvre la voie à l'imaginaire, à la sensibilité artistique parce qu'elle permet l'exploitation, l'expérimentation du mouvement et de sa valeur expressive, parce qu'elle permet de porter un regard analytique sur les êtres et sur les choses, parce qu'elle entoure l'enfant d'exigences à la fois motrices, intellectuelles, affectives. Pour toutes ces raisons et pour d'autres encore, cette approche favorise un apprentissage global, intégré au vécu de l'enfant et inscrit la danse dans une voie qui mène à la connaissance de soi et de l'univers.

À la maternelle, beaucoup d'enfants sont capables de danser, c'est-à-dire de représenter par des mouvements expressifs et rythmés une réalité extérieure et l'état affectif que celle-ci suscite en eux. En fait, l'enfant peut inventer une gestuelle appropriée à un contexte, avoir une certaine aisance dans ses mouvements et produire une mimique exprimant une situation donnée. Cette motricité expressive combine des mouvements successifs, une vitesse d'exécution et une manière de s'exprimer corporellement. Évidemment, la danse peut prendre différentes formes, allant d'une expression spontanée à des exercices de motricité exigeant une gestuelle plus complexe à un enchaînement de mouvements de mieux en mieux ordonnés.

Enfin, pour intéresser les enfants à la danse, il faut créer autour d'eux une ambiance propice à cette activité. Par exemple, sur le thème de l'automne, l'enseignante pourra suggérer aux enfants de créer une danse illustrant les feuilles qui tombent ; sur le thème du printemps, elle proposera une danse sur l'éveil de la nature. À cinq ans, l'enfant peut inventer des mouvements tout en composant une courte chorégraphie qui traduit ses émotions dans la mesure où l'enseignante situe l'enfant dans une réalité concrète. Les représentations ou les spectacles qui peuvent s'ensuivre contribuent à créer un climat propice à la fête et au plaisir.

- **La musique**

La musique, que le MEQ (2001, p. 238) définit comme « l'art de produire et de combiner des sons suivant certaines règles qui varient selon les lieux et les époques à des fins d'expression, de communication et de création », a toujours eu sa place dans les maternelles. Dans plusieurs maternelles, on peut trouver, dans l'organisation des coins de la classe, un « coin d'écoute ». Cet espace bien délimité invite l'enfant à écouter de la musique classique, contemporaine, des chansons ou encore peut servir à écouter une histoire. Aussi, lors du repos, de la relaxation ou de la sieste, l'enseignante fait parfois jouer des airs ou des chansons pour amener l'enfant à se détendre.

L'activité musicale à la maternelle n'est pas nécessairement fixée dans le temps et peut prendre différentes formes. Elle donne la priorité au rythme à travers les chants, les comptines, les danses. En fait, l'enseignante peut se servir de la musique pour aller beaucoup plus loin, notamment pour exploiter des notions essentielles telles que : la hauteur (sons aigus ou graves), l'intensité (sons lourds ou légers), la durée (sons longs ou brefs), le temps (mouvements vifs, modérés, lents).

De nos jours, l'enfant est exposé à tant de sons qu'il lui arrive d'oublier de s'y arrêter pour les discriminer ou distinguer les bruits de la nature (les feuilles qui bruissent, la pluie qui tombe, etc.), les cris et déplacements des animaux (oiseaux, chats, etc.), les paroles (syllabes, mots, phrases, etc.) ainsi que les différents airs et sons produits par des instruments de musique. Montrer, présenter et comparer des instruments de musique est certainement une activité à ne pas négliger. La musique peut amener l'enfant à réaliser des apprentissages ponctuels, mais, plus important encore, l'incite à être à l'écoute de lui-même et de ce qui l'entoure.

Les activités musicales permettent à l'enfant de mieux comprendre et d'apprécier le monde sonore. Le MEQ (1997b, p. 38) relève trois temps :

> Dans un premier temps, l'enfant perçoit, discrimine, explore et expérimente les différents aspects du son par des expériences concrètes, diversifiées, liées à son vécu et à sa mémoire ; il s'agit ici de l'intensité du timbre, de la hauteur et de la durée des sons.
>
> Dans un deuxième temps, l'enfant est appelé à organiser des sons de manière personnelle. Il est tantôt créateur, tantôt interprète.
>
> Dans un troisième temps, l'enfant réagit de manière affective à ses productions sonores et à celles des autres. Il prend conscience de ce qui est facile ou difficile à réaliser, il fait des choix, propose des idées et s'éveille aux réalités culturelles, tout en répondant à ses propres besoins d'expression.

Le domaine du développement personnel

Le développement personnel est associé à un certain nombre de disciplines touchant à l'éducation physique et à la santé, ainsi qu'à l'enseignement moral ou religieux (catholique ou protestant). Dans les paragraphes qui suivent, nous verrons comment ces disciplines sont abordées dans la classe maternelle.

- **L'éducation physique et la santé**

L'éducation physique fait appel à l'agir corporel tandis que la santé concerne le bien-être de la personne.

> Traditionnellement, l'enseignement de l'éducation physique s'est centré sur les actions et sur le développement de l'efficience motrice chez les jeunes [...].
>
> Le programme cherche à responsabiliser l'élève à l'égard de son agir corporel et de sa santé en lui permettant de développer : un répertoire d'actions corporelles ; un répertoire de stratégies cognitives ; un bagage de connaissances propres à la discipline ; des comportements conformes aux règles de sécurité et d'éthique ; un sens critique pour une gestion judicieuse de sa santé ; des attitudes positives dans ses relations avec les autres à l'occasion d'activités physiques. (Ministère de l'Éducation du Québec, 2001, p. 256.)

À la maternelle, l'accent a toujours été mis sur le développement du schéma corporel. En général, à cinq ans, l'enfant maîtrise bien son corps. Il contrôle habituellement sa motricité globale (courir, marcher). Il peut distinguer et désigner la plupart des parties de son corps, prendre diverses postures, exécuter sur demande certains mouvements. En conséquence, par le raffinement de sa gestuelle, il en vient à posséder des habiletés relevant de la motricité fine et à faire plus facilement les exercices de calligraphie.

Comme nous l'avons mentionné précédemment, l'agir est un élément crucial chez le jeune enfant. « Qui dit agir dit notamment action, sensation, expression, mouvement, contrôle. » (Ministère de l'Éducation du Québec, 2001, p. 258). En fait, l'agir conduit à l'appropriation du corps, d'abord en fonction de soi, ensuite en relation avec les autres et, finalement, en interaction avec l'environnement. Donc, à mesure qu'il agit, l'enfant connaît mieux son corps. À cet égard, le MEQ (1997b, p. 22), dans l'objectif « Apprendre à se connaître et à s'estimer », donne des exemples concrets relativement à la connaissance de son corps. Ils sont présentés dans le tableau 10.4.

À la maternelle comme dans les autres classes du primaire, l'éducation physique ne se limite pas au temps passé au gymnase avec le professeur spécialisé. Elle se rattache plutôt à l'ensemble des activités motrices que l'enfant effectue tout au long de la journée. L'éducation physique a ici une signification relativement large puisqu'elle englobe toutes les actions de l'enfant, que ce soit sur le plan de la motricité globale (courir, sauter, etc.) ou sur le plan de la motricité fine (dessiner, manipuler, etc.). L'enfant est amené à prendre conscience des possibilités de son corps, à connaître son schéma corporel et à s'approprier sa façon personnelle de faire les choses.

Rappelons que, par nature, l'enfant est un être qui bouge, joue et qui se réalise en faisant toutes sortes d'activités. Par ailleurs, il se reconnaît

TABLEAU 10.4 Connaître son corps

Objet d'apprentissage	Enfant
L'enfant développe sa capacité :	**Par exemple, il :**
• de mieux connaître son schéma corporel ;	• distingue et désigne les parties de son corps ; • découvre ses traits physiques ;
• de prendre conscience des différentes fonctions de son corps ;	• désigne les sens : la vue, l'odorat, l'ouïe, le goûter et le toucher ; • reconnaît ses rythmes cardiaque et respiratoire après un effort physique soutenu ;
• d'utiliser ses perceptions ;	• réagit corporellement à différents stimuli ; • explore et discrimine à l'aide de ses sens ; • fait appel à sa mémoire sensorielle ;
• de percevoir les différentes réactions de son corps en action et au repos ;	• court, grimpe, saute ; • exécute des mouvements qui mettent en jeu les différentes parties de son corps, travaille en coordination, travaille en dissociation ; • imite une posture ; • se maintient en équilibre ; • s'approprie des façons de se détendre ;
• d'accomplir des activités de motricité globale et de motricité fine.	• bouge avec aisance et souplesse ; • manipule adéquatement les outils et le matériel mis à sa disposition ; • fait preuve de dextérité dans les activités.

Source : Ministère de l'Éducation du Québec, *Programme d'éducation préscolaire*, Québec, MEQ, 1997, p. 22.

comme personne individuelle ayant ses propres limites. Ses activités lui permettent aussi de s'intégrer à un groupe de pairs, de participer à des jeux d'équipe et de coopérer en acceptant des rôles précis en vue d'atteindre un but commun. Tout cela fait partie de l'éducation physique. Comme c'est le cas pour les élèves du primaire, les enfants de la maternelle participent aussi à des jeux dans la cour de récréation, ils profitent également de sorties axées sur des activités physiques comme la natation (piscine), le patinage (aréna), l'hébertisme (classe verte ou autres).

Par ailleurs, plus l'enfant agit, plus il prend conscience de l'importance d'un mode de vie sain et actif. Peu à peu, il apprend à distinguer les bonnes et les mauvaises habitudes de vie liées à la santé et au bien-être : alimentation, hygiène corporelle, comportement sécuritaire, etc.

- **L'enseignement moral ou religieux**

Le MEQ (2001, p. 273) envisage la morale à la fois comme un processus et comme un contenu :

> En tant que processus, la morale fait [...] appel au raisonnement, aux sentiments et à l'expérience. Elle s'applique à :
>
> — la recherche de sens des situations qui se vivent au quotidien ;
>
> — l'identification et le questionnement des valeurs, des buts et des projets proposés par la collectivité ;
>
> — la recherche des actions à poser dans des contextes variés qui demandent :
>
> • l'examen et le choix de références personnelles et collectives ;
>
> • la prise de conscience de ce que l'on peut faire pour se réaliser et pour apporter sa contribution au réaménagement et à l'amélioration du mieux vivre individuel et collectif.
>
> En tant que contenu, la morale comprend notamment une vision de l'être humain, des valeurs ainsi que de l'ensemble des exigences, des attentes et des conventions présentes dans la vie des individus.

À la maternelle, en principe, on ne s'attarde pas sur l'enseignement religieux, mais l'enseignante amènera l'enfant à réfléchir sur certaines situations quotidiennes de la classe. Ainsi, une situation conflictuelle peut donner lieu à une causerie où les enfants auront à exprimer leurs opinions et à prendre des décisions. On discutera avec les enfants de valeurs, de comportements, et chacun pourra faire valoir ce qu'il éprouve, ses sentiments, ses pensées. En fait, on rejoint ici l'objectif « Apprendre à se connaître et à s'estimer » défini par le MEQ (1997b). Le tableau 10.5 donne des exemples concrets à cet égard.

10.2.2 L'évaluation et le bulletin

L'évaluation à la maternelle n'est pas chose facile. La difficulté réside dans la complexité du développement de l'enfant, dont il faut rendre compte, par rapport au relevé habituel d'apprentissages systématiques tel qu'il est traditionnellement exigé au primaire. De plus, en principe,

TABLEAU 10.5 Affirmer sa personnalité

Objet d'apprentissage	Enfant
L'enfant développe sa capacité :	**Par exemple, il :**
• de percevoir ses goûts, ses sensations et ses attitudes ;	• identifie ses goûts et ses choix ;
• de reconnaître ses sentiments et ses émotions ;	• manifeste ses sentiments et ses émotions ; • parle de ses sentiments et les nomme ; • exprime ce qu'il ressent de manière appropriée ;
• de se respecter et de se faire confiance ;	• choisit ce qui lui convient ; • justifie ses choix ;
• de s'exprimer et de créer ;	• chante, joue d'un instrument, joue un personnage, une situation ; il danse, réalise une image par le dessin, la peinture ou le modelage ;
• de parler.	• maîtrise de mieux en mieux les phonèmes ; • prononce les mots correctement ; • emploie le mot juste pour ce qu'il veut désigner ; • enrichit son vocabulaire ; • utilise le pronom « je » ; • décrit une situation simple ou une image ; • évoque des situations réelles ou imaginaires ; • exprime un désir, un besoin.

Source : Ministère de l'Éducation du Québec, *Programme d'éducation préscolaire*, Québec, MEQ, 1997, p. 23.

l'enseignante de la maternelle est la première personne à devoir annoncer aux parents les éventuelles difficultés de leur enfant à l'école. Ces derniers refusent parfois l'évaluation faite par l'enseignante, en disant que l'enfant se comporte bien à la maison et à la garderie. Le choc initial passé, les parents voudront aider l'enfant à cheminer le plus favorablement possible.

L'observation de l'enfant est au cœur du processus d'évaluation. Concrètement, les données tirées de l'observation feront l'objet d'une analyse et d'une synthèse qui, à leur tour, permettront de remplir le bulletin le plus objectivement possible. L'enseignante, appuyée par les parents dans ses prises de décision, pourra intervenir plus efficacement auprès de l'enfant. Ainsi, les actions entreprises à l'école devraient influencer la façon d'intervenir des parents à la maison. Ces derniers deviennent alors des partenaires privilégiés dans la recherche de solutions visant à aider l'enfant à poursuivre son cheminement. Le processus d'observation-évaluation comporte un ensemble d'opérations ordonnées et organisées de manière à amener l'enseignante à prendre des décisions éclairées pour mieux soutenir l'enfant (voir la figure 10.2). Cela ne peut se réaliser sans la collaboration des parents.

Chaque nouvelle intervention à la suite d'une décision entraîne nécessairement la reprise de l'observation, afin de vérifier si l'intervention a produit le changement d'attitude ou de comportement attendu. L'évaluation est une démarche complexe, car, en plus de devoir suivre toutes les étapes du processus évaluatif et prendre en considération les compétences visées par le programme, l'enseignante doit tenir compte du contexte, c'est-à-dire de la réalité et du vécu de l'enfant. Ce contexte est associé à la diversité des expériences sociales que l'enfant a faites avant son entrée à l'école. Nous donnons ici quelques exemples :

— Certains enfants n'ont jamais fréquenté de milieux de garde. En entrant à la maternelle, ils vivent donc leur première expérience dans un milieu social élargi, sous la supervision d'un adulte autre que le parent.

FIGURE 10.2 Processus d'observation-évaluation

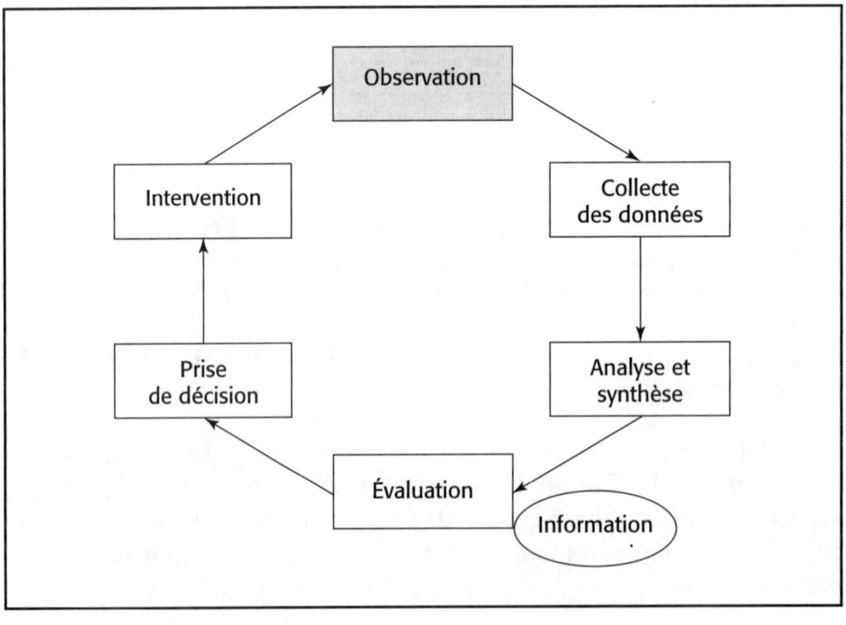

— Certains enfants ont une expérience de milieux sociaux multiples, car, en plus de fréquenter les milieux de garde, ils s'adonnent depuis quelque temps à des activités dites d'initiation ou d'éveil, comme le patinage, la natation, l'expression artistique, la musique.

— Des enfants savent déjà lire, écrire et compter.

— Plusieurs enfants savent comment fonctionne l'ordinateur et peuvent accéder à certains programmes informatiques.

En prenant en considération tout ce qui précède, nous nous pencherons maintenant sur certaines questions relatives au bulletin.

Le bulletin scolaire est un instrument d'évaluation, dont le but premier est de renseigner les parents ou les autres personnes responsables de l'enfant quant au développement et au comportement de celui-ci dans la classe et à l'école. Pour le MEQ (1997b, p. 54) :

> Certains principes régissent l'établissement d'un bulletin à l'éducation préscolaire :
>
> — Le bulletin met l'accent sur les aspects positifs du développement. Dans ce sens, il doit constituer une image positive de l'enfant, aux yeux de celui-ci et aux yeux de ses parents.
>
> — Il met l'accent sur le dynamisme de développement de l'enfant plutôt que sur une simple énumération de ses connaissances ou habiletés spécifiques. Ce sont, en quelque sorte, des indications sur l'enfant et sur ses progrès.
>
> — Il est préparé à partir d'une consignation d'observations faites sur l'enfant au cours d'une assez longue période et dans différents contextes.
>
> — Il est rédigé dans un langage accessible aux parents et en termes concrets pour inciter à l'action.

Pour être en mesure d'établir le bulletin, l'enseignante doit, à l'aide de grilles conçues à cet effet, observer l'enfant dans différentes situations et dans des activités multiples. Le respect de l'enfant individuel constitue la base de l'observation. Loin d'être comparé aux autres enfants, l'enfant est évalué en fonction des efforts qu'il fait et de ses progrès.

La démarche évaluative est très exigeante pour l'enseignante, car, dans un souci d'objectivité, celle-ci doit mettre en pratique des moyens lui permettant d'observer chacun des enfants de son groupe. À la suite de l'analyse et de la synthèse de ses observations, elle peut être amenée à remettre en question ses interventions et ses stratégies éducatives et à chercher des moyens pertinents d'aider l'enfant. Le jeu étant essentiel dans le développement intégral du jeune enfant, l'enseignante y prête une attention spéciale au cours de ses observations. De même, elle ne néglige pas non plus l'auto-évaluation de l'enfant.

Finalement, conformément aux exigences de la nouvelle politique en matière d'éducation, il faut se rappeler que l'évaluation ne se limite pas exclusivement au bulletin de fin d'étape. Elle constitue davantage un processus dans lequel plusieurs moyens ou façons de faire sont adoptés en vue de porter un jugement objectif sur le développement et les apprentissages de chacun des enfants. À cet égard, le portfolio constitue un outil complémentaire des plus pertinents.

Le portfolio

Le portfolio, nouvellement utilisé en éducation, se présente habituellement sous la forme d'une collection de travaux personnels de l'enfant. Auparavant, le portfolio était davantage un outil des milieux artistique, esthétique ou administratif, employé pour évaluer les travaux réalisés par un individu à la place de résultats chiffrés provenant d'examens ou de tests.

En éducation préscolaire, le portfolio a, bien sûr, une finalité différente et présente des avantages que nous examinons dans les paragraphes qui suivent.

Le portfolio est constitué des différents travaux jugés significatifs par l'enfant. Ces travaux ou réalisations ne sont pas nécessairement des travaux écrits; ils peuvent prendre d'autres formes, telles que des cassettes, des dessins, des livres, etc. Pour un enfant de la maternelle, l'idée d'un travail significatif a une dimension affective et est ni plus ni moins assimilée à l'idée d'une activité ou d'une production qu'il *aime*. En fait, quand nous parlons de travaux significatifs, nous entendons des travaux qui ont du sens pour l'enfant, c'est-à-dire pour lesquels il peut :

- expliquer les apprentissages qu'il a réalisés, tout en indiquant comment il les a faits. En un mot, comment, à partir de ses tâtonnements et de ses manipulations, il arrive à explorer et à entreprendre les activités;
- faire les analyses nécessaires afin de mieux se connaître et de réfléchir sur le présent, tout en prenant en considération les actions passées et les engagements à venir;
- expliquer ses choix en fonction de ses valeurs, et ce pour mieux comprendre sa conduite et ses intérêts;
- faire des liens entre le contexte de ses réalisations (conditions favorables ou non) et ses apprentissages;

— faire une auto-évaluation qui l'amène à s'interroger sur ses productions et sur son implication dans une activité personnelle ou de groupe, selon le cas ;

— travailler en collaboration afin de trouver l'information ou les ressources indispensables pour mener à terme ses activités ;

— produire des bilans et des synthèses qui tiennent compte des progrès réalisés, des réussites, de même que des difficultés éprouvées et des moyens pris pour les surmonter.

Comme on s'en doute, il est illusoire d'espérer que tous les enfants de la maternelle parviennent à remplir l'ensemble des conditions énumérées ci-dessus, d'autant plus qu'il importe de garder à l'esprit l'idée que l'enfant se développe graduellement au fur et à mesure de son agir. Selon cette perspective, il vaut mieux voir le portfolio comme une démarche qui amène peu à peu l'enfant à se prendre en main et à comprendre ce qui le distingue des autres. En ce sens, petit à petit, l'enfant pourra choisir, décider et peut-être même se donner des défis et, en cela, il sera aidé par l'enseignante qui le rencontrera individuellement pour l'amener à s'interroger et à réfléchir sur ses choix.

En résumé, bien plus qu'un ensemble de documents, le portfolio constitue un outil privilégié pour encourager l'enfant à explorer, à expérimenter, à choisir, à analyser, à synthétiser, à s'auto-évaluer et à se livrer à quelques réflexions à sa mesure concernant son développement et ses apprentissages. Il est en quelque sorte un outil d'accompagnement grâce auquel l'enfant en vient à se transformer, à modifier sa conduite, à s'améliorer ou encore à trouver des solutions par rapport à des problèmes donnés.

Au risque de nous répéter, nous insistons sur le fait que certains enfants ne pourront que mettre des réalisations dans leur portfolio, sans arriver à les analyser en fonction de leurs satisfactions ou insatisfactions. Il faut respecter le rythme individuel de l'enfant sans tenter de bousculer ou de sauter les étapes.

Comme nous l'avons dit plus haut, le portfolio peut servir à l'évaluation formative comme complément d'une autre forme d'évaluation. Évidemment, la réalisation du portfolio implique une réceptivité aux informations nouvelles, ce qui entraîne des remises en question continuelles face aux incertitudes et aux hésitations. Il est donc souhaitable que l'enfant croie en lui-même, qu'il parle avec d'autres afin d'évaluer ses limites et ses forces et qu'il prenne les moyens pour surmonter les difficultés. Encore là, il faut respecter le cheminement individuel. Bref, le portfolio tel qu'il est utilisé en éducation ne sert pas simplement à rendre compte des performances de l'enfant, il représente un moyen supplémentaire d'amener ce dernier à réfléchir sur ses actions.

Pour finir, même si l'idée de développement intégral de la personne et d'acquisition de compétences reste centrale quand il est question du portfolio, il nous semble important ici d'apporter des éclaircissements en ce qui concerne les bienfaits du portfolio sur les plans affectif et cognitif.

Sur le plan affectif, le portfolio incite l'enfant à avoir confiance en lui, car il décide lui-même des travaux à y inclure. Il le personnalise et l'organise en fonction de ses besoins, de ses talents et de ses intérêts. Étant donné que la responsabilité du choix lui revient en premier lieu, il doit faire une sélection de ses travaux en les classifiant et il doit les commenter en les comparant et en les interprétant. Il est donc en mesure de donner des informations et des explications à propos de ses décisions. En fait, il s'agit d'une appropriation de son mode d'action personnel qui le force à se pencher sur ce qu'il a fait (actions présentes), sur la façon dont il l'a fait (organisation de ses actions) et sur les intentions qui l'ont animé (orientations à long terme). En somme, par l'appropriation de ses façons de faire, l'enfant acquiert une plus grande confiance en lui et en ses idées, ce qui l'amène à se situer par rapport aux autres.

Sur le plan cognitif, se poser des questions demeure à la base du processus d'apprentissage et du développement. Par cette démarche, on peut amener l'enfant à reconnaître ce qui le distingue des autres. On lui donne la possibilité de choisir les moyens (dessin, bricolage, collage, etc.) pour personnaliser son portfolio et ainsi nous montrer ses talents. Par conséquent, l'enfant s'interroge à partir de ce qu'il perçoit dans la réalité, de ce qu'il sent, de ce qu'il ressent et de ce qu'il approuve. Ainsi, il est entraîné à découvrir, explorer, chercher, imaginer, comprendre, organiser, classer, analyser, juger, délibérer, décider, tout en effectuant des synthèses rendant compte des apprentissages qu'il a réalisés. Tout cela ne se fait pas du jour au lendemain, mais se bâtit petit à petit. La prise de conscience, à la mesure de son développement, le conduit peu à peu à intégrer ce qu'il apprend, à prendre des décisions de plus en plus conséquentes, à évaluer de mieux en mieux les choix qu'il fait.

En fin de compte, c'est le développement intégral de l'enfant qui est concerné. De ce fait, le portfolio, loin d'être une fin en soi, doit être vu comme une démarche qui s'actualise dans un processus de formation continue et d'évaluation formative. Il serait donc très pertinent que l'enfant puisse poursuivre cette démarche entreprise à la maternelle lorsqu'il entre en première année. Qui plus est, cela constituerait une façon d'établir des liens le plus naturellement possible entre la maternelle et la première année.

10.3 ENTRE L'ENSEIGNANTE ET L'OBJET D'APPRENTISSAGE : LA RELATION DIDACTIQUE

La relation didactique établit des liens entre l'enseignante et la matière à enseigner et fait appel à une planification des situations pédagogiques afin de faciliter les apprentissages. En pratique, comme l'éducation préscolaire n'obéit pas à des objectifs programmés, l'expression *relation didactique* est peu employée en éducation préscolaire. En fait, de manière pour le moins restrictive, la relation didactique est souvent perçue sous l'angle de la « fourniture de matériel à l'enfant ». Pourtant, si on l'examine de près, elle est beaucoup plus que cela. La relation didactique implique une bonne connaissance de chacun des enfants, afin de leur offrir le matériel pédagogique qui répond autant à leurs besoins qu'à leurs désirs. Au-delà de la simple fourniture de matériel, il y a donc une réflexion nécessaire de la part de l'enseignante quant à la qualité et à la pertinence des objets et des jeux mis à la disposition de l'enfant pour favoriser son développement. De même, l'enseignante abordera les domaines d'apprentissage et les compétences qui y sont reliées de la façon qu'elle juge la plus appropriée pour faire cheminer l'enfant.

Rappelons que le jeune enfant requiert une attention spéciale, qui sera toujours, dans un premier temps, empreinte d'affection. Autrement dit, le lien que l'enseignante crée avec l'enfant produit un effet sur celui-ci quant à sa façon de tirer profit de l'environnement. L'initiative relève donc de l'enfant et non pas d'un enseignement quelconque. De là le besoin qu'éprouve l'enfant de se sentir accepté et aimé pour entreprendre des activités sans peur, avec l'intime conviction que l'on viendra l'aider en cas de problème. Au départ, une technique éprouvée qui entraîne des effets bénéfiques sur le développement de l'enfant consiste à introduire des objets familiers afin qu'il puisse avoir des repères et ainsi s'adapter plus rapidement.

Toute planification de classe suppose une compréhension du programme, mais également une transformation des données en vue d'un enseignement. C'est là que le bât blesse puisque, à la maternelle, il n'y a pas d'enseignement systématique. Néanmoins, l'enseignante doit s'interroger sur ce qu'elle veut montrer à l'enfant, sur ce qu'elle désire metttre à sa disposition pour mieux le faire apprendre. Ainsi, l'organisation du contenu amène à employer des méthodes d'enseignement qui exigent réflexion quant aux façons de faire et aux stratégies pour enseigner efficacement ou, encore mieux, faire apprendre. Par conséquent, et compte tenu du fait que la liberté d'agir et la multiplication d'objets différents permettent à l'enfant de s'organiser, de se structurer, de comprendre les événements et d'intégrer les différents éléments d'une situation, l'enseignante doit se soucier de ces aspects. Il s'ensuit que la relation didactique à la maternelle ne peut se limiter à la relation perçue froidement entre l'objet d'apprentissage et l'enseignante, mais doit assurément englober la dimension développementale, qui intègre à la fois les univers affectif, social, cognitif et psychomoteur.

RÉSUMÉ

La gestion de classe consiste à mettre en œuvre des moyens visant à articuler la relation d'enseignement (entre l'enfant et l'enseignante), la relation d'apprentissage (entre l'enfant et l'objet d'apprentissage) et la relation didactique (entre l'enseignante et l'objet d'apprentissage).

Dans la relation d'enseignement, il s'agit de choisir des moyens d'apprentissage en privilégiant une approche qui tienne compte de l'affectivité de l'enfant et de son besoin d'explorer, de s'exprimer et de travailler à son rythme. À cet égard, deux types d'approches sont plus fréquemment retenus : l'approche par ateliers et l'approche par projets.

La relation d'apprentissage vise à faire assimiler et intégrer de l'information pour ensuite l'adapter à un contexte donné. Pour le jeune enfant, l'apprentissage doit demeurer intimement lié à ses états affectifs et à son entourage. Le *Programme de formation de l'école québécoise* (Ministère de l'Éducation du Québec, 2001, p. 7) regroupe 14 programmes disciplinaires dans 5 domaines, soit : les langues ; les mathématiques, la science et la technologie ; l'univers social ; les arts ; le développement personnel. À la maternelle, on se préoccupe d'abord du développement intégral de l'enfant de telle sorte que l'accent est mis non pas sur l'acquisition formelle de connaissances mais sur l'activité elle-même qui amène l'enfant à explorer plusieurs champs disciplinaires. En ce qui concerne l'évaluation, elle s'appuie sur une fine observation de l'enfant. Le portfolio, qui contient des travaux personnels de l'enfant, sélectionnés par lui, constitue un outil privilégié pour l'encourager à explorer, à expérimenter et à choisir.

Enfin la relation didactique établit des liens entre l'enseignante et la matière à enseigner. À la maternelle, elle ne peut faire fi du développement de l'enfant, ce qui nécessite une bonne connaissance de chacun d'eux.

QUESTIONS

1. Que signifie enseigner à la maternelle ? Plus précisément, comment concilier l'enseignement à la maternelle avec le développement de l'enfant ?
2. Que signifie « apprendre » quand il s'agit d'un enfant de cinq ans ?
3. Choisissez trois domaines d'apprentissage et dites comment vous comptez en tenir compte dans votre enseignement à la maternelle.
4. Expliquez le processus d'observation-évaluation.
5. Quels sont les avantages et les limites du portfolio à la maternelle ?

MISE EN SITUATION

Le bulletin

Vous devez rencontrer un parent pour lui remettre le bulletin de son enfant, qui éprouve plusieurs difficultés en classe. Le problème auquel vous faites face est le suivant : selon les informations reçues des parents jusqu'à ce jour, l'enfant n'éprouve aucune difficulté à la garderie et à la maison. Comment annoncerez-vous au parent que son enfant a des difficultés à s'exprimer, à faire les activités et à comprendre les consignes ?

Pistes d'exploration

— Que signifie établir un bulletin ?

— À quelles stratégies ferez-vous appel pour annoncer au parent que son enfant éprouve des difficultés alors qu'il n'a que cinq ans, que la maternelle n'est pas obligatoire, qu'on se situe encore au début de l'année scolaire et que le programme est axé sur le développement de l'enfant et non sur l'acquisition de connaissances ?

— Quelles sont les réactions possibles du parent ?

Présentation

Vous avez à présenter la façon de traiter cette situation tout en tenant compte du fait que le parent est le premier éducateur auprès de l'enfant et que son aide vous est précieuse pour aider l'enfant à cheminer le plus harmonieusement possible. Les moyens que vous pouvez utiliser sont le jeu de rôle, l'entrevue ou tout autre moyen qui vous semble pertinent.

LECTURES SUGGÉRÉES

CARON, J., et DIONNE, A. (1993). *Dès le préscolaire... recueil d'outils de gestion de classe*, Québec, ministère de l'Éducation.

CERQUETTI-ABERKANE, F., et BERDONNEAU, C. (1994). *Enseigner les mathématiques à la maternelle*, Paris, Hachette.

COURCHESNE, D. (1999). *Histoire de lire. Les littératures jeunes dans l'enseignement quotidien*, Montréal, Chenelière/McGraw-Hill.

DURIF, D. (1989). *Concevoir la classe : une aide aux apprentissages*, Paris, A. Collin, coll. « Pratique pédagogique ».

GROUPE COOPÉRATIF DE LA TABLE RÉGIONALE DE L'ÉDUCATION PRÉSCOLAIRE (1997). *Trousse d'accueil du préscolaire*, Montréal, Groupe coopératif de la table régionale de l'éducation préscolaire.

GUILBERT, M. (1992). *L'évaluation en maternelle*, Paris, Bordas.

PAOLETTI, R. (1999). *Éducation et motricité de l'enfant de deux à huit ans*, Boucherville, Gaëtan Morin Éditeur.

PIERRE, R., TERRIEUX, J., et BABIN, N. (1990). *Orientations, projets, activités pour l'école maternelle*, Paris, Hachette Écoles.

REICHLING, U., et WOLTERS, D. (1999). *Comment ça va ?*, Québec, Modulo.

THÉRIAULT, J. (1995). *J'apprends à lire... Aidez-moi*, Montréal, Éditions Logiques.

VERMETTE, M. (1991). *Découvertes au cours des saisons*, Montréal, Commission des écoles catholiques de Montréal.

WEITZMAN, E. (1992). *Apprendre à parler avec plaisir*, Toronto, Programme Hanen.

Chapitre 11

Famille, garderie, maternelle et première année

OBJECTIFS

Au terme de ce chapitre, le lecteur devrait pouvoir :

- définir la notion de passage ;
- décrire le passage de la famille à la garderie, celui de la garderie à la maternelle et celui de la maternelle à la première année ;
- bien distinguer ces trois milieux ;
- comprendre les implications de ces passages en ce qui a trait à l'enfant, aux parents, à l'enseignante et au milieu ;
- identifier et expliquer des stratégies pour harmoniser ces passages ;
- indiquer les actions pédagogiques propres à soutenir l'enfant dans son cheminement ;
- nommer quelques attitudes ou comportements qui peuvent influencer le comportement de l'enfant lorsqu'il change de milieu ;
- utiliser des modes d'intervention ou moyens pédagogiques susceptibles d'atténuer les effets négatifs du passage.

INTRODUCTION

Le terme « passage » en éducation est souvent employé en début d'année scolaire pour marquer le changement de milieu, de classe ou de niveau de l'élève. Habituellement, cette expression se rapporte à l'adaptation de l'enfant à son nouvel environnement. De nombreuses recherches ont porté sur cette notion de passage. Sous-tendant ces recherches, il y a l'idée que chaque changement de milieu possède sa part de connu et d'inconnu. Il y a aussi l'idée que chaque passage entraîne un nouveau statut. Ainsi, l'enfant passe de la famille à la garderie, de la garderie à la maternelle, de la maternelle à la première année, du premier cycle du primaire au second cycle, et ainsi de suite jusqu'à l'université ou jusqu'à ce qu'il intègre le milieu du travail et, à chacun de ces passages, il change de statut. Mais qu'en est-il des premiers passages qui, d'une certaine façon, amènent l'enfant à devenir plus grand ? De nos jours, l'enfant est sollicité très tôt pour s'inscrire à différentes activités ou adhérer à un groupe social ayant des règles parfois contradictoires par rapport à un autre. Dans certains cas, cela peut poser des difficultés que l'on ne saurait minimiser quand arrive le moment d'un changement de milieu.

Ainsi, une diversité de composantes sont mises en cause lors du passage de la famille à la garderie. Notons deux changements majeurs : le premier concerne la personne qui prend soin de l'enfant et le second, le milieu lui-même, changements qui engendrent habituellement de l'insécurité. Tout changement entraîne une certaine déstabilisation qui peut trouver sa source dans les différents modes d'intervention, dans les diverses stratégies utilisées et dans les nouvelles activités quotidiennes auxquelles l'enfant doit désormais s'adapter.

Vient ensuite le passage de la garderie à la maternelle, lequel nous apparaît, à première vue du moins, générer moins d'éléments nouveaux. En effet, les programmes appliqués en garderie et en maternelle s'articulent autour d'orientations similaires et mettent de l'avant le jeu comme moyen par excellence pour favoriser le développement intégral et harmonieux de l'enfant. Nous examinerons, toujours en préservant l'idée d'une continuité, la mission éducative de la maternelle.

À l'heure où les réformes et les démarches se multiplient pour renouveler la trilogie *lire, écrire, compter* en vue de l'adapter à des activités significatives dans la démarche d'apprentissage, des questions sérieuses se posent quant au rôle de la maternelle au regard des exigences de la première année. Plusieurs sont d'avis que savoir lire et écrire dès son arrivée en première année faciliterait à l'enfant son intégration au système scolaire, ce qui lui éviterait d'emblée de se décourager lorsque mis en face d'exercices ponctuels. Sans nous engager dans le détail des nombreux débats et rapports concernant l'importance de l'enseignement de la lecture et de l'écriture, nous pouvons affirmer sans nous tromper que les milieux préscolaires se soucient réellement d'offrir aux enfants des activités susceptibles de les aider à entreprendre la première année. Cependant, nous ne pouvons nier que le passage de la maternelle à la première année pose parfois des problèmes, situation qui tient au fait que la maternelle, de façon générale, ne suit pas une démarche uniforme. En conséquence, le programme d'activités peut varier d'un milieu à l'autre, avec diverses formes d'interventions, selon, par exemple, que le milieu opte ou pas pour la scolarisation précoce.

Très souvent, tout se passe comme si le milieu scolaire ignorait les conséquences malheureuses chez l'enfant des ruptures entre la maternelle et la première année. En fait, nombre de perturbations et de crises de toutes sortes pourraient être évitées, si seulement les périodes de passage, de transition ou de continuité étaient abordées avec la volonté de trouver des solutions dans la perspective, souvent négligée, du développement.

Soulignons enfin que plus l'enfant est jeune, plus il faut prendre de précautions afin d'éviter de brusquer les étapes. Plonger trop rapidement l'enfant dans un univers où l'accent est mis sur les apprentissages, où le cognitif prime l'affectif, risque de le démotiver. En d'autres mots, des ruptures trop brutales peuvent compromettre l'acceptation du nouveau milieu. En ce sens, l'idée de favoriser un passage harmonieux sous-tend la prise en considération de chacun des enfants et de son vécu. Par exemple, si d'autres séparations sont déjà venues perturber sa quiétude et ont suscité des sentiments d'abandon et de rejet, il faudra redoubler d'attention et user de stratégies appropriées pour neutraliser autant que possible ces expériences négatives. Souvent, les manières de faire se répercutent sur les réactions des enfants.

11.1 LE MILIEU FAMILIAL

Le milieu familial, dans lequel l'enfant est initialement plongé, reste celui qui apporte le plus d'éléments neufs. En effet, ce milieu fait partie de la réalité quotidienne et est constitué d'un ensemble de choses qui ont leur raison d'être avant même que l'enfant naisse. Par conséquent, des éléments de ce milieu, tels l'espace géographique ou le langage, concrétisent le contexte dans lequel l'enfant sera amené à réagir pour prendre graduellement conscience de ce qui l'entoure. De même, les conditions de la naissance, notamment la conception et l'accueil fait par les parents à l'enfant, marquent déjà un jalon important dans sa vie. Dans cette insertion continue rendue possible par la protection qu'assure le cadre familial, la liberté laissée à l'enfant de bouger et de s'activer l'encourage à agir sur les objets, donc à mieux les connaître. Ainsi, ce petit être se développe graduellement en intégrant, par son agir et quand il est prêt, les éléments culturels d'ordre affectif, notionnel et pratique. Le rôle protecteur que joue le parent perdra de son intensité au fur et à mesure que ce dernier sentira que l'enfant a acquis certaines habiletés le rendant capable d'effectuer les choses par lui-même, de réussir les activités seul et de se débrouiller sans exiger d'aide.

11.1.1 L'enfant dans sa famille

Au risque de nous répéter, disons que le milieu familial influe grandement sur la façon dont l'enfant se développe. En laissant la possibilité à l'enfant de toucher et d'explorer les objets dans un contexte familier et sécuritaire, les parents lui ouvrent la porte d'accès à la connaissance. Par les objets qu'ils mettent à sa disposition, ils l'incitent à faire différents mouvements et à apprendre le fonctionnement de son corps, mais aussi à reconnaître la diversité des objets et leurs propriétés. Par le fait même, l'enfant élargit le champ de ses connaissances en rapport avec lui-même et avec son environnement.

Tout part de l'enfant. Au commencement, le monde est réduit à sa plus simple expression. La prise de contact originelle marque le début de l'action, et ce sans référence à l'expérience passée ni aux démarches vers l'avenir. Compte tenu de cette inexpérience, les parents doivent prendre soin de l'enfant et le surveiller.

Cette période « symbiotique », souvent considérée comme parasitaire par certains auteurs, prend graduellement fin avec l'éveil du corps de l'enfant, c'est-à-dire lorsque la main commence à saisir, que les pieds s'apprêtent à marcher et que le langage permet de communiquer. Wallon (1942) insiste sur ces deux grandes conquêtes que sont la marche et le langage, en tant qu'élargissement physique qui marque l'envol vers la découverte du corps et des objets de l'environnement. Au cœur de cette réflexion, on peut mieux saisir l'importance accordée par les auteurs au développement moteur. En fait, le développement moteur est considéré comme le fondement du développement cognitif. De là notre insistance sur l'agir « corporalisé ».

Plus l'enfant est jeune, moins il a exploré, moins il s'est initié aux divers éléments qui l'entourent et moins il peut réaliser de choses. Bref, il a besoin des parents pour répondre à ses besoins. Les façons d'intervenir des parents laisseront des empreintes parfois indélébiles sur l'estime de soi de l'enfant. La persévérance de l'adulte, son regard bienveillant, sa main réconfortante, son sourire de connivence, une confiance absolue : ce sont là des variables qui influencent l'épanouissement du petit être.

Les gestes de l'adulte et la complexité du milieu seront saisis au fur et à mesure que le petit enfant s'implique dans l'action. Il bouge d'une façon qui, à première vue, peut paraître désordonnée, mais ces mouvements revêtent une importance capitale pour la prise de possession du corps. Les expériences sensorielles, le développement de la motricité globale ou fine et l'évolution du langage sont, sans contredit, des facteurs de premier plan qui influencent les actions de l'enfant.

Dans sa famille, l'enfant se trouve dans une situation naturelle, du fait qu'il s'inscrit dans la quotidienneté, à travers des gestes qui lui sont de plus en plus perceptibles et, avec l'estompement de la nouveauté, qu'il maîtrise de mieux en mieux. Chaque jour apporte son lot d'éléments nouveaux pour lui, car il est « innocent et naïf », termes non péjoratifs ici qualifiant l'être qui a peu exploré. Encore réactif et incertain dans ses actions et dans son adhésion au monde, l'enfant est plus porté à aller vers le connu que vers l'inconnu. Il pénètre dans le réel à petits pas, en créant la réalité à sa mesure. Du seul fait qu'il s'inscrit dans la communauté des humains, son activité journalière devient indispensable et formatrice pour la construction de son identité.

La composante affective est primordiale : elle permet à l'enfant de grandir en ouvrant de nouvelles avenues. Sur cet aspect, de nombreux exemples montrent que le développement de l'enfant sera favorisé dans des *milieux sains* et ralenti dans les *milieux à risque*.

Le tout-petit, dans son milieu familial, est dominé par ses pulsions, ses impulsions et ses émotions. La nouveauté des actions, jour après jour, lui fait prendre conscience de ses possibilités à travers ses élans d'énergie qui se transforment en activités dites naturelles. Naturelles, car elles sont mises en branle par le jeu de l'enfant et proviennent du quotidien. Il faut dire ici que tout être humain est motivé par des besoins et des instincts qui le poussent littéralement vers le monde. Sans réfléchir et sans se référer à des modèles extérieurs, l'enfant passe la plus grande partie de son temps à jouer, c'est-à-dire à explorer, son énergie constituant le déclencheur indispensable de toute action. L'enfant se développe par le jeu égocentrique ou par les gestes spontanés qui donnent une valeur personnelle à son action. Peu importe que ses mouvements soient harmonieux ou non, il s'initie à la vie en tâtonnant, en s'éveillant aux réalités quotidiennes, en explorant. Certes, l'enfant qui vit tôt des expériences diverses, riches et variées, réagit plus vivement et plus précocement au monde qui l'entoure. À cet égard, tous les enfants ne profitent pas du même accompagnement éducatif avant leur entrée à la garderie, ce qui oblige à adapter les interventions à chacun. Relativement à cette situation, il convient de prendre en considération les pratiques parentales. Allès-Jardel (1995) a mis en évidence trois types de pratiques éducatives qui exercent une influence déterminante sur le développement cognitif et la réussite scolaire des enfants :

— les pratiques *autoritaires,* fondées sur une volonté de contrôle et sur des exigences reliées à la maturité de l'individu : il en découle un manque de confiance et d'autonomie ;
— les pratiques *démocratiques,* selon lesquelles la personne a sa place au sein de sa famille : on y adopte une communication de qualité, ce qui valorise et donne confiance ;
— les pratiques *permissives,* fondées sur la liberté d'action, sans encadrement ponctuel ni contrôle : il en découle déstabilisation et anxiété.

Si on a pu démontrer que l'écart est parfois grand entre les enfants du même âge sur le plan des acquis, on peut aussi conclure que la qualité du soutien parental est déterminante en ce qui a trait à la démarche affective de l'enfant.

Des études (Esptein et Daube, 1991) ont montré que le milieu familial reste l'endroit par excellence pour stimuler l'enfant. Néanmoins, il ne faut pas minimiser le rôle sans cesse grandissant joué par les milieux de garde.

De plus en plus tôt dans la vie de l'enfant et de plus en plus nombreux à le faire, les parents font appel à des services de garde, principalement parce qu'ils travaillent, mais aussi pour donner à l'enfant l'occasion de se mêler à d'autres enfants ou simplement pour s'offrir à eux-mêmes quelques instants de répit. Malgré tout, l'insécurité et la crainte des parents sont omniprésentes lorsqu'ils laissent leur enfant pour la première fois à la garderie. Ils se demandent, entre autres choses : Comment va-t-il réagir ? Comment va-t-on répondre à ses besoins ? Va-t-il s'adapter rapidement ? Évidemment, les réponses à ces questions dépendent de facteurs tels que l'âge de l'enfant et son caractère propre.

11.2 LE MILIEU DE LA GARDERIE

L'existence et le développement de l'enfant commencent dans un milieu qui correspond à la réalité de la vie quotidienne familiale. Or le milieu social s'agrandit au fur et à mesure que l'enfant vieillit. Nous nous intéressons ici au milieu de la garderie.

Même si elle se veut très familiale, la garderie n'est pas la famille. Le ratio enfants/éducateur n'est pas le même ; les rapports personnels sont en principe moins empreints d'affection que dans la famille ; les enfants possèdent un statut équivalent dans le groupe, contrairement à leur statut familial d'enfant unique, d'aîné, de cadet ou de benjamin. Au point de vue physique, bien que certaines garderies tendent à reproduire les éléments de la maison dans leur aménagement, les deux endroits n'en sont pas moins distincts pour autant. À la garderie, les espaces sont plus vastes et organisés en fonction d'activités collectives ; le mobilier est souvent adapté à la taille des enfants et conçu en fonction des aires d'activités. À ces différences physiques s'ajoutent d'autres distinctions, susceptibles elles aussi d'influencer l'adaptation de l'enfant à son nouveau milieu : c'est le cas, par exemple, des règles et des nouvelles limites, de l'absence de la mère ou de la durée éprouvante de la séparation.

De nos jours, le milieu de la garderie est associé de plus en plus aux *centres de la petite enfance* (CPE). Jusqu'en 1997, chaque service de garde élaborait son propre programme d'activités dites éducatives. En 1997, en vue d'harmoniser les orientations, le ministère de la Famille et de l'Enfance a publié un programme éducatif qui s'applique aux CPE, y compris aux services de garde en milieu familial.

Cela étant dit, voyons maintenant l'essentiel des dispositions de la politique familiale définie par le gouvernement du Québec et ce qu'on entend par *centres de la petite enfance* (CPE).

11.2.1 La politique familiale

En septembre 1997, le gouvernement du Québec instaurait une nouvelle politique familiale visant à assurer aux familles québécoises un soutien, aussi bien sur le plan financier qu'en matière de services :

> Les dispositions de la politique familiale visent à : aider les parents à concilier responsabilités familiales et professionnelles ; favoriser le développement et l'égalité des chances de tous les enfants. Elles prévoient notamment : des services de garde éducatifs à 5 $ par jour au sein d'un réseau des centres de la petite enfance auxquels sont admissibles les enfants de 2, 3 et 4 ans. Dès septembre 2000, les enfants de moins de 2 ans seront également admissibles. À cela, s'ajoutent les services de garde en milieu scolaire à 5 $ par jour pour les enfants qui fréquentent la maternelle ou une école primaire du secteur public ; l'allocation familiale bonifiée pour les familles québécoises à faible revenu ; le régime d'assurance parentale qui vise à mieux indemniser les

parents durant les congés de maternité et les congés parentaux. (Ministère de la Famille de l'Enfance, 1999.)

11.2.2 Les centres de la petite enfance

Les centres de la petite enfance (CPE) ont été créés pour répondre aux besoins diversifiés des parents et aux exigences des nouvelles réalités sociales. Ces centres ont été mis sur pied à partir du réseau déjà existant des garderies et des agences de services de garde en milieu familial à but non lucratif.

La Loi sur les centres de la petite enfance et autres services de garde à l'enfance adoptée en 1997 définit ainsi les CPE et les services de garde en milieu familial :

> « centre de la petite enfance » : un établissement qui fournit, dans une installation où l'on reçoit au moins sept enfants pour des périodes qui ne peuvent excéder 48 heures consécutives, des services de garde éducatifs, s'adressant principalement aux enfants de la naissance jusqu'à la fréquentation du niveau de la maternelle et qui, sur un territoire donné, coordonne, surveille et contrôle en milieu familial de tels services à l'intention d'enfants du même âge. Subsidiairement, ces services peuvent s'adresser aux enfants fréquentant les niveaux de la maternelle et du primaire lorsqu'ils ne peuvent être reçus dans un service de garde en milieu scolaire au sens de la Loi sur l'instruction publique (chapitre I-13.3) et de la Loi sur l'enseignement privé (chapitre E-9.1) ;
>
> « service de garde en milieu familial » : un service de garde fourni par une personne physique, contre rémunération, pour des périodes qui peuvent excéder 24 heures consécutives, dans une résidence privée où elle reçoit :
>
> 1° en incluant ses enfants de moins de neuf ans et les enfants de moins de neuf ans qui habitent ordinairement avec elle, au plus six enfants parmi lesquels au plus deux enfants peuvent être âgés de moins de 18 mois ; ou
>
> 2° si elle est assistée d'une autre personne adulte et en incluant leurs enfants de moins de neuf ans et les enfants de moins de neuf ans qui habitent ordinairement avec elles, au plus neuf enfants parmi lesquels au plus quatre enfants peuvent être âgés de moins de 18 mois.

Au cours des dernières décennies, le thème de la qualité des services de garde et de leur influence positive sur le développement des jeunes enfants a fait l'objet de multiples études, discussions, séminaires et congrès. Cela a donné lieu à des réflexions, autant sur la formation du personnel que sur la richesse de l'environnement, le suivi des programmes à l'intention des jeunes enfants, les activités stimulantes, l'ambiance éducative, le nombre d'enfants par adulte, les différents partenariats à créer.

À cet égard, le *Programme éducatif des centres de la petite enfance* (Ministère de la Famille et de l'Enfance, 1997) expose l'essentiel des préoccupations pédagogiques dans une démarche de continuité éducationnelle entre les CPE et les autres services éducatifs. Ainsi, l'existence d'un programme fondé sur des orientations et des principes pédagogiques constitue un instrument indispensable pour favoriser la qualité des interventions et, d'une façon plus générale, unifier la pensée éducative. Dans cette optique, même si les CPE se situent dans le cadre d'une mission éducative axée sur le développement global de l'enfant, leur programme vise certains objectifs, qui sont :

> — Favoriser le développement global et harmonieux de l'enfant, c'est-à-dire son plein épanouissement, dans toutes les dimensions de sa personne [...].
>
> — Favoriser la dimension physique et motrice du développement global [...]. L'enfant organise et exerce ses perceptions visuelles, auditives, olfactives, gustatives et tactiles. Il croît physiquement et fait l'acquisition graduelle de son schéma corporel [...].
>
> — Favoriser la dimension intellectuelle du développement global [...]. Permettre à l'enfant de progresser dans sa connaissance du monde, dans sa compréhension des relations entre les objets et entre les événements, dans la construction de sa pensée, dans le développement de son raisonnement logique et dans le développement de stratégies de résolution de problèmes [...].
>
> — Favoriser la dimension langagière du développement global [...] sous toutes ses formes : orale, artistique, corporelle et même d'une première forme de langage écrit [...].
>
> — Favoriser la dimension socio-affective et morale du développement global [...] développer sa confiance en lui-même et son estime de soi en prenant graduellement conscience de ses capacités, en relevant de nouveaux défis à sa mesure et en se valorisant à travers les activités qu'il réalise [...]. (Ministère de la Famille et de l'Enfance, 1997, p. 15-17.)

Certains principes de base chapeautent ces objectifs et guident les interventions des éducatrices :

- Chaque enfant est un être unique.
- Le développement de l'enfant est un processus global et intégré.
- L'enfant est le premier agent de son développement.
- L'enfant apprend par le jeu.
- Les parents contribuent au développement harmonieux de l'enfant. (Ministère de la Famille et de l'Enfance, 1997, p. 20.)

11.3 LE PASSAGE DU MILIEU FAMILIAL À LA GARDERIE

Il est essentiel que l'éducatrice accorde une attention spéciale à l'enfant qui fait son entrée à la garderie. Sur ce plan, il faut tout mettre en œuvre pour créer un climat de sécurité physique et affective permettant à l'enfant de se détacher peu à peu de ses parents tout en s'adaptant à son nouveau milieu. Pour ce faire, il n'existe pas de recettes miracles, et le temps d'adaptation varie en fonction des expériences antérieures de l'enfant, des attitudes des parents, de la réceptivité et de la chaleur du milieu d'accueil. Idéalement, il s'agit d'instaurer une routine afin que l'enfant saisisse que le parent viendra toujours le chercher approximativement au même moment et qu'il retournera à chaque jour dans son milieu familial, ce qui atténuera sa crainte qu'on ne l'abandonne. Quoi qu'il en soit, il demeurera toujours essentiel pour les adultes, intervenants et parents, d'adopter des attitudes qui favorisent ce passage en douceur de la famille à la garderie.

Quand on parle de passage, on doit mettre en perspective des moyens, mais, d'abord et avant tout, tenir compte des individus. D'emblée, on reconnaît que l'enfant bien adapté dans sa famille, y trouvant son équilibre affectif, s'intégrera plus facilement dans un nouveau milieu que l'enfant constamment ballotté et à qui on n'explique rien, car prétendument trop petit pour comprendre. Par exemple, l'enfant déposé à la garderie tôt le matin et repris en toute hâte en fin de journée par un parent plus préoccupé par les tâches ménagères que par l'enfant lui-même, cet enfant, donc, aura probablement de la difficulté à passer d'un milieu à l'autre en gardant sa bonne humeur et son plaisir de vivre.

Afin de faciliter le passage du milieu familial à la garderie, il est crucial que les nouveaux partenaires trouvent du temps pour discuter. Ainsi, l'éducatrice pourra s'informer des expériences antérieures de l'enfant, sur le plan médical (neurophysiologique), sur le plan de son comportement en général (seul, avec les autres, face à l'environnement), sur le plan affectif (sentiments, émotions, estime de soi) et cognitif (stimulation de tout ordre : langage, écriture, arts). Du côté du parent, la rencontre avec l'éducatrice lui donnera l'occasion de lier connaissance avec elle, de se rassurer quant à la façon dont on s'occupera de son enfant et de prendre connaissance des activités types d'une journée ou d'une semaine à la garderie. Ainsi, lorsque l'enfant fera son entrée, l'éducatrice aura déjà une idée de ce qu'il aime et n'aime pas, de ses objets d'attachement, du type d'approche à adopter auprès de lui. Au fil du temps, ses contacts quotidiens avec le parent lui permettront d'échanger avec lui quelques mots, histoire de mieux comprendre certaines situations avant d'entreprendre la journée.

Par ailleurs, ce qu'il faut éviter à tout prix dans le passage de la famille à la garderie, c'est de soumettre les enfants à un modèle unique où les activités collectives seraient privilégiées au détriment des jeux individuels, où les manifestations affectives seraient remplacées par des acquisitions intellectuelles et où la curiosité serait évacuée au profit d'expériences ponctuelles. Certes, l'important est d'assurer la continuité entre les activités réalisées dans le milieu familial et les activités proposées dans les CPE. À cet effet, il faut que de bons rapports s'établissent entre les parents et l'éducatrice. Ainsi que le souligne le ministère de la Famille et de l'Enfance (1997, p. 26) : « La connaissance du milieu familial et culturel de l'enfant permet de mettre à sa disposition du matériel évoquant son milieu et ainsi d'accorder de l'importance à son vécu. »

Le tableau 11.1 (p. 242-243) donne une liste des actions que pourraient entreprendre les parents et l'éducatrice pour atténuer les effets négatifs du passage de la famille à la garderie.

Évidemment, beaucoup d'autres actions peuvent s'ajouter à ce tableau. Car au-delà de ce cadre se côtoient les milieux qui transportent avec eux leur part de nouveauté et d'inconnu. Certaines conditions peuvent favoriser une adaptation plus rapide à la garderie. Pour les découvrir, il s'agit de bien observer l'enfant et de déterminer le moment approprié pour l'amener à réaliser des activités de plus en plus complexes. En l'occurrence, au fur et à mesure que l'enfant se connaît mieux, manifeste le désir de passer à autre chose, répond à ses besoins, il faut l'orienter vers de nouvelles explorations. Il faut l'inciter à jouer avec des objets diversifiés pour qu'il en vienne à comprendre sa façon personnelle de s'approprier la réalité. Par la même occasion, on pourrait l'encourager à attacher ses boutons et à mettre ses bottes ou encore l'aider à prononcer des sons et à trouver les mots pour s'exprimer. Ainsi, chaque fois que l'enfant apprend à faire quelque chose de nouveau, il est fier de lui, ce qui, par ricochet, l'aide à prendre sa place parmi les autres.

En pratique, à la garderie, l'enfant bouge, crie, joue. Bien sûr, cela se traduit différemment selon les âges et le nombre d'enfants et aussi selon le degré de tolérance de l'éducatrice.

TABLEAU 11.1 Actions pour faciliter le passage du milieu familial à la garderie

Facteurs d'influence	Parent	Éducatrice
• L'insertion dans le nouveau milieu	• Amener peu à peu l'enfant à se référer à des adultes différents (p. ex., faire garder l'enfant en soirée par une autre personne) • Prolonger graduellement le temps d'absence pour que l'enfant puisse constater que, finalement, le parent revient toujours le chercher • Adopter une attitude réceptive face à la situation de garde	• Familiariser l'enfant avec son nouveau milieu avant de le faire garder une journée entière, c'est-à-dire planifier une insertion graduelle : 1° en garderie avec le parent ; 2° sans le parent pour un court laps de temps ; 3° un peu plus longtemps ; 4° une journée complète ; 5° quelques journées dans la semaine ; 6° une semaine complète, avec un horaire régulier
• La complicité entre le parent et l'éducatrice	• Créer un climat qui facilite la discussion • Éviter de materner indûment son enfant • Renseigner sur les antécédents de l'enfant • Accepter de partager l'affection de l'enfant avec une tierce personne • Informer au besoin, à l'arrivée, sur la condition actuelle de l'enfant (comment il a dormi, comment il se sent, etc.) • Éviter de critiquer les faits et gestes de l'éducatrice devant l'enfant • Faire confiance aux éducatrices qui s'occupent de l'enfant	• Prendre, bercer et aider un enfant qui en a besoin • Avoir un regard bienveillant et des gestes chaleureux • Entourer l'enfant d'affection • Se mettre au diapason de l'enfant qui arrive à la garderie, et ce chaque jour • Encourager ses initiatives • L'amener à découvrir • Susciter sa curiosité • Observer ses faits et gestes afin de mieux comprendre ses intentions et ses motivations
• La relation de l'enfant avec les pairs	• Interroger l'enfant sur ses amis • Savoir avec qui il aime jouer et avec qui il aime moins jouer • Inviter ses amis à la maison • Éviter de le comparer à ses amis • Planifier de petites fêtes qui permettraient de connaître ses amis • Essayer de créer des liens avec les parents des amis de l'enfant	• Amener graduellement l'enfant à jouer avec un autre enfant, afin qu'il sache ce qui le distingue de lui • Animer des activités sociales (en dyades, en équipes, en grand groupe) ; • Encourager les initiatives avec d'autres, permettant à l'enfant de comparer ses propres caractéristiques avec celles des autres

Facteurs d'influence	Parent	Éducatrice
• La relation de l'enfant avec les pairs (*suite*)		• Amener l'enfant à : – accomplir des tâches – jouer un rôle dans la vie de groupe – discuter, partager, aider, collaborer, coopérer, se situer, se comparer en s'opposant au besoin
• L'interaction avec l'environnement	• Amener l'enfant à : – utiliser ses sens pour explorer – manipuler plusieurs types d'objets – utiliser différentes ressources – jouer au parc, à l'extérieur – respecter les objets • Répondre à ses questions • Lui laisser une certaine liberté d'action en évitant d'organiser constamment son temps et ses jeux • Le laisser prendre des initiatives	• Amener l'enfant à : – relever des ressemblances et des différences – créer des liens – émettre des hypothèses – utiliser les objets de manière créative – prendre des responsabilités au sein du groupe – connaître le matériel et l'analyser en fonction de ses besoins et désirs – inventer de nouvelles activités

11.4 LA MISSION ÉDUCATIVE DE LA MATERNELLE

Depuis que les milieux de garde sont devenus plus présents dans la vie des enfants et qu'ils suivent sensiblement les mêmes orientations que la maternelle, plusieurs remettent en question la mission éducative de la maternelle. Mais on peut d'ores et déjà leur opposer que l'éducation est un processus continu, tout comme le développement de la personne, et qu'à cet égard la maternelle demeure un moment précieux pour poursuivre cette évolution. Ainsi, l'enfant se développe au fil des jours par son agir dans des situations de plus en plus complexes et de mieux en mieux mises en contexte. Grâce à un répertoire personnel d'actions, et loin de se contenter d'assimiler des notions, il se construit comme être individuel et différent des autres. Pour l'aider dans la poursuite de cet objectif développemental, les activités proposées à la maternelle, tout comme celles de la garderie, doivent être diversifiées et viser différents niveaux d'habiletés. Cependant, là se révèlent les différences : l'enseignante de la maternelle doit avoir une idée des divers domaines d'apprentissage établis par le MEQ (2001) que nous avons décrits au chapitre précédent, à savoir : les langues ; les mathématiques, la science et la technologie ; l'univers social ; les arts ; le développement personnel. Avec le nouveau *Programme de formation de l'école québécoise* du MEQ, approuvé en 2001, la maternelle fait désormais partie du système scolaire. Cette intégration formelle de la maternelle au système scolaire québécois marque une étape importante de son évolution et nous fournit l'occasion de rappeler que la notion d'apprentissage, en plus de soulever plusieurs débats, s'est traduite de diverses façons au fil des ans.

Vers la fin des années 60, le mot *éveil* est employé pour désigner l'apprentissage préalable aux apprentissages liés aux diverses disciplines scolaires. À partir de 1977, ce mot est supplanté par l'expression *activité d'éveil,* qui souligne le passage d'un état atone à un état dynamique engendré et entretenu par l'activité.

De nos jours, on tend plutôt à concevoir l'enfant comme un être *en démarche.* On renvoie non plus à la notion d'*éveil,* ni en mathématique ni en français, mais plutôt à la *curiosité, à la soif, au goût d'apprendre,* qui incite à entreprendre des activités, à explorer et à découvrir à son rythme. Les tâtonnements successifs, tout comme la prise de conscience graduelle des propriétés de l'objet, nourrissent cette curiosité toujours plus présente. Cela amène l'enfant à s'interroger non pas de façon linéaire, mais selon un mouvement de spirale qui, par son élargissement graduel, accentue le développement intégral de la personne.

Évidemment, il existe des conditions propices à l'encouragement de la curiosité des enfants. Outre l'établissement de relations chaleureuses, il convient certainement d'offrir des activités riches et un aménagement physique de qualité. En ce sens, l'éducatrice de garderie a un rôle déterminant à jouer, en préparant peu à peu le terrain pour que l'enfant puisse se détacher d'elle et entamer une démarche vers le changement de milieu vie. À ce sujet, comme les garderies ne font pas nécessairement partie du milieu scolaire et qu'en plus les enfants qui arrivent à la maternelle ont généralement fréquenté des garderies différentes, les choses se compliquent quand vient le temps de créer des liens entre l'enseignante et les diverses éducatrices de la région.

Nous pensons que l'inspiration de la maternelle doit résider dans l'affectivité de l'enfant. Par son agir, l'enfant révèle aux éducatrices les voies à prendre pour l'aider à progresser. L'observation minutieuse et soucieuse de l'enfant permet donc de saisir les bons moments pour intervenir et de découvrir les stratégies les plus appropriées pour amener chacun un peu plus loin dans son cheminement. Ainsi, la diversité des besoins éducatifs ne constitue plus un problème en soi, puisque l'enfant reste l'initiateur de son agir. Lorsqu'il se sent prêt, il explore, affronte, confronte, communique et discute, pour finalement s'engager dans des activités où il aura à tenir des rôles, à prendre des décisions et des responsabilités en considérant l'ensemble des composantes en jeu.

L'éducation oblige à garder toujours présent à l'esprit que le besoin de bouger et d'agir de l'enfant amène inévitablement au développement de sa curiosité intellectuelle. Si le maître prépare l'avenir de l'enfant, c'est d'abord l'enfant lui-même qui en est le maître d'œuvre. Par ses balbutiements, ses piétinements, ses éparpillements, il donne à l'adulte la possibilité de s'infiltrer dans son univers pour mieux l'accompagner. Ce temps béni qu'est la maternelle permet à toute enseignante de trouver des stratégies adéquates pour intervenir au moment opportun. En conséquence, il faut accepter de ne pas savoir à l'avance comment se déroulera cette aventure éducationnelle, complexe, bien sûr, mais combien enrichissante.

11.4.1 Le point de ralliement : le jeu

Pour faciliter le passage de la garderie à la maternelle, le jeu se révèle être un merveilleux point de ralliement, car il est privilégié autant à la maternelle qu'à la garderie. À partir de là, on peut essayer de trouver, dans chacun des milieux, des objets familiers de l'univers précédent. En effet, démarrer les activités à partir d'éléments connus pour faire graduellement cheminer l'enfant vers l'inconnu reste un excellent moyen pour adoucir la transition d'un milieu à l'autre. Dès lors, l'affectif s'enrichit, à la suite d'actions répétées, d'une prise de conscience plus grande qui met en jeu des éléments d'ordre cognitif. N'oublions pas que, dans ses grandes orientations pédagogiques, la maternelle a toujours accordé une attention particulière non seulement aux activités spontanées et ludiques, mais aussi aux relations sociales et à la liberté d'action.

Grâce à cette liberté d'action, tout particulièrement en début d'année scolaire avec les périodes de jeux libres plus longues, l'enfant en vient peu à peu à s'inscrire à des activités, à effectuer des tâches, à assumer des responsabilités, à prendre des décisions, à faire des choix, à travailler en équipe et à réaliser des activités de plus en plus complexes, que ce soit sous forme de jeux ou autres. Cette organisation des activités, qui s'installe graduellement et sans se conformer à des démarches prédéterminées, compartimentées et « scolarisantes », conduit l'enfant à comprendre les exigences qu'impose la vie en groupe. En effet, la vie collective oblige à observer certaines règles qui assurent la cohésion, l'unité du groupe. L'enfant apprend ainsi à attendre son tour, à se prendre en main, à s'assumer, à jouer des rôles au sein du groupe, à participer à des activités d'équipe et à s'engager vis-à-vis des autres.

En évitant de soumettre l'enfant trop tôt à des disciplines scolaires et à des apprentissages stricts, on lui permet de se construire comme être individuel qui se développe en prenant graduellement conscience des objets qui l'entourent et se les approprie à sa façon, sans bousculade, à son rythme, et en se mêlant peu à peu aux autres. De plus, en respectant l'idée du rythme de l'enfant, un découpage temporel s'effectue d'après les activités proposées dans le cours d'une journée complète de classe. On amène ainsi l'enfant à se plier à un horaire déterminé, parfois à se consacrer à un thème donné et même à opter pour une réalisation précise. Aussi, on s'efforcera de concilier le besoin de changement avec celui d'une stabilité rassurante de façon que se mette peu à peu en place un ordonnancement d'activités qui conduira l'enfant à s'organiser dans le temps et dans l'espace. Forcer l'enfant à renoncer à son comportement ludique empreint de vitalité et de spontanéité est susceptible d'entraîner des ruptures qui auraient un effet néfaste sur son développement.

11.5 LE PASSAGE DE LA GARDERIE À LA MATERNELLE

Tout comme le passage du milieu familial à la garderie, le passage de celle-ci à la maternelle appelle la mise en œuvre de certaines stratégies propres à faciliter le processus d'adaptation au nouvel univers. Le tableau 11.2, qui met en parallèle certaines caractéristiques des CPE et

TABLEAU 11.2 Stratégies pour faciliter le passage d'un centre de la petite enfance à la maternelle

Paramètres	Centre de la petite enfance	Maternelle	Stratégies
Orientations	• La mise en place de conditions optimales pour assurer le développement global et harmonieux de l'enfant	• La mise en place des éléments nécessaires pour que l'enfant puisse entreprendre sa vie scolaire avec succès	• Amener l'enfant à passer d'une activité axée sur la prise de conscience de soi à une activité où il prend conscience de ses actions vis-à-vis des autres et dans différents contextes

Paramètres	Centre de la petite enfance	Maternelle	Stratégies
Programme	• Favoriser le développement global, notamment en ce qui concerne les dimensions : – physique et motrice – socio-affective et morale – intellectuelle – langagière	• Développer des compétences d'ordre psychomoteur, affectif, social, cognitif et méthodologique relatives à la connaissance de soi, à la vie en société et à la communication	• Dans une perspective développementale, amener graduellement l'enfant à s'investir dans ses actions selon une démarche de plus en plus complexe
Approche	• Approche développementale qui vise la socialisation de l'enfant, qui favorise l'empathie, la confiance en soi et l'ouverture à autrui	• Approche développementale qui vise l'insertion et l'intégration de l'enfant dans une collectivité en tant que personne active et capable de prendre des responsabilités	• En tenant compte des activités naturelles, amener l'enfant, à travers une démarche informelle, vers l'enrichissement de son réseau social
Activités	• Privilégier les activités les plus naturelles possibles qui permettent à l'enfant d'agir à son gré (p. ex., le jeu libre) • L'éducatrice participe aux jeux de l'enfant sans chercher à les diriger. Elle soutient l'enfant et se fait sa complice dans ses jeux, tout en exigeant de sa part qu'il respecte ceux des autres	• Amener l'enfant vers un jeu de mieux en mieux circonscrit sur le plan des actions et des prises de conscience (p. ex., le jeu de plus en plus organisé). On peut permettre à l'enfant de travailler dans un atelier ou de s'engager dans un projet • L'enseignante laisse l'enfant faire et assumer ses choix	• Prévoir des activités ponctuelles ou des exercices qui amènent l'enfant à s'engager dans des projets et à en comprendre les étapes et les enjeux • Ces activités favoriseront le passage de l'action plus ou moins adaptée à la représentation symbolique →

TABLEAU 11.2 Stratégies pour faciliter le passage d'un centre de la petite enfance à la maternelle (*suite*)

Paramètres	Centre de la petite enfance	Maternelle	Stratégies
Aménagement	• Le local est divisé en différents coins ou aires jugés appropriés (construction, jeux symboliques, lecture, etc.). Outre les coins, des endroits sont prévus pour accueillir un groupe d'enfants pour les repas, les collations ou autres	• Le local est aussi divisé en différents coins ou aires jugés appropriés (construction, jeux symboliques, lecture, etc.). Outre les coins, des endroits sont prévus pour accueillir un groupe d'enfants	• L'aménagement étant en gros le même dans les deux milieux, l'enfant ne devrait pas être trop désorienté. Les règles de conduite dans les aires peuvent toutefois être différentes. Sans brusquer l'enfant, l'habituer peu à peu à respecter les règles de vie, de rangement, etc.
Fonctionnement	• Les jeux libres et les jeux dirigés sont privilégiés. Le fonctionnement comporte trois temps : la planification, la réalisation et le *retour* ou bilan. On prévoit un horaire pour éviter de prolonger les périodes de transition	• Tout en maintenant des périodes de jeux libres, parfois plus longues en début d'année scolaire, on les écourte au fur et à mesure que l'année avance, en faveur des ateliers et des projets	• Amener l'enfant à s'investir dans les ateliers et, ensuite, dans les projets. Cette démarche progressive tient compte du fait que l'enfant fait d'abord les choses seul, s'approprie les résultats à sa façon, puis les utilise avec discernement dans un projet

Sources : Ministère de la Famille et de l'Enfance, *Programme éducatif des centres de la petite enfance*, Les Publications du Québec, 1997 ; Ministère de l'Éducation du Québec, *Programme de formation de l'école québécoise*, Québec, MEQ, 2001.

de la maternelle, donne quelques pistes à cet égard. Mais par-dessus tout, quels que soient les moyens qu'elle privilégie, l'enseignante ne doit jamais perdre de vue que chaque enfant est un être singulier et qu'il possède un vécu particulier.

En tant que premier échelon du système scolaire, la maternelle pose les jalons de l'enseignement, où pourront s'ancrer les apprentissages formels. Son rôle consiste donc, pour une bonne part, à créer des ponts entre la famille, la garderie et la première année.

11.6 LES PROGRAMMES DE FORMATION DE L'ÉCOLE PRIMAIRE

11.6.1 Le programme du préscolaire

Depuis 1999, le programme d'éducation préscolaire est incorporé au programme des écoles primaires publié par le MEQ sous le titre *Programme de formation de l'école québécoise*. De fait, loin d'être une classe à part et une enclave marginalisée, la maternelle fait partie intégrante du système d'éducation, avec des heures de classe similaires et des termes souvent de nature cognitive.

Le programme du préscolaire est construit autour du concept de compétence, dont pourrait fort bien s'inspirer la garderie également, puisque cette approche est fondamentalement reliée au développement même de l'enfant. L'enfant est considéré comme un tout. Par conséquent, on doit favoriser son développement global et harmonieux au moyen de jeux et d'activités qui répondent à ses besoins de bouger, d'explorer et de manipuler. De cette façon de faire découlent des choix en vue de développer l'initiative et la créativité de l'enfant. L'objectif général du programme s'énonce comme suit :

> [...] incite[r] l'enfant de 4 ou 5 ans à développer des compétences d'ordre psychomoteur, affectif, social, langagier, cognitif et méthodologique relatives à la connaissance de soi, à la vie en société et à la communication. Soutenu par l'intervention de l'enseignante ou de l'enseignant, il s'engage dans des situations d'apprentissage issues du monde du jeu et de ses expériences de vie, et commence à jouer son rôle d'élève actif et capable de réfléchir. (Ministère de l'Éducation du Québec, 2001, p. 52.)

Dans un esprit de cohérence, les communications entourant la remise du bulletin aux parents doivent se faire selon une démarche interactive axée sur le comportement de l'enfant, sur sa manière d'entrer en relation avec les autres (pairs, enseignante, parents) et sur sa manière de répondre à ses besoins et ses désirs.

Par ailleurs, le ministère n'exerce aucune pression sur l'enseignante pour qu'elle enseigne les matières scolaires. Il est recommandé plutôt d'introduire de nouvelles notions à la faveur des activités spontanées de l'enfant. En partant ainsi des intérêts et du vécu de l'enfant, on l'amène progressivement à intégrer certains apprentissages qui engendrent à leur tour de nouvelles questions, d'autres explorations pour trouver des réponses, des expérimentations, des prises de décision, la réalisation de productions concrètes et un accomplissement de soi au contact des autres et de l'environnement. Grâce à sa perspicacité, l'enseignante saura déterminer les bons moments pour introduire certains concepts importants. Ayant en tête le profil de chacun des enfants, elle saura présenter de nouveaux concepts dans la perspective globale des apprentissages nécessaires pour entrer du bon pied en première année.

11.6.2 Le programme de première année

Comme nous l'avons déjà mentionné, le *Programme de formation de l'école québécoise* englobe les programmes de l'éducation préscolaire et de l'enseignement primaire. Trois grandes missions sont confiées à l'école : instruire, socialiser et qualifier. Instruire signifie essentiellement transmettre des connaissances ; socialiser signifie adapter l'enfant à la vie sociale de sorte qu'il puisse s'y intégrer et développer des relations sociales ; qualifier a trait à la réussite du parcours scolaire pour gérer sa destinée. Cette triple mission se rattache à un grand objectif : « [...] préparer l'élève à contribuer à l'essor d'une société voulue démocratique et équitable. » (Ministère de l'Éducation du Québec, 2001, p. 2.)

Pour atteindre cet objectif, cinq domaines généraux de formation sont proposés : santé et bien-être ; orientation et entreprenariat ; environnement et consommation ; vivre ensemble et citoyenneté ; médias (Ministère de l'Éducation du Québec, 2001, p. 43). Ces domaines « agissent comme de véritables lieux de convergence favorisant l'intégration des apprentissages. Ils servent d'ancrage au développement des compétences transversales... » (*ibid.*, p. 42). L'enseignante doit penser ses stratégies en les reliant directement à l'acquisition des compétences. Systématiquement, elle doit faire le point sur les réussites de l'élève et sur les difficultés qu'il éprouve, tout en s'interrogeant sur la manière de transmettre les savoirs et d'évaluer les apprentissages. Évidemment, l'évaluation va au-delà du simple diagnostic et s'inscrit plutôt dans l'optique d'une évaluation formative, avec en son centre l'auto-évaluation. L'élève est ainsi amené à s'interroger sur ses forces et ses faiblesses ainsi que sur les défis qu'il désire relever. Notamment, il doit réfléchir sur ses méthodes de travail, ses stratégies et le développement de ses compétences. Cette auto-analyse le conduit à ajuster ses actions tout au long de sa démarche d'apprentissage.

Dans plusieurs cas, les activités de première année prennent la forme d'exercices liés à des objectifs ponctuels d'apprentissage. Les travaux se réalisent alors individuellement et en silence. L'évaluation qui en découle porte essentiellement sur la compréhension par l'ensemble des élèves de la classe, en vue d'orienter l'enseignement vers des objectifs plus complexes d'apprentissage. Cependant, on tend de plus en plus à se préoccuper du rythme individuel de l'élève, ce dont témoigne le temps de *récupération* qui lui est offert sous forme de périodes désignées, afin de reprendre des notions incomprises. À cet effet, un soutien orthopédagogique peut être requis dans certains cas.

11.7 LE PASSAGE DE LA MATERNELLE À LA PREMIÈRE ANNÉE

Pour résumer de façon pratique les possibilités de rapprochement entre les milieux que sont la maternelle et la première année, nous retiendrons une condition qui nous paraît essentielle : celle qui consiste à multiplier les occasions de rencontre entre les partenaires des deux milieux, leur permettant au moins de se parler et peut-être même de réaliser des activités ensemble en vue de faciliter le passage de la maternelle à la première année.

À ce chapitre, le document publié en 1987 par le Conseil supérieur de l'éducation intitulé *L'éducation préscolaire : un temps pour apprendre* donne quelques exemples éloquents :

> Afin d'atténuer l'impact d'un tel changement et de rendre ainsi plus harmonieuse la transition, plusieurs écoles ont élaboré des projets visant l'intégration progressive des jeunes enfants aux structures scolaires. Outre la participation des enfants de la maternelle aux diverses activités de l'école (bibliothèque, gymnase, fêtes), des projets ont été mis en œuvre par les éducatrices de la maternelle et les enseignants de la première année ; ces collaborations associent souvent les parents, dont le soutien s'avère alors des plus importants. C'est ainsi que des visites de classes, des échanges de productions ou de matériaux, des modalités d'entrée progressive en classe de première et des participations conjointes à des activités sont organisés par les enseignants au sein de l'école. Si elles n'épargnent pas à l'enfant l'obligation de vivre cette transition le moment venu, de telles initiatives le sensibilisent néanmoins au cadre et fonctionnement de l'école primaire. Bien qu'on ne puisse encore les considérer comme un fait acquis dans toutes les écoles, on peut cependant dire qu'elles se répandent : les écoles témoignent d'une plus grande sensibilité à l'importance de la transition. (Conseil supérieur de l'éducation, 1987a, p. 36.)

Ajoutons à cela quelques autres suggestions d'activités intéressantes à considérer :

— lecture d'une histoire par un élève de première année dans la classe maternelle ;
— périodes offertes à l'enfant de la maternelle pour faire de l'observation en première année ;

— échanges de groupes : les enfants de maternelle vont en première année et vice versa ;
— activités collectives planifiées pour réunir les groupes de maternelle et de première année ; par exemple, à l'occasion d'une fête quelconque, une sortie éducative, etc. ;
— organisation d'un spectacle et invitation des enfants de première année à sa présentation ;
— récréations où se mêlent les enfants de maternelle et de première année ;
— présentations des projets des enfants de maternelle aux élèves de première année et vice versa ;
— création d'un coin première année dans la classe de maternelle, comprenant un bureau, des livres et des cahiers d'exercice de première année, le tout installé à proximité d'un tableau d'ardoise.

Bien sûr, et ce malgré la meilleure volonté de part et d'autre, il n'existe pas de recette assurée permettant à tous les enfants sans exception de vivre heureusement leur passage de la maternelle à la première année. Sur le plan scolaire, les réactions individuelles plus intenses lors du passage de la maternelle à la première année s'expliquent en grande partie par le fait qu'on exige de l'enfant une adaptation simultanée à plusieurs éléments distincts. En effet, on lui demande tout à la fois de s'intégrer à un groupe élargi, de se plier à un horaire plus strict et à un mode de fonctionnement organisé dans un cadre pédagogique qui, globalement, laisse peu de place aux activités libres et, par-dessus tout, on s'attend à ce qu'il s'adapte successivement à plusieurs intervenants.

Dans un tel contexte, ce n'est pas sans raison que le *Guide pédagogique préscolaire : L'enfant de la maternelle au moment du passage à l'école primaire : proposition d'éléments pédagogiques* (Ministère de l'Éducation du Québec, 1985) insiste sur l'attention particulière que l'enseignante doit accorder à chaque enfant au cours des 8 à 10 premières semaines de l'année scolaire. Pour donner suite à cette préoccupation, le guide pose certains principes :

a) reconnaître aux enfants le grand besoin de continuer à développer en première année des habiletés émotives, sociales et non seulement les habiletés intellectuelles ;

b) s'appuyer sur les compétences antérieures des enfants pour entreprendre la première année ;

c) intervenir à la maternelle avec beaucoup de lucidité et de réalisme en ne niant pas que certaines demandes seront faites à l'enfant et qu'éventuellement il y prendra plaisir (Ministère de l'Éducation du Québec, 1985, p. 58).

Pour actualiser ces principes, le MEQ (1985, p. 59-61) valorise une approche en trois moments pédagogiques concomitants, à l'intérieur desquels une intervention pédagogique souple, flexible et différenciée devrait répondre aux divers besoins des enfants :

1. Le moment de l'*accueil*, propre à encourager l'établissement d'un rapport maître-enfant harmonieux et à favoriser « la confiance en l'enfant, en ses ressources personnelles et en sa volonté de s'adapter au changement ». À cette fin, il est important d'inclure à l'horaire, dès les premières semaines en première année, une période consacrée aux activités spontanées, dans un environnement qui offre des jeux familiers ;
2. Le moment de la *consolidation*, dont l'objectif est de « favoriser une organisation pédagogique qui permette d'assurer à l'enfant l'intégration de ses habiletés et de son expérience antérieure. [...] Elle vise à rassurer l'enfant sur le caractère de continuité de certaines activités qui ont simplement pris une autre forme ». L'intégration des jeux dans les activités de la classe assurera cette continuité. L'enfant peut utiliser ses ressources personnelles pour explorer une situation nouvelle et acquérir des connaissances ;
3. Le moment de l'*initiation*, qui repose sur deux principes : *a)* l'enfant est intéressé par la nouveauté, *b)* cet intérêt peut le motiver à s'adapter. Pour faciliter l'initiation, il importe que l'enfant comprenne bien ce que l'on attend de lui au chapitre du comportement à reproduire, mais cela dans un contexte qui évite autant que possible d'imposer des modèles stéréotypés qui avantageraient certains enfants plutôt que d'autres.

Toutes les idées développées dans ce chapitre ne constituent pas des solutions miracles en vue d'éliminer d'éventuels effets désastreux du passage d'un milieu à l'autre. Elles s'inscrivent plutôt dans le cadre d'une réflexion qui amène à conclure que rien n'est fixé d'avance une fois pour toutes. En d'autres mots, il n'existe aucune méthode garantissant à tous les enfants de vivre sereinement chaque passage. En fait, tout dépend de multiples facteurs, à commencer par l'enfant lui-même et l'éducatrice qui le reçoit, ainsi que l'adaptation à l'environnement et l'attitude des parents et amis.

Cela étant dit, il faut bien admettre que, chez certains enfants, l'entrée en première année met en évidence d'importantes lacunes souvent dues à l'insuffisance des acquisitions élémentaires. Là-dessus, plusieurs personnes sont d'avis que la maternelle est trop axée sur le développement du jeune enfant et qu'elle devrait dépasser les satisfactions reliées au bien-être immédiat en mettant davantage l'accent sur les compétences d'ordre intellectuel et communicationnel plutôt que sur les seules compétences personnelles et sociales. À première vue, le *Programme de formation de l'école québécoise* leur donne raison, puisque ses orientations vont dans le sens de la réussite de l'enfant dès la première année. Dans les faits, sans perdre de vue le développement de l'enfant, ce sont les activités réalisées en classe qui peuvent favoriser le plus systématiquement des apprentissages significatifs, c'est-à-dire reliés à l'expérience antérieure et en rapport avec les futurs apprentissages scolaires. Loin d'être restrictive et étriquée, cette façon de voir les choses permet d'associer les activités à une vision globale du développement de chacun des enfants. D'étape en étape, l'enfant évolue d'abord en fouinant, puis en tâtonnant, en manipulant, en explorant et finalement en organisant et en prenant conscience. Pour l'aider à aller toujours plus loin, il faut avoir une idée non seulement des apprentissages à réaliser, mais aussi des actions à venir en matière de développement de l'enfant. En d'autres mots, la maternelle et la première année peuvent accomplir leur mission éducative en favorisant les apprentissages, sans perdre de vue pour autant le développement intégral de la personne. Dans cette optique, la maternelle ne se réduit pas à *préparer à l'école* ni à *commencer l'école*; par son agir, l'enfant construit les bases mêmes de sa socialisation, de sa motricité, de son langage, de sa pensée, de son imaginaire et de sa créativité, qui le *mèneront vers* l'école et *vers* les apprentissages plus abstraits de la scolarisation.

Il n'est donc pas illusoire d'espérer qu'un enfant ayant manipulé beaucoup d'objets et ayant établi des liens entre les choses maîtrise, à la fin de la maternelle, un ensemble d'habiletés propres à le faire cheminer vers des avenues plus étendues. De même, il est justifié d'attendre de lui qu'il fasse montre d'une capacité d'attention lui permettant d'être disponible aux autres, de s'engager en dépassant la simple autonomie fonctionnelle, de prendre conscience de différents points de vue et de communiquer pour arriver à s'expliquer et à s'évaluer. De telles habiletés ne découlent pas d'apprentissages scolaires formels, mais sont essentiellement reliées à des conduites développementales, sur lesquelles s'appuient les apprentissages.

Ce portrait idéal laisse entrevoir l'envers de la médaille, c'est-à-dire le cas de l'enfant qui a peu exploré son univers. Celui qui, rivé devant l'écran du téléviseur, ne bouge ni ne joue. Celui qui ignore l'effet de ses gestes sur les objets et qui, plus certainement encore, ne connaît pas la façon d'entrer en relation avec les autres ou de *socialiser*. Ce même enfant manque de stimulation, de motivation et d'intérêt et, en général, a peine à s'exprimer. Il manque aussi d'initiative et il éprouve des difficultés à découper, à plier, à coller, à marteler, à coudre, à se boutonner, à s'habiller, etc. Même les activités simples l'intéressent plus ou moins. Pourtant, la mission de la maternelle est bel et bien d'amener cet enfant, comme les autres, à se développer. Dans ce cas, le passage de la maternelle à la première année exigera beaucoup des différents intervenants qui devront adapter leurs stratégies d'action aux particularités de cet enfant.

RÉSUMÉ

En l'espace de quelques années seulement, l'enfant est appelé à vivre plusieurs passages : du milieu familial à la garderie, de la garderie à la maternelle, de la maternelle à la première année. À chacun de ces passages, l'enfant change de statut et fait face à des situations nouvelles et souvent exigeantes. Il importe donc que les parents, les éducatrices et les enseignantes mettent tout en œuvre pour que l'enfant réalise ces passages de façon harmonieuse.

Le milieu familial est celui qui fournit le plus d'éléments neufs à l'enfant. En effet, c'est dans ce milieu qu'il reçoit les premières marques d'affection, qu'il trouve le premier espace dans lequel il découvre les objets et exerce sa liberté de bouger, d'explorer, d'expérimenter. En ce sens, la famille constitue une situation naturelle pour l'enfant, dont le développement est grandement influencé par les attitudes des parents à son égard.

La garderie offre à l'enfant un milieu social élargi, des espaces plus vastes et organisés en fonction d'activités collectives, de même qu'un mobilier adapté à sa taille, tout en lui imposant de nouvelles règles de vie. En 1997, le gouvernement du Québec a adopté une politique familiale qui établit un encadrement réglementaire et prescrit un programme éducatif aux centres de la petite enfance (CPE) ainsi qu'aux services de garde en milieu familial. Dans ce contexte, l'éducatrice doit accorder une attention spéciale à chaque enfant qui entre à la garderie et, avec les parents, créer un climat de sécurité physique et affective permettant à l'enfant de se détacher peu à peu des parents et de s'adapter à son nouveau milieu.

Tout comme le milieu de garde, la maternelle poursuit l'objectif de développement intégral de l'enfant et propose des activités diversifiées susceptibles de contribuer à l'acquisition de diverses habiletés. La maternelle doit toutefois appliquer un programme d'apprentissage relié à cinq domaines : les langues ; les mathématiques, la science et la technologie ; l'univers social ; les arts ; le développement personnel. Dans son action quotidienne, l'enseignante de la maternelle continue de privilégier la dimension affective et le besoin de bouger de l'enfant. Tout comme le passage du milieu familial à la garderie, le passage de celle-ci à la maternelle appelle la mise en œuvre de stratégies propres à faciliter l'adaptation au nouvel environnement ; le jeu représente ici le principal point de ralliement.

La première année marque le début de l'acquisition de connaissances selon un programme formel et structuré. Les deux milieux que sont la maternelle et la classe de première année se trouvant généralement à l'intérieur d'une même école, il est alors possible de multiplier les occasions de rencontre entre les enseignantes et entre les enfants de la maternelle et les élèves de la première année. Cette démarche contribuera à atténuer le choc du passage d'un niveau à l'autre et à rendre la transition plus harmonieuse.

Tous les moyens évoqués dans ce chapitre pour faciliter le passage d'un milieu à un autre ne constituent pas des solutions miracles permettant d'éviter tout impact négatif. En fait, l'intégration harmonieuse de l'enfant à un nouvel environnement dépend de multiples facteurs, à commencer par l'enfant lui-même, l'éducatrice ou l'enseignante qui le reçoit et l'attitude des parents et des amis.

QUESTIONS

1. Relevez et expliquez les principales raisons qui incitent les parents à faire garder leur enfant à l'extérieur du milieu familial.
2. Décrivez la politique familiale et son effet sur le soutien aux familles.
3. Énumérez trois raisons qui justifieraient votre choix de faire garder votre enfant dans un centre de la petite enfance (CPE). Nommez aussi des raisons qui vous feraient hésiter.
4. Comment peut-on favoriser un passage harmonieux de la famille à la garderie ?
5. En vous référant aux programmes de la garderie et de la maternelle, analysez les effets que peut avoir la garderie sur les activités offertes en maternelle.
6. Recherchez les principales raisons qui justifient le choix du parent d'envoyer son enfant à la maternelle plutôt que de le laisser une année supplémentaire à la garderie.
7. En quoi l'aménagement de la garderie doit-il influencer celui de la maternelle ? Expliquez pourquoi il devrait différer.
8. Pourquoi les éducatrices de la garderie et de la maternelle doivent-elles entretenir des liens entre elles ?
9. Après avoir décrit les conséquences que peut avoir le passage de la maternelle à la première année sur le développement de l'enfant, montrez par quels moyens le milieu scolaire peut aider le jeune écolier à mieux entreprendre sa première année.

10. Quand une enseignante a décelé chez un enfant des manifestations caractéristiques d'une difficulté d'adaptation à son nouveau milieu, quelles interventions doit-elle faire auprès de cet enfant ?
11. Montrez comment la connaissance du développement de l'enfant peut aider l'enseignante à concevoir et à prendre les mesures éducatives propres à soutenir efficacement l'enfant au moment du passage de la maternelle à la première année.
12. Le philosophe Alain a écrit : « Toute l'enfance se passe à oublier l'enfant qu'on était la veille. » (*Propos sur l'éducation*, chap. III.) Commentez cette assertion en l'associant au passage de la maternelle à la première année.

MISE EN SITUATION

Le passage de la maternelle à la première année

Vous êtes enseignante à la maternelle et le directeur de l'école où vous travaillez vous signale que les enseignantes de première année se plaignent de ce que les élèves qui arrivent en début d'année dans leur classe ne sont pas prêts à réaliser les apprentissages scolaires.

Pistes d'exploration

— Étant donné que le jeu est la base de l'apprentissage à la maternelle, comment peut-on ménager un pont entre ce milieu et la première année ?

— Trouvez des activités que vous pourriez mettre en place dans votre classe afin de mieux préparer l'enfant à entreprendre sa première année.

— Comment pouvez-vous créer des collaborations avec les enseignantes de première année ?

— Y a-t-il des éléments que vous devriez reconsidérer en ce qui concerne l'aménagement de votre classe ? en ce qui concerne vos stratégies d'enseignement ?

Présentation

Vous avez à présenter les solutions que vous avez envisagées pour améliorer la situation. Les moyens que vous pouvez utiliser sont le jeu de rôle, le panel, la conférence.

LECTURES SUGGÉRÉES

AMIGUES, R., et ZERBATO-POUDOU, M.-T. (2000). *Comment l'enfant devient élève*, Paris, Retz.

AUCLAIR, N., et coll. (1979). *Transition : maternelle/première année*, Montréal, Guérin.

HÉNAU, A., et MALEZIEUX, A. (1984). *La liaison école maternelle, école élémentaire*, Lille, Centre régional de documentation pédagogique.

MOURAUX, D. (1996). *L'école maternelle : entre peluche et tableau noir : guide de réflexion pour aborder l'enseignement maternel et y progresser*, 2e éd., Bruxelles, De Boeck-Wesmaël.

PALLASCIO, R., et JULIEN, L. (1998). *Le partenariat en éducation. Pour mieux vivre ensemble*, Montréal, Éditions Nouvelles.

PEDNEAULT-PONTBRIAND, L. (1979). *Aider son enfant en maternelle et en 1ère année*, Montréal, Éditions de l'Homme.

ZAZZO, B. (1978). *Un grand passage : de l'école maternelle à l'école élémentaire*, Paris, PUF.

Conclusion

Au terme de ce tour d'horizon, force est de constater que, loin d'être une classe à part et une enclave marginalisée, la maternelle est devenue partie intégrante du système scolaire par l'insertion du programme éducatif du préscolaire dans le *Programme de formation de l'école québécoise*.

À la suite de l'adoption, par le gouvernement du Québec, d'un programme éducatif à l'intention des garderies, la maternelle a commencé à se rapprocher du système scolaire, adoptant des horaires similaires et accordant une importance plus grande aux apprentissages d'ordre cognitif.

Plusieurs tenants et adversaires de la scolarisation à la maternelle ont tendance à professer leur opinion en oubliant les principales personnes concernées, soit les enfants. Pour notre part, nous pensons que l'enfant et son affectivité doivent être la source d'inspiration de la maternelle. Par son agir, il indique à l'enseignante les voies à suivre, les détours à emprunter pour l'aider à progresser. C'est par conséquent au moyen de l'observation minutieuse et soucieuse de l'enfant qu'elle découvrira les moments propices pour intervenir et déterminera les stratégies les plus appropriées pour amener chacun un peu plus loin dans son cheminement. Ainsi, la diversification des besoins éducatifs ne représente plus un problème en soi, puisque l'enfant singulier demeure, par ses actes, l'artisan de son développement. En l'occurrence, lorsqu'il se sent prêt, celui-ci explore, organise, affronte, confronte, communique, discute pour finalement s'engager dans des activités où il aura à jouer des rôles, à prendre des décisions et à se responsabiliser.

Au terme de ce livre, nous voudrions insister de nouveau sur le rôle de l'éducation dans le développement de l'enfant. Souvent négligée au profit de la psychologie, l'éducation oblige à toujours tenir compte du besoin d'agir de l'enfant, à apprécier son développement par rapport à lui-même et à adapter les interventions en fonction de la situation particulière de chaque enfant. Il faut se rappeler aussi que, contrairement à l'idée courante selon laquelle le maître prépare l'avenir de l'enfant, c'est d'abord l'enfant lui-même qui en est le maître d'œuvre. Par ses balbutiements, ses piétinements, ses éparpillements, il nous donne la possibilité de pénétrer dans son univers pour mieux l'observer. Ce temps privilégié qu'est la maternelle offre la possibilité à toute enseignante de trouver des stratégies adéquates pour intervenir efficacement au moment approprié.

En conséquence, il faut accepter de ne pas savoir à l'avance comment se déroulera cette aventure éducationnelle, certes complexe, mais combien enrichissante.

Annexe

Règlements du comité catholique du Conseil de l'instruction publique de la province de Québec (Refondus en 1915)

Appendice F
Écoles maternelles

NOTIONS PÉDAGOGIQUES

L'école maternelle est un établissement d'éducation dont l'objet est de préparer l'enfant à recevoir avec fruit l'instruction primaire. Elle n'est pas une école au sens ordinaire du mot, car son caractère diffère de celui de l'école primaire.

L'école maternelle forme le passage de la famille à l'école, en même temps qu'elle initie l'enfant au travail et à la régularité de l'école. Elle supplée aux soins et aux enseignements que chaque enfant devrait recevoir de la présence, de l'exemple et des paroles de sa mère.

Les personnes qui dirigent une école maternelle n'ont pas mission de faire devancer aux enfants confiés à leurs soins l'âge de l'instruction intellectuelle, en leur faisant apprendre la lecture, l'écriture ou le calcul ; elles sont surtout, et avant tout, les gardiennes des enfants sous le rapport moral et physique et leurs premières directrices sous le rapport du cœur et de la volonté.

Cette école du premier âge est donc un établissement où les enfants des deux sexes viennent recevoir les soins de surveillance maternelle et de première éducation que leur âge réclame. Ces enfants sont élevés ensemble, s'amusent aux mêmes jeux, reçoivent la même formation et apprennent à organiser harmonieusement leur vie.

Ces écoles posséderont, pour l'avantage de leurs élèves âgés de 5 et 6 ans, une classe dite « classe enfantine » qui servira de transition entre celle-ci et l'école primaire.

La durée du cours de cette classe enfantine sera d'une année, et, en y continuant l'enseignement de l'école maternelle, on donnera aux enfants un aperçu sommaire des matières de classe qui font partie de la première année du programme d'études du cours primaire.

LEUR ORGANISATION

Les écoles maternelles sont établies par les commissions scolaires. Elles ont pour directrice une institutrice, religieuse ou laïque, et des adjointes qui ont des aptitudes à cette fin ou une préparation spéciale.

Elles sont soumises aux règlements établis par le comité catholique du conseil de l'instruction publique et à la surveillance de l'inspecteur d'écoles primaires du district.

Les enfants sont admis dans ces institutions depuis l'âge de trois ans jusqu'à celui de six ans révolus.

ÉCOLES NORMALES

Les écoles normales de filles ont, entre autres fonctions spécifiées par la loi et les règlements, la mission de préparer les élèves-maîtresses à la direction des écoles maternelles, de décerner des brevets de capacité aux institutrices qui se seront familiarisées avec les méthodes et procédés de ces institutions et auront subi avec succès un examen de compétence.

Partout où cela est jugé nécessaire, une école maternelle d'application sera mise, par l'autorité compétente, à la disposition des écoles normales.

Jusqu'à ce que les écoles normales soient en mesure d'accorder des brevets pour écoles maternelles, les personnes qui jusqu'à ce jour ont été employées, depuis deux ans, comme directrices ou adjointes dans ces dernières écoles seront reconnues comme institutrices d'écoles maternelles si, lorsqu'elles sont laïques, elles possèdent au moins un diplôme d'école primaire du degré élémentaire. Si elles sont religieuses, un certificat de la supérieure de la congrégation mentionnant qu'elles ont été exercées à la direction de l'école maternelle et possèdent les aptitudes voulues, aura l'équivalence d'un diplôme.

L'INSTALLATION MATÉRIELLE

L'école maternelle comprend :

— Un vestibule d'entrée, chauffé en hiver, avec salle d'attente pour les parents ;
— Une ou plusieurs salles d'exercice, suivant le nombre d'élèves ;
— Une salle à manger avec cuisine attenante pour préparer ou réchauffer les aliments des enfants ;
— Une cour de récréation, avec un jardinet ;
— Des privés et urinoirs ;
— Une ou des galeries couvertes ;
— Un logement pour la directrice et, s'il y a lieu, un logement pour une ou plusieurs adjointes.

Ces dispositions n'ont aucun caractère impératif.

LE MOBILIER

Le mobilier des salles comprend :

— Des tables basses et des sièges proportionnés à la taille des élèves ;
— Une ou plusieurs salles avec gradins ;
— Des tableaux noirs ;
— Des lavabos avec serviettes ;
— De petits canapés à l'usage des enfants, avec oreillers et couvertures ;
— Un piano.

MATÉRIEL D'ENSEIGNEMENT

Le matériel d'enseignement comprend :

— *À l'intérieur.* Des lettres mobiles, un boulier-compteur, des cartes du Canada et de la province de Québec, des collections d'images ou de tableaux, une collection de jouets, par exemple : animaux en bois ou en caoutchouc, soldats de plomb ou de bois, poupées et chiffons, cubes, lattes, bâtonnets, planchettes, etc. ;

— *À l'extérieur.* Pour la cour de récréation : des seaux, pelles, brouettes, chariots, balles, cerceaux, etc., du sable pour les exercices géographiques et les constructions.

LE SECTIONNEMENT DES ENFANTS

Le sectionnement des enfants à l'école se fait d'après leur âge et leur développement physique. Quand les maîtresses seront au nombre de deux, la division en enfants âgés de 3 à 5 ans et en enfants au-dessus de cet âge s'imposera.

Quelle que soit la répartition qui s'impose, la directrice devra se garder comme d'une faute grave de négliger la section des tout-petits.

HEURES DE CLASSE

Les commissions scolaires détermineront par règlement, après consultation et entente avec les directrice des écoles, l'heure d'entrée et de sortie, les jours de congé et de vacances, les conditions d'admission, de santé et de propreté des enfants, l'entretien des salles, le repas du midi et autres détails.

RÉCOMPENSES ET PUNITIONS

Les récompenses sont les bons points qui, à la fin du mois, sont échangés contre des jouets et des images.

Il n'y a point de punitions proprement dites à l'école maternelle. Les seules employées sont la privation, *pour un temps court*, du travail et des jeux en commun, le retrait des bons points.

L'ENSEIGNEMENT ET L'ÉDUCATION

L'enseignement dans les écoles maternelles comprend :

— Les premières notions d'éducation religieuse et morale ;
— Les jeux gymnastiques, les mouvements gradués et accompagnés de chant, etc. ;
— Les exercices de pensée, de langage et de récitations ;
— Le dessin d'après nature ;
— Les travaux manuels qui ont pour objet de faire l'éducation de l'œil et des doigts ; le pliage sous toutes ses formes, le tressage de bandes de papier, le tissage avec couleurs et nuances ;
— Les chants scolaires nombreux et variés, simples de mélodie, appris par l'audition ;
— Les causeries sur les connaissances usuelles, par exemple : les aliments, les vêtements, les habitations, les animaux domestiques, les

choses de l'agriculture, les successions des saisons, les actes héroïques empruntés à l'histoire du pays, les anecdotes curieuses et amusantes, l'étude d'une plante, d'une fleur, etc.

Les maîtresses doivent inculquer à leurs élèves de bonnes habitudes ; d'abord l'habitude de l'ordre : le panier déposé, les vêtements suspendus à la place assignée ; habitudes de propreté : les mains, le visage, les cheveux, la robe, le tablier, les souliers, les caoutchoucs.

Pour orienter les jeunes esprits vers le bien, le beau et le bon, les institutrices ont soin, par des récits propres à intéresser, à émouvoir, de leur inspirer, à l'occasion, une pensée utile, un sentiment de piété, la bonté, l'horreur du mensonge, etc.

RÉTRIBUTION MENSUELLE

Après entente avec les directrices de l'école, la commission scolaire pourra fixer la rétribution mensuelle que les élèves auront à payer.

RÈGLEMENTS

Les écoles maternelles sont soumises aux règlements que pourra faire à leur sujet le comité catholique du Conseil de l'instruction publique et à ceux déjà existants, en autant qu'ils sont compatibles avec le caractère particulier de ces institutions.

Bibliographie

ABBADIE, M. (1973). *L'enfant de 4 à 5 ans à l'école maternelle : pédagogie de la section des moyens,* Paris, Bourrelier-Colin.

ALLÈS-JARDEL, M. (1995). « Des compétences parentales... aux compétences sociales chez le jeune enfant », dans Y. Prêteur et M. de Léonardis (sous la dir. de), *Éducation familiale, image de soi et compétences sociales,* Bruxelles, De Boeck-Wesmaël, p. 29-60.

ALLÈS-JARDEL, M., et CIABRINI, C. (2000). « Adaptation scolaire et sociale d'enfants de 6-7 ans », *Revue des sciences de l'éducation,* vol. 26, n° 1.

ANGERS, P., et BOUCHARD, C. (1986). *L'activité éducative. Le développement de la personne,* Montréal, Bellarmin.

ANJOU, B. (1979). *Proposition de définition d'une conception d'« ouverture » en éducation,* Thèse de doctorat, Montréal, Université de Montréal.

ANTIPPA, M., et ROY, B. (1989). « L'éducation préscolaire au Québec », *Revue préscolaire,* vol. 27, n° 4, p. 6-10.

ARÉNILLA, L., et coll. (1996). *Dictionnaire de pédagogie,* Paris, Bordas.

ARIÈS, P. (1973). *L'enfant et la vie familiale sous l'ancien régime,* Paris, Plon.

AUCLAIR, N. (1979). *Transition : maternelle/première année,* Montréal, Guérin.

AUDET, L., et coll. (1975). *Le rapport Parent,* Montréal, Bellarmin.

AZÉMAR, G.-P., DELAFOSSE, C., et POMPOUGNAC, J.-C. (sous la dir. de) (1990). *La maternelle,* Paris, Autrement, série Mutations, n° 114.

BAILLARGEON, M. (1989). « Il était deux fois : l'évolution de l'éducation préscolaire au Québec ». *Revue internationale de l'enfance préscolaire,* vol. 21, n° 1, p. 50-58.

BARDONNET-DITTE, J., MERCIER, J., et DURIF, D. (1980). *Les citoyens de la maternelle,* Paris, F. Nathan.

BASTIEN, M. (1995). *Découvrons la convention des droits de l'enfant,* Bruxelles, Labor.

BAULU-MCWILLIE, M., et SAMSON, R. (1990). *Apprendre... c'est un beau jeu,* Montréal, Éditions de la Chenelière.

BAUMRIND, D. (1966). « Effects of authoritative parental control on child behavior », *Child Development,* n° 37, p. 887-907.

BEAULIEU, N., et BERIAULT, H. (1978). *Une maternelle dans sa maison ou l'expérience de Maternelle-Maison,* Québec, Centraide-Québec.

BEAUPIN, E. (1914). *Les jardins d'enfants et le problème de l'éducation,* Paris, Bloud & Gay.

BECCHI, E., et JULIA, D. (sous la dir. de) (1998). *Histoire de l'enfance en Occident,* Paris, Seuil.

BELMONT-ANDRÉ, B. (1987). *Quelle articulation entre école maternelle et école élémentaire,* Paris, Institut national de recherche pédagogique.

BERGE, A. (1961). *La liberté dans l'éducation,* Paris, Éditions du Scarabée.

BERGERET, L. (1971). *L'entrée à l'école maternelle,* Paris, Éditions Gamma.

BERGERON, L. (1927). *Code scolaire de la province de Québec,* Québec, Le Soleil.

BETBEDER, M.-C. (1982). « Maternelle, les inquiétudes d'une école heureuse », *Le Monde de l'éducation,* Paris, novembre, p. 11-25.

BILODEAU, C. (1960). « La fréquentation scolaire », *L'Instruction publique,* vol. 5, n° 4, p. 292-294.

—— (1961). « Les nouvelles lois scolaires », *L'Instruction publique,* vol. 6 , n° 2, p. 152-155.

BLOOD, R.O.J. (1972). *The family,* New York, Free Press.

BOILY, C., GAUTHIER, C., et TARDIF, M. (1994). « Les classes maternelles au Québec : origine et transformations », *Vie pédagogique,* n° 87, janvier-février, p. 10-14.

BOUCHARD, L. (1996). *Le Québec fait le choix de ses enfants,* communiqué, Québec, gouvernement du Québec.

BOWLBY, J. (1971). *Attachement et perte,* vol. 1 : *L'attachement,* Paris, PUF.

BRIEF, J.-C. (1995). *Savoir, penser et agir : une réhabilitation du corps,* Montréal, Éditions Logiques.

BROFENBRENNER, U. (1979). *The Ecology of Human Development: Experiments by Nature and Design,* Cambridge, Harvard University Press.

CALVET, D. (1980). *Approche pédagogique d'une série télévisuelle (Passe-Partout),* Montréal, Presses de l'Université du Québec.

CARIGNAN, P.-H. (1977). *Mgr Albert Tessier : éducateur,* Trois-Rivières, Éditions du Bien public.

CARON, M. L., et coll. (1982). *De la salle d'asile à l'école maternelle,* Besançon, Centre régional de documentation pédagogique.

CAZES, P. (1899). *Code scolaire de la province de Québec,* Québec, Le Soleil.

—— (1912). *Code scolaire de la province de Québec,* Québec, Le Soleil.

CENTRALE DE L'ENSEIGNEMENT DU QUÉBEC (1979). *Les enjeux d'un livre orange,* Sainte-Foy, CEQ, Service des communications.

CENTRE NATIONAL DE DOCUMENTATION PÉDAGOGIQUE (1986). *L'École maternelle : son rôle, ses missions,* Paris, Centre national de documentation pédagogique, Librairie générale française.

CHAMEL, L. (1996). « Jean-Frédéric Oberlin pédagogue révolutionnaire ? », *Revue française de pédagogie,* n° 116, p. 105-118.

CHAMPAGNE, T., et coll. (1963). *Description des maternelles (de langue française) de la Commission scolaire de la cité de Lachine,* Lachine, Commission scolaire de Lachine.

CHARRIER, C., et HERBINIÈRE-LEBERT, S. (1955). *La pédagogie vécue à l'école des petits : cours complet et pratique,* Paris, F. Nathan.

CHOMBART DE LAUWE, M.-J. (1971). *Un autre monde : l'enfance,* Paris, Payot.

CLAPROOD, S., et coll. (1999). *La protection de l'enfant : évolution,* Sherbrooke, Éditions Revue de droit.

COCHOIS, P. (1963). *Perulle et l'école française,* Paris, Seuil.

COMITÉ CATHOLIQUE DU CONSEIL DE L'INSTRUCTION PUBLIQUE (1916). « Projet de règlement concertant les écoles maternelles », *L'Enseignement primaire,* 36e année, no 9.

—— (1938). « Procès-verbal de la réunion du 14 décembre », *L'Enseignement primaire.*

—— (1963). *Guide des écoles maternelles,* Québec, département de l'Instruction publique.

COMMISSION ROYALE D'ENQUÊTE SUR L'ENSEIGNEMENT DANS LA PROVINCE DE QUÉBEC (1964). *Rapport Parent, t. 2 : Les structures pédagogiques du système scolaire. Les structures et les niveaux d'enseignement,* Québec, gouvernement du Québec.

COMMISSION SCOLAIRE DE LA CITÉ DE LACHINE (1951). *Maternelle des Saints-Anges. Prospectus 1950-1951.*

COMMISSION SCOLAIRE DES BASQUES (1983). *Ça peut se passer en douceur,* Québec, Commission scolaire des Basques.

COMMISSION SCOLAIRE DES LAURENTIDES. SERVICES ÉDUCATIFS (1981). *Rapport final : maternelle-maison,* Sainte-Agathe-des-Monts, Commission scolaire des Laurentides.

COMMISSIONS SCOLAIRES DES RÉGIONS DE QUÉBEC ET DE LA CHAUDIÈRE-APPALACHES (1996). *À propos de services éducatifs à la petite enfance,* document d'information, novembre.

COMMUNICATION-JEUNESSE (1975). *Auteurs canadiens pour la jeunesse : 20 biographies et bibliographies,* Montréal, Communication-Jeunesse, vol. 2.

CONSEIL DE L'INSTRUCTION PUBLIQUE. COMITÉ CATHOLIQUE (1915). *Règlements du Comité catholique du Conseil de l'instruction publique de la province de Québec,* Québec, Conseil de l'instruction publique.

CONSEIL SUPÉRIEUR DE L'ÉDUCATION (1968). *Avis du Conseil supérieur de l'éducation sur la politique de la formation des maîtres,* Québec, CSE.

—— (1979). *L'éducation et les services à la petite enfance,* Québec, CSE, Direction des communications.

—— (1983). *Le temps prescrit à l'éducation préscolaire et au primaire,* Québec, CSE, Direction des communications.

—— (1987a). *L'éducation préscolaire : un temps pour apprendre,* Québec, CSE, Direction des communications.

—— (1987b). *La qualité de l'éducation : un enjeu pour chaque établissement. Rapport annuel 1986-1987 sur l'état et les besoins de l'éducation,* Québec, Bibliothèque nationale du Québec.

—— (1988). *Le rapport Parent, vingt-cinq ans après : rapport annuel 1987-1988 sur l'état et les besoins de l'éducation,* Québec, CSE, Direction des communications.

—— (1989). *Pour une approche éducative des besoins des jeunes enfants,* Québec, CSE, Direction des communications.

—— (1991). *Rapport annuel 1990-1991 sur l'état et les besoins de l'éducation. La profession enseignante: vers un renouvellement du contrat social,* Québec, Les Publications du Québec.

—— (1993). *Pour un accueil et une intégration réussis des élèves des communautés culturelles,* Québec, ministère de l'Éducation.

—— (1996). *Pour un développement intégré des services éducatifs à la petite enfance. De la vision à l'action,* Québec, Bibliothèque nationale du Québec.

CORNAZ, L., et CAFFIN, G. (1995). *L'Église et l'éducation: mille ans de tradition éducative,* Paris, L'Harmattan.

COWAN, P. (1978). *Piaget with Feeling,* New York, Holt Rinehart & Winston.

CURE, A. (1899). *La classe. Conférences à des religieuses institutrices sur la manière d'instruire et d'élever les enfants,* Bar-le-Duc, Librairie de l'Œuvre de Saint-Paul.

DAJEZ, F. (1994). *Les origines de l'école maternelle,* Paris, PUF.

DALPÉ, J. (1971). *Les comptines,* Montréal, Centre éducatif et culturel.

DALPÉ-COLLERET, J. (1995). « École maternelle... oui et non? », *La Revue des parents — mes enfants,* mars, p. 4-5.

DANDURAND, R.B., HURTUBISE, R., et LEBOURDAIS, C. (sous la dir. de) (1996). *Enfances: perspectives sociales et pluriculturelles,* Sainte-Foy, Institut québécois de recherche sur la culture.

DARWIN, C. (1877). « A biographical sketch of an infant », *Mind,* n° 7.

DAVELUY, M.-C. (1933). *L'orphelinat catholique de Montréal (1832-1932),* Montréal, A. Lévesque.

DAVID, M. (1990). *Deux à six ans, vie affective et problèmes familiaux,* Toulouse, Privat.

DEBESSE, M. (1970). *L'enfance dans l'histoire de la psychologie,* Paris, PUF.

DEBESSE, M., et MIALARET, G. (1972). *Traité des sciences pédagogiques,* Paris, PUF.

DE GRAEVE, S. (1996). *Outils pour enseigner, apprendre par le jeu,* Bruxelles, De Boeck.

DE HOVRE, F., et BRECKX, L. (1927). *Les maîtres de la pédagogie contemporaine,* Paris, Casterman.

DE LA GARDE, R. (1968). *Analyse statistique des principales caractéristiques du personnel enseignant 1965-1966,* Québec, Conseil supérieur de l'éducation.

DELAUNAY, A., et ABBADIE, M. (1973). *Pédagogie de l'école maternelle: principes et pratiques,* Paris, Fernand Nathan, 2 vol.

DELORS, J. (1996). *L'éducation: un trésor est caché dedans,* Paris, Éditions Odile Jacob.

DERKENNE, F. (1938). *Pauline Kergomard et l'éducation enfantine,* Paris, Cerf.

DESDOUITS, A-M. (1990). *Le monde de l'enfance: traditions du pays de Caux et du Québec,* Sainte-Foy, Presses de l'Université Laval; Paris, Éditions du CNRS.

DESPARD-LÉVEILLÉE, L., et BEAUCHESNE, L. (1990). *Les parents et vous. Garder le lien: comment établir une communication positive et efficace entre la famille et l'école,* Terrebonne, Commission scolaire des Manoirs.

DEWEY, J. (1960). *His Thought and Influence,* New York, J. Blewett.

DIRECTION RÉGIONALE DE MONTRÉAL. BUREAU DES SERVICES AUX COMMUNAUTÉS CULTURELLES (1983). *Guide d'initiation à la vie québécoise : maternelle d'accueil,* Québec, ministère de l'Éducation.

DOTTRENS, R. (1936). *Le progrès à l'école : sélection des élèves ou changement des méthodes ?,* Paris, Delachaux et Niestlé.

DUBY, M. (1973). *La maternelle,* Paris, Éditions Jean-Pierre Taillandier.

DUCKWORTH, É. (1972). *Avoir des idées merveilleuses,* trad. par L. Lamartine et O. Bonnard, Genève, École de psychologie et des sciences de l'éducation.

DUMAS, G. (1982). *Le vécu des enfants à leurs débuts scolaires : recommandations et pistes de travail,* Rimouski, Commission scolaire La Neigette.

DUMONT-JOHNSON, M. (1980). « Des garderies au XIXe siècle : les salles d'asile des Sœurs grises à Montréal », *Revue d'histoire de l'Amérique française,* vol. 34, n° 1, p. 27-55.

EGGER, M. (1870). *Observations et réflexions sur le développement de l'intelligence et du langage chez les enfants,* Paris, Picard.

ESPTEIN, J.-L., et DAUBE, S.-L.(1991). « School programs and teacher practices of parent involvement in inner-city elementary and middle schools », *Elementary-School-Journal,* vol. 91, n° 3, p. 289-305.

ERIKSON, E.H. (1950). *Enfance et société,* Neuchâtel, Delachaux et Niestlé.

FAURE, M. (1957). *Le jardin d'enfants,* Paris, PUF.

FAVREAU, M. (1969). « Quand le petit entre à l'école », *La Presse,* 28 août, p. 16.

FÉDÉRATION DES INSTITUTEURS DE L'ONTARIO (1974). *Philosophie et fonctionnement des maternelles,* Toronto, FIO, Comité des publications sur l'enseignement dans les maternelles.

FÉDÉRATION INTERNATIONALE DES ASSOCIATIONS D'INSTITUTEURS (1969). *L'éducation préscolaire,* rapport des associations nationales présenté à la 38e Conférence internationale des délégués de la FIAI, Helsinki, 23-26 juillet.

FILITEAU, B.O. (1940). *Code scolaire de la province de Québec,* Québec, Le Soleil.

FONDATION D'ÉTUDES DU CANADA. LAURENTIAN PROJECT (1903). *Directoire pédagogique à l'usage des écoles chrétiennes,* Paris, Procure générale.

FOULQUIÉ, P. (1946). *Les droits et la liberté de l'enfant,* Paris, Centre d'études pédagogiques.

FREINET, C. (1956). *Les méthodes naturelles dans la pédagogie moderne,* Paris, Éditions Bourrelier.

——— (1960). *L'éducation du travail,* Paris, Delachaux et Niestlé.

FREUD, S. (1926). *Introduction à la psychanalyse,* Paris, Payot.

FRÖBEL, F. (1861). *L'éducation de l'homme,* Paris, Hachette.

FURTH, H.G. (1969). *Piaget and Knowledge : Theorical Foundations,* Englewood Cliffs (N.J.), Prentice-Hall.

GAGNON, A.-M. (2000). *La perception qu'ont les éducatrices de maternelle et les enseignantes de première année sur le passage de la classe maternelle à la première année,* mémoire présenté comme exigence partielle de la maîtrise en éducation, Montréal, Université du Québec à Montréal.

GAGNON, R. (1996). *Histoire de la Commission des écoles catholiques de Montréal. Le développement d'un réseau d'écoles publiques en milieu urbain,* Montréal, Boréal.

GAUTHIER, C., et TARDIF, M. (1996). *La pédagogie. Théories et pratiques de l'Antiquité à nos jours,* Boucherville, Gaëtan Morin Éditeur.

GIASSON, J. (1995). *La lecture. De la théorie à la pratique,* Boucherville, Gaëtan Morin Éditeur.

GIASSON, J., et THÉRIAULT, J. (1983). *Apprentissage et enseignement de la lecture,* Montréal, Éditions Ville-Marie.

GIRARD, N. (1989). *Lire et écrire au préscolaire,* Laval, Éditions Mondia.

GODEFROID, J. (1987). *Psychologie, science humaine,* Montréal, Éditions HRW.

GOUESS, J.-M., et BARDET, J.-P. (1976). *L'enfance sous l'Ancien Régime,* Paris, La Documentation française.

GOUIN-DÉCARIE, T. (1962). *Affectivité et intelligence chez le jeune enfant,* Neuchâtel, Delachaux et Niestlé.

GRÉGOIRE, H. (1965). *Le livre de l'Occident,* Suisse, Éditions Kister, t. 3.

GUÉRIN, M.-A. (1998). *Dictionnaire des penseurs pédagogiques,* Montréal, Guérin.

GUÉRIN, M.-A., et VERTEFEUILLE, P.-Y. (1960). *Histoire de la pédagogie par les textes,* Montréal, Centre de psychologie et de pédagogie.

HADJI, C. (1992). *Penser et agir en éducation,* Paris, ESF.

HAEBERLÉ, R., et coll. (1973). « La maternelle maison », *L'école coopérative,* n° 21, p. 20-23.

HAMAÏDE, A. (1966). *La méthode Decroly,* Neuchâtel, Delachaux et Niestlé.

HAMEL, M. (1995). « Les services d'éducation et d'intervention pour la petite enfance », dans N. Royer (sous la dir. de), *Éducation et intervention au préscolaire,* Boucherville, Gaëtan Morin Éditeur, p. 4-28.

HAMELINE, D. (1986). *L'éducation des images et son propos,* Paris, ESF.

HEINEN, J. (1998). *La petite enfance : pratiques et politiques,* Paris, L'Harmattan.

HENAU, A., et NALEZIEUX, A. (1981). *La liaison école maternelle, école élémentaire,* Lille, Centre régional de documentation pédagogique.

HENDRICK, J. (1993). *L'enfant, une approche globale pour son développement,* trad. par C. Fontaine, Québec, Presses de l'Université du Québec.

HESS, R.D., et BEAR, R. (1968). *Early Education : Current Theory, Research, and Action,* Conference on Pre-School Education, Social Science Research Council, Committee on Learning and the Educational Process, Chicago, Aldine.

HOHL, J. (1993). *Réussir dès la maternelle : instrument de réflexion sur les maternelles 5 ans plein temps en milieux défavorisés,* Montréal, Conseil scolaire de l'île de Montréal.

HOHMANN, M., et coll. (2000). *Partager le plaisir d'apprendre. Guide d'intervention éducative au préscolaire,* Montréal, Gaëtan Morin Éditeur.

HOHMANN, M., et WEIKART, D. (1995). *Educating Young Children,* Ypsilanti (Mich.), High/Scope Press.

HOVRE, F., et BRECKZ, L. (1936). *Les maîtres de la pédagogie contemporaine,* Bruges, C. Beyaert.

HURTIG, M., et RONDAL, J.-A. (sous la dir. de) (1980). *Introduction à la psychologie de l'enfant,* 3e éd., Bruxelles, Pierre Mardaga éditeur, t. 1.

JEAN-NOËL, L. (1997). *L'intervention du jeune enfant au XIXe siècle : de la salle d'asile à l'école maternelle,* Paris, Belin.

JOLIBERT, B. (1981). *L'enfance au XVIIe siècle,* Paris, J. Vrin.

JONCKHEERE, T. (1921). *La pédagogie expérimentale au jardin d'enfants,* Paris, F. Alcan.

JONES, J.L., et VERNON, E. (1986). *Sentiers. Préscolaire,* Laval, Beauchemin.

KAMII, C. et DEVRIES, R. (1981). *La théorie de Piaget et l'éducation préscolaire,* 3e éd., Genève, Université de Genève, faculté des sciences de l'éducation.

KERGOMARD, P. (1913). *L'éducation maternelle dans l'école,* Paris, Hachette, 1974.

——— (1919). « La maternelle », *L'éducation enfantine,* Paris, no 13, 1er juin.

KILPATRICK, W.H. (1918). « The project method », *Teachers College Record,* vol. 19, no 44.

KLEIN, F. (1913). *Mon filleul au jardin d'enfants : comment il s'instruit,* Paris, A. Colin.

KLEIN, M. (1932). *La psychanalyse des enfants,* Paris, PUF, 1972.

KOHLBERG, L., et R. MAYER (1972). « Development as the End of Education », *Harvard Educational Review,* vol. 42, no 4 (novembre), p. 449-496.

LANEYRIE-DAGEN, N. (1995). *Les grands événements de l'histoire des enfants,* Paris, Larousse.

LANOT, V. (1994). *Étude du passage de la maternelle à la première année,* mémoire présenté comme exigence partielle de la maîtrise en éducation, Montréal, Université du Québec à Montréal.

LAROCHE-GISSEROT, F. (1996). *Les droits de l'enfant,* Paris, Dalloz.

LEBVRE, E.Y. (1988). « Pauline Kergomard et la Bretagne », *Les Cahiers de l'Iroise,* vol. 35, no 2, p. 94-100.

LEGAULT, G., et MICHAUD, C. (1994). *L'animation Passe-Partout auprès des parents : les pratiques observées en 1994,* Québec, ministère de l'Éducation.

LEGENDRE, R. (1983). *L'éducation totale,* Ottawa, Nathan/Ville-Marie.

——— (1993). *Dictionnaire actuel de l'éducation,* 2e éd., Montréal, Guérin ; Paris, Eska.

LE PETITCORPS, F., FRENETTE, L., et BERTRAND, C. (1982). *Principes éducatifs. Le respect du rythme d'apprentissage de l'enfant : la nécessité de partir de la réalité de l'enfant en milieu socio-économiquement faible,* Montréal, PPMF-UQAM.

LETT, D. (1997). *L'enfant des miracles : enfance et société au Moyen Âge (XIIe-XIIIe siècles),* Paris, Aubier.

LÉVEILLÉ-BOURGET, T. (1973). *Le préscolaire au Québec français,* Montréal, collection Thérèse Bourget.

MAGNAN, C. (1916). « Pédagogie : les écoles maternelles », *L'enseignement primaire,* Paris, 37e année, no 5.

MALRIEU, P. (1963). *La vie affective de l'enfant,* Paris, Éditions du Scarabée.

MASLOW, A.H. (1962). *Toward a Psychology of Being,* Princetown,Van Nostran.

MATRAT, M. (1890). *Les écoles maternelles et le décret du 2 août 1881 : histoire, but, méthode, application,* Paris, C. Delagrave.

MATRAT, M., et KERGOMARD, P. (1889). *Les écoles maternelles,* Paris, Imprimerie nationale.

MAUCOURANT, B. (1924). *La première étape. Les méthodes actuelles d'éducation pour les enfants de 2 à 7 ans. Principes, documentation, pratique,* avec une préface de M. Aubin, Paris, F. Nathan.

MÉDICI, A. (1940). *L'éducation nouvelle,* Paris, PUF.

MELARD, J. (1990). *Pratiques pédagogiques à l'âge de la maternelle, éveil scientifique,* feuillet 2, Namur, Éditions La procure.

MIALARET, G. (1970). *Le rôle de l'éducation préscolaire dans l'éducation permanente,* Paris, Éditions Organisation mondiale pour l'éducation préscolaire.

MINDER, M. (1999). *Didactique fonctionnelle. Objectifs, stratégies, évaluation : le cognitivisme opérant,* 8e éd., Bruxelles, De Boeck.

MINELLE, F., et BATAILLE, D. (1976). *L'enfance au XIXe siècle,* Paris, La Documentation française.

MINISTÈRE DE LA FAMILLE ET DE L'ENFANCE (1997). *Programme éducatif des centres de la petite enfance,* Québec, Les Publications du Québec.

—— (1999). *Besoin de toi, besoin d'éducatrices et d'éducateurs à l'enfance,* Québec.

MINISTÈRE DE L'ÉDUCATION DU QUÉBEC (1968). *Principes de l'éducation préscolaire,* Québec, MEQ.

—— (1976). *Vers l'éveil spirituel et l'éducation des tout-petits (4-5 ans),* Québec, MEQ.

—— (1977). *L'enseignement primaire et secondaire,* livre vert, Québec, Service général des communications.

—— (1979). *L'école québécoise, énoncé de politique et plan d'action,* Québec, MEQ.

—— (1980). *Passe-Partout : guide d'animation, informations générales,* Québec, MEQ.

—— (1981a). *Guide pédagogique. Préscolaire. L'aménagement des maternelles,* Québec, MEQ, Direction générale de développement pédagogique.

—— (1981b). *Programme d'éducation préscolaire,* Québec, MEQ.

—— (1981c). *Rapport-synthèse final sur l'évaluation des interventions éducatives en milieu économiquement faible,* Québec, MEQ, Direction générale du développement pédagogique.

—— (1982a). *L'éducation préscolaire et le primaire. Cahier de renseignements,* Québec, MEQ.

—— (1982b). *Guide pédagogique. Préscolaire. Guide général d'interprétation et d'instrumentation pédagogique pour le Programme d'éducation préscolaire,* Québec, MEQ.

—— (1982c). *Guide pédagogique. Préscolaire. La participation des parents au préscolaire,* Québec, MEQ.

—— (1982d). *Guide pédagogique. Préscolaire. L'observation de l'enfant au préscolaire,* Québec, MEQ.

—— (1982e). *Guide pédagogique. Préscolaire. Le langage au préscolaire,* Québec, MEQ.

—— (1983). *Guide pédagogique. Primaire. Danse premier cycle,* Québec, MEQ.

—— (1985). *Guide pédagogique. Préscolaire. L'enfant de la maternelle au moment du passage à l'école primaire : propositions d'éléments pédagogiques,* Québec, MEQ.

—— (1992). *Guide pédagogique. Préscolaire. Le répertoire d'activités préscolaires saveur nature. Les sciences de la nature et l'éveil à l'esprit scientifique chez les enfants d'âge préscolaire,* Québec, MEQ.

—— (1997a). *Parents : des réponses à vos questions à propos du Programme d'éducation préscolaire,* Québec, MEQ.

—— (1997b). *Programme d'éducation préscolaire,* Québec, MEQ.

—— (2000, version provisoire). *Programme de formation de l'école québécoise,* Québec, MEQ.

—— (2001, version approuvée). *Programme de formation de l'école québécoise,* Québec, MEQ.

MINISTÈRE DE L'ÉDUCATION NATIONALE (1982). *La petite enfance à l'école : XIX*e*-XX*e *siècles. Textes officiels relatifs aux salles d'asile, aux écoles maternelles, aux classes et sections enfantines (1829-1981),* Paris, Institut national de recherche pédagogique.

—— (1986). *L'école maternelle, son rôle, ses missions,* Paris, CNDP.

MINISTÈRE DE LA SÉCURITÉ DU REVENU. COMITÉ DES PRIORITÉS (1997). *Nouvelles dispositions de la politique familiale. Les enfants au cœur de nos choix,* Sainte-Foy, Les Publications du Québec.

MONTAGNER, H. (1978). *L'enfant et la communication,* Paris, Pernoud-Stock.

MONTESSORI, M. (1958). *Pédagogie scientifique, la découverte de l'enfant,* Bruges, Desclée de Brouwer.

—— (1966). *L'enfant,* Bruges, Desclée de Brouwer.

MORIN, J., et BRIEF, J.-C. (1995). *L'autonomie humaine : une victoire sur l'organisme,* Sainte-Foy, Presses de l'Université du Québec.

MORNEAU, G., et LAFORTUNE, Y. (1978). *Pré-maternelle-maison : 1977-1978, rapport final au 30 septembre 1978,* Saint-Hilaire, Commission scolaire de l'Argile bleue.

MOURAUX, D. (1996). *L'école maternelle : entre peluche et tableau noir. Guide de réflexion pour aborder l'enseignement maternel et y progresser,* 2e éd., Bruxelles, De Boeck-Wesmaël.

NAUD, A. (1965). *Le rapport Parent et l'humanisme nouveau,* Montréal, Fides.

NEIRINCK, C. (1993). *Le droit de l'enfance : après la convention des Nations Unies,* Paris, Delmas ; P. Belfond.

ORGANISATION DES NATIONS UNIES. ASSEMBLÉE GÉNÉRALE (1959). *Déclaration des droits des enfants,* 20 novembre, résolutions 1386 (XIV).

PAPE-CARPANTIER, M. (1869). *Enseignement pratique dans les salles d'asile ou premières leçons à donner aux petits enfants,* 5e éd., Paris, Hachette.

PELLETIER, D. (1998). *L'activité-projet: le développement global en action,* Mont-Royal, Modulo.

PELLETIER, L., et coll. (1962). *Problèmes de l'enseignement préscolaire dans la province de Québec,* mémoire de l'Association canadienne des jardinières d'enfants présenté à la Commission royale d'enquête sur l'enseignement dans la province de Québec.

PERRENOUD, P. (1999). *Dix nouvelles compétences pour enseigner,* Paris, ESF.

——— (2000). « Le rôle de l'école première dans la construction des compétences », *Revue préscolaire,* vol. 38, nº 2, p. 6-11.

PIAGET, J. (1936). *La naissance de l'intelligence chez l'enfant,* Neuchâtel, Delachaux et Niestlé, 1977.

PLAISANCE, É. (1966). *Pauline Kergomard et l'école maternelle,* Paris, PUF.

——— (1986). *L'enfant, la maternelle, la société,* Paris, PUF.

PLATTEAUX, A. (1977). *Vivre à l'école maternelle,* Paris, Librairie Armand Colin.

POISSON, G. (1965). *Numéro spécial sur le Rapport Parent: forces et faiblesses; école chrétienne ou neutre; nouvelle ou traditionnelle; polyvalente ou « melting pot », démocratie ou dictature, progès ou recul ?,* Montréal, Éditions de l'Institut Pie XI.

POLLOCK, F. (1878). « An infant progress in language », *Mind,* nº 3.

RÉGNIER, M. (1995). *L'enfant et la maternelle: représentation du corps enseignant au Québec,* mémoire de maîtrise, Montréal, Université du Québec à Montréal.

ROBERGE, M. (1991). *Maternelle socialisante ou scolarisante: recension d'études et d'expériences,* Sainte-Foy, Centrale de l'enseignement du Québec.

ROBERT, M., et TONDREAU, J. (1997). *L'école québécoise. Débats, enjeux et pratiques sociales,* Montréal, Centre éducatif et culturel.

ROCHEFORT, C. (1976). *Les enfants d'abord,* Paris, B. Grasset.

ROGERS, C. (1973). *Liberté pour apprendre,* Paris, Dunod.

ROSE, R., et RICHARD, D. (1996). *Les coûts et les bénéfices d'un programme éducatif préscolaire, universel, facultatif et gratuit,* Québec, Conseil supérieur de l'éducation.

ROUSSEAU, J.-J. (1762). *Émile ou De l'éducation,* Paris, Classiques Larousse, Livre II, 1938.

ROYER, N. (sous la dir. de) (1995). *Éducation et intervention au préscolaire,* Boucherville, Gaëtan Morin Éditeur.

SOURGEN, H., et LÉANDRI, F. (1963). *Les écoles maternelles: classes enfantines, cours préparatoires. Méthodes, règlements, organisation, fonctionnement. Commentaires des textes officiels par H. Sourgen et F. Léandri,* Paris, A. Colin.

SPITZ, J. (1958). *La première année de la vie de l'enfant,* Paris, PUF.

SPODEK, B. (1982a). *Foundations of Early Childhood Education: Teaching Three, Four, Five Year-old Children,* 2e éd., Englewood Cliffs (N.J.), Prentice-Hall.

—— (1982b). *Handbook of Research in Early Childhood Education,* New York, Free Press.

SPODEK, B., et SARACHO, O.N. (1991). *Issues in Early Childhood Curriculum,* New York, Teachers College Press.

STERN, A. (1966). *Aspects et techniques de la peinture d'enfants,* Neuchâtel, Delachaux et Niestlé.

STRAYER, F.F. (1984). *La garderie en bas âge : perspectives bio-sociales sur les relations humaines pendant la jeune enfance,* Montréal, Collection diffusion.

THÉRIAULT, M. (1995). *J'apprends à lire. Aidez-moi,* Montréal, Éditions Logiques.

TURCOTTE, M. (1963). « L'éducation préscolaire », *L'Instruction publique,* vol. 8, n° 1, p. 10-12.

VERMETTE, M. (1996). *Grandir ensemble au préscolaire : ateliers d'intervention auprès des parents,* Montréal, Commission des écoles catholiques de Montréal.

VIAL, J. (1989). *L'école maternelle,* 2e éd., Paris, PUF, coll. « Que sais-je? ».

VON CRANACH, M. (1976). *Conclusion Methods of Inference from Animal to Human Behavior,* Chicago, Aldine.

WALLON, H. (1942). *L'évolution psychologique de l'enfant,* Paris, A. Colin, 1974.

WEITZMAN, E. (1992). *Apprendre à parler avec plaisir,* Toronto, Programme Hanen.

WINNICOTT, D.W. (1965). *Processus de maturation chez l'enfant,* Paris, Payot.

—— (1973). *L'enfant et sa famille,* Paris, Payot.

ZAZZO, B. (1978). *Un grand passage : de l'école maternelle à l'école élémentaire,* avec une préface de René Zazzo, Paris, PUF.

ZAZZO, R. (sous la dir. de) (1958). *Manuel pour l'examen psychologique de l'enfant,* Neuchâtel, Delachaux et Niestlé, 1970.

Index des auteurs

O

P

R

S

T

V

W

Index des sujets

A

B

F

N-O

P

T

U

V